REPRESENTATIONS

AUX

MAGISTRATS.

REPRESENTATIONS

AUX

MAGISTRATS,

Contenant l'expofition raifonnée des faits relatifs à la liberté du commerce des grains,
& les réfultats refpectifs des Reglemens
& de la liberté. *par M. L'Abbé Roubeau.*

---

*Nihil eft profectò præftabilius , quàm planè intelligi nos ad
juftitiam effe natos , neque opinione , fed naturâ conftitutum effe
jus. Id jam patebit , fi hominum inter ipfos focietatem conjunctio-
nemque perfpexeris.* Cic. de Leg. L. 1 , C. X.

M. DCC. LXIX.

REPRESENTATIONS

AUX MAGISTRATS,

Contenant l'Exposition raisonnée des faits relatifs à la liberté du commerce des Grains, & les résultats respectifs des Reglemens & de la Liberté.

O Vous, à qui la Providence a spécialement imposé la douce loi de chercher votre bonheur dans le bonheur des Peuples, Magistrats, ecoutez la voix d'un citoyen qui implore, au nom de la Patrie & de l'humanité, la pitié pour les malheureux & la justice pour tous! Au milieu des cris de la frayeur, de la misere, de la faim & du desespoir, dont la Capitale & les Provinces voisines retentissent, j'ai vu

A

le pauvre tomber de défaillance dans les grands chemins, & demander inutilement un foible ſecours à une populace indigente ; j'ai vu ce douloureux ſpectacle, & dans l'amertume de mon cœur, j'ai fait vœu, ſans ſonger à mon impuiſſance, de conſacrer mes travaux au ſalut de mes freres. Mon zèle eſt tout mon crédit ; il n'eſt ni indiſcret, ni aveugle, je le penſe du moins ; il eſt pur & deſintéreſſé, j'en atteſte le Ciel, qui voit la ſource des larmes dont j'arroſe cet ecrit : je m'y abandonnerai ſans crainte & ſans réſerve, en homme qui ne penſe rien qu'il doive diſſimuler, & qui parle pour les Peuples à des Magiſtrats : tant de titres m'y autoriſent ! Nous ſommes tous obligés de concourir, ſuivant nos moyens, au ſoulagement de nos ſemblables ; il eſt permis à chacun de défendre les loix faites pour leur bonheur ; voilà ma miſſion.

Vous daignerez applaudir à mes efforts, vous, Magiſtrats Patriotes, dont je combattrai les opinions, avec la décence que votre miniſtere, la vérité, & le reſpect qu'on ſe doit à ſoi-même, exigent d'un citoyen. Vous daignerez applaudir à mes efforts, & vous peſerez mes diſcours à la balance de la raison , car vous tenez, non à l'opinion, mais à la vérité. Plein de vénération pour la Magistrature , je l'honore, je la sers , en attaquant les préjugés contraires à ses fins. L'erreur n'est que de l'homme , elle n'est point du Magistrat , puisqu'elle s'oppose au bien public. Le sanctuaire des loix ne peut être un asyle sacré pour l'erreur ; les autels n'en sont pas un pour le crime. Quand je pense que l'autorité qui n'est que protection , & que l'administration qui n'est que justice, ne perdent jamais de vue que les Peuples sont punis des fautes de leurs chefs , je ne sçaurois appréhender que mes reflexions sur les nécessités publiques , soient défavorablement accueillies & partialement examinées par les Juges à qui j'ose les adresser. Quand je considere qu'au dessus de nous il n'y a que des hommes qui ne sçauroient oublier que, quand il s'agit d'un intérêt pressant de la nation , s'ils tirent à eux, en sens contraires, les rênes du gouvernement & de la police, ils dechirent les Peuples; je crois les voir chercher impatiemment à réunir leurs vues & leurs volontés , dans la loi une & suprême de l'ordre : j'aſpire au bonheur de les concilier, & je leur rends un hommage ſincere, en payant mon tribut à la Patrie. Voilà, l'objet de mes *Repréſentations*.

Objet de ces Repréſen-tations.

Le Peuple, dans quelques Provinces, a ſouffert une eſpece de diſette, il ſouffre encore de l'exceſſive cherté du pain. Si l'on ne peut attribuer uniquement ces maux aux cauſes phyſiques, quelles ſont les cauſes morales qui ont concouru à les produire, ou à les entretenir & à les aggraver ? Eſt-ce la liberté du commerce, eſt-ce le défaut de liberté ? La liberté de la circulation intérieure a-t-elle engendré le monopole, & la liberté de l'exportation a-t-elle entraîné la diſette ? Ne ſont-ce pas au contraire les reſtrictions, les prohibitions, les reglemens oppoſés à la liberté du commerce tant intérieur qu'extérieur, qui ont cauſé le monopole & la diſette, ou du moins produit les effets du monopole & de la diſette ? Les loix de 1763 & de 1764 ont-elles été nuiſibles ? Le regime prohibitif etoit-il ſalutaire ? Ces queſtions paroiſſent faciles à réſoudre. Il s'agit de faits, de faits multipliés, publics, juridiques ou notoires, vérifiés ou faciles à vérifier, conſignés dans des declarations, des arrêts, des remontrances , des titres authenti-ques. La plûpart de ces faits sont encore sous nos yeux. Il faut les rassembler , les enchaîner, les discuter ; le Peuple sera lui-même en état de juger entre les défenseurs de la liberté & les partisans des prohi-bitions.

Je ne me bornerai point au tems pré-sent ; l'histoire de ce qui s'est passé , nous eclaire sur ce qui se passe aujourd'hui. En voyant les effets qu'un regime pro-duisit autrefois, il est aisé de démêler & de reconnoître ceux qu'il peut produire de nos jours. En opposant le tableau du Royau-me , tel qu'il fut sous l'ancienne adminis-tration, au tableau du Royaume, tel qu'il est sous l'administration nouvelle ; en présen-tant dans le même tableau l'etat des Provin-ces actuellement libres, & l'etat des Provin-ces encore reglementées , on trouve bien-tôt la source de la degradation ou de la prospérité du Royaume , du malheur ou du bonheur des Provinces. A l'examen des faits , je joindrai la démonstration des vrais principes de l'ordre & la solution de toutes les difficultés proposées contre cet ordre inviolable. Au dessus des loix hu-maines est la justice ; au dessus des conjec-

A iij

tures eſt l'expérience ; l'evidence eſt au-deſſus des opinions. La juſtice eſt la regle ſur laquelle je juge les loix ; l'expérience eſt toujours à l'appui de mes raiſons ; quant à l'evidence , je fais tous mes efforts pour montrer la vérité telle que je la vois.

Diviſion de l'ouvrage.   J'examinerai la queſtion ſous toutes les faces , ſous leſquelles elle a été préſentée.

1°. J'expoſerai l'etat du commerce des Grains , depuis les années 1763 & 1764 , & je prouverai par les faits que ce commerce ne s'eſt etabli que très imparfaitement , & qu'ainſi le Royaume n'a pas reſſenti toute l'influence de la liberté.

2°. Je rappellerai les diſpoſitions de la Declaration de 1763 & de l'Edit de 1764, & je prouverai, par le fait & par le droit, que les reſtrictions ou les limitations, réſervées par ménagement pour les Peuples & contre le vœu formel du Gouvernement , etoient nuiſibles.

3°. Je rapporterai les violations ſucceſſives que ces loix ont eſſuyées depuis leur origine juſqu'au moment préſent ; & je prouverai par les faits que les lieux où l'on ſe plaint de la liberté , ſont opprimés par le regime prohibitif.

4°. Je retracerai les faits fur lefquels les bruits publics de monopole font fondés, & je prouverai que ce monopole eft chimérique ; que quand il exifteroit, il ne feroit point le fruit de la liberté ; qu'elle eft au contraire le feul & unique remede au mal, & que ce mal eft l'effet néceffaire de tout Reglement quelconque.

5°. Je donnerai l'hiftoire de l'exportation fous les deux regimes, & je prouverai que les exportations paffageres furent toujours funeftes , & que la liberté permanente de l'exportation & de l'importation a eté falutaire & ne pourra jamais être dangereufe.

6°. Je préfenterai le parallele du regime prohibitif & de la nouvelle adminiftration , & je prouverai par les faits que la liberté , fondée fur le droit primitif & inaltérable de la propriété, a produit la revolution la plus heureufe & la plus avantageufe à toutes les claffes de l'Etat, dans le Royaume en général , & fpécialement dans les Provinces où elle a exifté ; tandis que les Reglemens toujours injuftes, arbitraires & pernicieux, ont , par l'effet néceffaire qu'ils eurent dans tous les tems , entretenu & aggravé la cherté , la difette

& les maux qui les accompagnent, dans les
lieux où ils ont anéanti la liberté.

7°. Enfin de ces vérités démontrées, je
conclûrai que la liberté pleine, entiere,
générale, illimitée, indéfinie du commerce des Grains, eft uniquement & fouverainement jufte, utile & néceffaire à
perpétuité.

Je ne diffimulerai point qu'ayant eté
fouvent forcé d'accommoder mon travail aux evénemens furvenus depuis que
j'ai entrepris cet ouvrage, je n'ai pu fuivre
un plan auffi régulier que j'aurois pu le
tracer, fi j'avois eu, en prenant la plume,
tous mes matériaux fous les yeux. Je
ne diffimulerai point qu'etant obligé de
faire face de toutes parts à nos adverfaires, il m'eft arrivé de revenir plufieurs
fois fur la même vérité, pour ne laiffer aucune objection fans réponfe directe, & pour
epargner à mes lecteurs le foin d'en chercher la folution dans le refte de mon ouvrage.

Les faits que j'avance, je les crois certains, & il en eft peu dont je ne fois en
etat de fournir des preuves convaincantes.
S'ils ne font pas publiquement contredits
& refutés, je fuis en droit de prendre

acte du silence des partisans des prohibitions, comme d'un aveu solemnel, rendu
à la vérité de ces faits. Des patriotes ne
permettront pas que le Public soit abusé
sur une matiere si importante, & je les
conjure, par la vérité même que nous cher-
chons tous, de relever mes erreurs, s'il
en echappe à ma bonne foi.

Les principes que j'etablis, je les
crois incontestables. Si le préjugé les balance encore, je l'avoue, le talent m'a
manqué, & mon zèle m'a séduit, lorsf-
qu'il m'a persuadé que Dieu choisissoit
quelquefois les foibles pour achever l'ouvrage des forts. Peut-être m'appelle-t-il à
des efforts nouveaux, j'aime à le croire,
& fidele à une si haute vocation, je pro-
mettrai, MM. devant vous, à la patrie,
de défendre la cause des Peuples, jusqu'à
ce que la vérité soit reconnue des grands
& des petits, si des forces supérieures ne
me condamnent au silence.

I.

De l'Etat du commerce des Grains depuis l'année 1764.

DEPUIS la recolte de 1767 , les mots de *diſette* & de *cherté* ſont en quelque ſorte devenus le cri de guerre d'une partie de la nation , le ſignal des murmures & des ſoulevemens , l'anathême du marchand & même du cultivateur. Cependant aucune Province , aucune Ville n'a manqué de grains ; & loin que le prix commun du Royaume ait eté exceſſif , comme la fermentation préſente pourroit donner lieu de le croire , il n'a pas même eté cher. En balançant les prix de toutes les Généralités , depuis que les loix ont rendu la liberté au commerce , le prix commun des quatre années ne paroît pas avoir excédé 21 ou 22 liv. le ſeptier de Paris , peſant 240 liv. Or le prix commun des cinquante premieres années de ce ſiecle , quoiqu'aviii par le regime prohibitif, a eté au-deſſus de 20 liv. Le prix des années 1767 & 1768 ne paroît pas avoir monté à 27 liv. le ſeptier ; or les prix du marché d'Amſterdam & du marché général de l'Europe, roulent de 21 à 27 livres, ce n'eſt point là *cherté*. La nation ne trouva point ces prix exorbitans, lorſque les Ecrivains économiſtes lui annoncerent que la liberté les pourroit porter à ce taux; le Gouvernement ne les jugea point tels, lorſqu'il permit la ſortie des Grains, juſqu'à ce qu'ils fuſſent à 30 liv. le ſeptier ; les Cours ſouveraines ne craignirent pas qu'ils fuſſent onereux aux Peuples, lorſqu'elles enregiſtrerent avec acclamation les loix favorables à la liberté.

Il eſt vrai que dans quelques cantons du Royaume, le bled s'eſt elevé paſſagerement au-deſſus de 40 livres, & que la cherté s'y eſt maintenue. Mais il eſt conſtant que ſur quatre années, qui ſe ſont ecoulées depuis l'Edit de liberté , nous avons eu trois mauvaiſes recoltes , & que l'une de ces années a eté plus diſetteuſe en tout genre de productions , qu'aucune année de ces tems malheureux qui forment dans l'hiſtoire des epoques de calamité. Lorſque le cultivateur recueille moitié moins , il ne peut donner ſa denrée au même prix. Cependant & le grain & le pain ſont toujours reſtés à des prix fort inférieurs aux prix de ces tems-là. Le Peuple a donc été foulagé par quelque caufe bienfaifante.

Si le fouvenir du plus grand mal que l'on a fouffert n'adoucit pas toujours le mal qu'on fouffre, il peut du moins fervir à rectifier nos jugemens , & nous difpofer à la réfignation. Que l'on fe rappelle qu'en 1741, le bled pouffé par intervalles à 50 & même à 60 livres, fut,prix commun, de 35 à 40; en 1725, de 35 à 36 livres, avec les furhauffemens fréquens dans les difettes ; en 1709 & 1710 , à 63 liv. 17 fols; dans les trois dernieres années du dernier fiécle , au-deffus de 58 livres ; en 1693 & 1694 , autour de 54 livres & paffagérement au deffus de 85 livres ; en 1660 & 1661 , à 60 liv. ou environ , avec des crues prefque fubites , jufqu'à 80 & prefque 100 francs. Dans ces tems-là , la livre de pain fe vendoit au plus bas prix cinq fols (1) , elle fe vendit jufqu'à huit & au delà ; & nous ne l'avons pas achetée beaucoup au-deffus de quatre.

Puifque la nature a eté dans ces dernieres

(1) Voy. l'effai fur les monnoyes de M. Dupré de S. Maur ; l'effai fur la police des Grains de M. Hebert , le Traité de la Police de la Mare , Tom. 2. &c.

années plus dure envers les Peuples qu'elle
ne le fut dans ces tems calamiteux, il faut
que la Providence nous ait donné de meilleures loix, une adminiſtration plus ſalutaire. Le regime prohibitif regnoit, il
commençoit à regner dans toute ſa plénitude, lorſque l'on eprouva ces fléaux, &
l'on ne s'en plaignit pas; les eſprits etoient
déjà façonnés à ſon joug. Les loix favorables à la liberté du commerce viennent
d'être promulguées ; on recolte moins,
quoiqu'on ait ſemé davantage ; avec des
moiſſons plus pauvres, le grain & le pain
ſont beaucoup moins chers, & c'eſt à ces
loix, c'eſt à la liberté que l'on impute la
detreſſe de quelques cantons !

Le prix commun des Grains du Royaume n'a pas eté très-haut ; croira-t-on que
les chertés locales auroient eté ſi fortes &
ſi onereuſes, ſi ces loix avoient eu leur
exécution entiere, ſi la liberté n'avoit
point eté traverſée, ſi le commerce avoit
pu mettre & tenir tous les grains en circulation ? Par les etats que nous donnerons
ci-deſſous des prix des différens marchés
du Royaume, depuis le premier Janvier
1767, juſqu'au mois d'Août 1768, on ſe
convaincra, non - ſeulement qu'il n'y a

point eu de cherté dans le Royaume, mais même qu'il n'y en auroit point eu dans aucune Province, ſi elles avoient eté en communication de ſecours les unes avec les autres. On verra qu'il y avoit des marchés dans leſquels le Grain ſe vendoit 42 liv. le ſeptier, tandis qu'il etoit dans d'autres marchés à 11 liv. & quelques ſols.

Quelle eſt la baſe ſur laquelle le Gouvernement doit opérer, pour juger de l'etat des Grains dans le Royaume ? Le pauvre affligé ne ſent que ſon mal, il ne voit que ſes champs & le marché qu'il a ſous les yeux ; c'eſt là ſon univers. Mais les loix embraſſent tout le Royaume ; le Gouvernement voit d'en-haut, il voit la nation entiere, il voit toutes les terres & tous les marchés ; & c'eſt dans le prix commun des Grains qu'il trouve le vrai prix du Grain national.

Le commerce bien etabli auroit egaliſé les prix, & cette egaliſation auroit donné par tout le prix moyen de 22 à 27 liv.

A la vue de l'extrême inégalité des prix du Royaume, le Gouvernement & la haute Police ont-ils pu ne pas être perſuadés que les Provinces diſetteuſes pouvoient être ſecourues par les autres Provinces ; & que ſi elles ne l'ont pas eté, il faut que le commerce ait eté arrêté par des obſtacles invincibles ? Le commerce n'a point d'autre bouffole que les prix. Il va donc acheter dans les lieux où la denrée eft à bon marché , pour la porter dans les lieux où elle eft chere. Ainfi d'un côté, il fait hauffer les prix , en diminuant la quantité ; & de l'autre , en augmentant la quantité , il fait baiffer les prix , jufqu'à ce que les prix des différens marchés s'egalifent, compenfation faite des frais de tranfport. Or l'egalifation des prix auroit donné par tout le Royaume le prix de 21 ou 22 à 27 liv. puifque ça été le prix moyen des différens marchés balancés les uns avec les autres.

Pourquoi donc le bled a-t-il eté de 25 à 30, à 40 liv., & au deffus, dans l'Ifle de France , en Normandie , dans le Soiffonnois, en Picardie , en Flandres , &c. tandis qu'il etoit de 20 à 21 liv. dans les Généralités de Tours , de Riom , de Moulins , d'Auch , de Pau , de Metz , de Nancy , de Limoge , de Poitiers , d'Alface , &c ? *L'inegalité des prix a donc eté extrême , même dans les marchés voifins.*

Pourquoi, dans une Ville fituée fur une riviere navigable , le froment a-t-il eté à 18 ou 19 den. la livre , & le pain blanc à deux fols , tandis que dans une Ville affife au-deffous fur la même riviere , à vingt-cinq lieues de là , le bled fe vendoit 2 fols

& 3 ou 4 den. & le pain 3 ſols & demi ? Pourquoi , tandis que la livre de froment etoit dans la Ville de Rouen à 2 & 3 ſols, ne valoit-elle que 15 deniers , à quinze ou vingt lieues de là , & pourquoi le Grain etoit-il preſque ſans débit dans deux Provinces ſupérieures , très-fertiles , & même ſur des rivieres dont ce port etoit le débouché naturel ?

Pourquoi, lorſque les Suiſſes mangeoient à 3 ſols la livre le pain blanc de froment, tiré par terre de la Franche - Comté , la livre de pain commun ſe vendoit-elle plus de 4 ſols à Lyon, où la Saone pouvoit verſer à ſi peu de frais les bleds de cette Province ?

Pourquoi, le bled n'etant qu'à 20 livres le ſeptier à Amſterdam , etoit-il au-deſſus de 30 livres dans nos ports & même ſur nos frontieres qui bordent la Hollande ?

Pourquoi , dans les marchés d'une même Genéralité , dans deux marchés voiſins, trouve-t-on des différences de 8 , 9, 10 , 11 liv. par ſeptier, & même au-delà? Pourquoi, dans l'Oriéanois, le bled etoit-il à 19 liv. à Gien, & à 30 ou 31 à Dourdans ? Pourquoi, dans le Rouſſillon, etoit-il à 30 liv. à Perpignan , & à 20 à Pamiers ? Pourquoi

Pourquoi, dans la généralité de Montau-
ban, etoit-il à 16 liv. à Murdebarrez & à
26 à Milhau? Pourquoi en Flandres etoit-il
à 33 liv. à S. Omer, à 25 à S. Pol, à
40 à S. Venant ? Pourquoi etoit-il dans
un canton de Bretagne à 18 deniers la livre
& à 30 aux environs, &c. &c. &c? Ne
diroit-on pas que toutes les provinces,
tous les cantons du Royaume font encore,
comme ils le furent fous le régime des
prohibitions légales, concentrés en eux-
mêmes, féparés les uns des autres, comme des pays ennemis, réduits à fe fuffire
ou à fe confumer, fouff.ant de l'abondance auprès de la difette, fouffrant de
la difette auprès de l'abondance, condamnés à nourrir ou leurs animaux de bled
ou leurs peuples de racines ? La communication, la libre communication ne comporte pas ces extrêmes inégalités ; car elle
n'eft entre l'excès & le défaut que pour
corriger l'un & l'autre par la même opération.

Eft-ce que les frais de tranfport dou-
bleroient & tripleroient le prix de la denrée d'une province à une province voifine ? Il n'en coûteroit pas la neuvieme
partie pour apporter des bleds du nord;

Cette extrê-
me inegalité
prouve que des
obftacles mo-
raux ont em-
péché que le
commerce ne
s'établît.

& si le transport étoit cher à ce point, pourrions-nous jamais vendre beaucoup de grain à l'etranger , à moins qu'il ne fût absolument en non-valeur ? Et toutefois l'on craint que l'exportation ne dépouille le Royaume , s'il monte dans nos ports à 30 liv. le septier !

Seroient-ce des obstacles physiques qui auroient empêché le flux & le reflux des grains d'une province à une province limitrophe, d'un marché à un marché voisin, même sur de grands chemins & des rivieres navigables ?

Seroit-ce la liberté du commerce qui, en applanissant les communications , auroit empêché le bled de s'epancher d'un bassin dans un autre en cherchant son niveau ?

Seroit-ce l'exportation qui auroit fermé les canaux de la circulation intérieure, en ouvrant des débouchés ?

Seroit-ce le monopole, qui, pour faire disparoître & renchérir la denrée dans une province abondante, l'y auroit tenue en stagnation manifeste & à vil prix ?

Des forces particulieres auroient-elles intercepté de toutes parts, sur un espace de deux à trois cens lieues du levant au couchant & du midi au nord, le cours des subsistances de seize millions d'hommes, & un commerce de sept à huit cens millions de livres?

Quoi qu'il en soit, il résulte manifestement de là que le commerce, dans les premiers elans de la liberté, n'a pu parcourir le Royaume, répandre par-tout ses bienfaits, & mettre dans les prix des différentes provinces, l'egalité que la liberté parfaite entretient dans les différens marchés de l'Europe. Il est evident qu'il a trouvé des obstacles qu'il n'a pu franchir, il est evident qu'il ne pourra jamais les franchir, si la liberté n'anime & ne soutient son essor. Il est certain, comme un partisan des prohibitions l'a très-bien observé, qu'il ne s'est point formé dans le Royaume de marchands de bleds en grand ou de commerçans proprement dits, quoique cette denrée soit par elle-même d'un débit si etendu & si assuré; comme il y a dans la Bourgogne, le Languedoc, le Bourdelois, de gros marchands de vins en correspondance avec toutes les parties du Royaume. Il ne s'en formera jamais, il ne peut pas s'en former qui multiplient

& etendent au loin leurs combinaisons, tant que les loix paroîtront vacillantes, tant que les chemins feront entrecoupés de barrieres & d'ecueils, tant que l'infamie de l'ufure ou du monopole fera, de fait ou de droit, attachée à la noble & falutaire profeffion de marchand de grains, tant que l'autorité ou la violence de la fédition menaceront les magafins & les convois, tant que les fpéculations & les opérations du commerce pourront être affujetties à l'infpection de la police de chaque marché.

Cependant, jufqu'à ce que le commerce foit entrepris par de riches trafiquans, capables de foulever de grandes maffes de la denrée, on n'aura jamais qu'un commerce foible, car de petits blatiers difperfés & refferrés dans des cercles etroits, ne fçauroient donner à la récolte d'un vafte Royaume le branle & le balancement néceffaires aux befoins de tous les peuples. La circulation fera toujours lente & intercadente, parce que le grain, au lieu d'être verfé par une grande opération à grandes diftances, ne coulera que par fecouffes de proche en proche, d'un marché au marché voifin,

& en tournant, pour ainſi dire, autour
des obſtacles. La denrée aura toujours un
prix exagéré, parce qu'en paſſant par différentes mains & par différens marchés,
elle ſe ſurchargera de droits, de frais &
de profits intermediaires. Enfin les grandes
villes ne ſeront jamais, à proprement parler, approviſionnées, elles n'auront jamais qu'une ſubſiſtance journaliere & précaire, parce qu'il ne s'y formera que de
petits amas caſuels, fugitifs & inſuffiſans
pour parer à des accidens imprévus. Malheureux le peuple qui maudit les riches,
il ne tirera que de foibles ſecours de la
médiocrité & ſa malédiction tombera ſur
lui. Faſſe le Ciel qu'il comprenne bientôt
qu'un grand commerce n'eſt point un monopole, que la diſette ne ſort pas des magaſins, & que la denrée ſe dérobera toujours au pillage & à la vexation ! En Hollande, où de riches marchands de bleds
rempliſſent & vuident à leur gré des magaſins immenſes ſans l'intervention de l'au
torité, on n'eprouve ni diſette ni cherté,
& l'on a vu vendre le dernier ſeptier de
bled emmagaſiné à Amſterdam, ſans que le
peuple prît l'allarme, ſans qu'il en con-
çût de l'inquiétude.

B iij

On a remarqué qu'en 1764 il y avoit des provinces à bled, dans lesquelles on n'avoit pas la plus légere idée de ce commerce. Des particuliers ayant envoyé en Champagne & en Lorraine des commissionnaires pour acheter des grains, qu'ils projettoient de faire passer à Marseille par le Havre de Grace, les propriétaires Champenois & Lorrains ne purent jamais comprendre comment on leur proposoit de faire transporter leurs bleds par la Marne & par la Seine jusqu'au Havre, en leur payant un prix fort au-dessus de celui qu'ils en tiroient chez eux. Il paroissoit difficile aux uns de rassembler deux mille septiers de grains, malgré l'abondance; d'autres ne sçavoient pas même qu'il etoit permis, par une Declaration, de l'emmagasiner dans les grandes villes. Ils trouvoient tous etonnant qu'on leur demandât du bled, & impossible qu'on en fît le transport. Le plus beau froment etoit alors dans ces provinces à 9 ou 10 livres le septier, pendant qu'il en valoit 30 & 40 en Provence & dans le Bas-Languedoc.

Il falloit donc créer, pour ainsi dire, le commerce des grains; mais ce commerce peut-il jamais parvenir à une pleine vigueur, fi ce n'eft par la liberté & par la liberté la plus entiere; & s'il en avoit parfaitement joui, verroit-on dans le Royaume ces exceffives inégalités de prix, dont nous allons préfenter le tableau, depuis le premier Janvier 1764 jufqu'au mois d'Août 1768. (1)

I I.

Des Loix nouvelles en faveur de la liberté du commerce & des reftrictions établies dans ces loix.

LE gouvernement, touché des maux & des cris de la nation ecrafée fous le régime prohibitif, appella le commerce au fecours des peuples en 1763 & 1764, lui donna la vie en lui accordant la liberté, mais les anciens préjugés l'obligerent à la reftreindre; les perfonnes inftruites peuvent l'attefter à l'Univers; fes loix furent reçues fans reclamation, ou pour mieux dire, avec une acclamation unanime, par toutes les Cours Souveraines du Royaume. Il

Les loix favorables à la liberté étoient néceffaires, elles furent applaudies par toutes les Cours.

(1) On trouvera ce tableau à la fin de l'ouvrage.

faudroit les justifier, quand elles ne seroient attaquées que par des cris populaires, qui servent toujours les manœuvres
de ceux qui les excitent, & persuadent
quelquefois la sensibilité de ceux qu'ils
touchent. Mais aujourd'hui, des Compagnies illustres, qu'une *juste prévention* leur
avoit d'abord soumises, sont ouvertement
declarées contre elles. On les regarde
comme un *nouveau Systéme de Législation,
tracé à la fausse lueur des spéculations incertaines, suivi de tristes vicissitudes qui ont
paru en être les premiers fruits, & condamné dans ses essais hazardeux par une
longue & fâcheuse epreuve.* Qu'il me soit
permis de rendre d'abord de très-vives
actions de graces au Ciel & au Souverain
qui nous ont donné ces loix salutaires,
sans lesquelles les prohibitions auroient infailliblement & rapidement consommé la
ruine de l'Etat. Qu'il me soit permis d'observer que des loix qui ramenent l'ordre
simple de la nature, ne forment point un
systême, c'est-à-dire, un corps de combinaisons arbitrairement disposées pour
donner aux choses un cours forcé; tel
qu'etoit le Code Reglementaire. Qu'il me
soit permis de remarquer que le germe de

ces loix eft dans beaucoup d'anciennes ordonnances , & que leur efprit anima l'adminiſtration , mémorable à jamais, par laquelle Sully régénéra la France , lui aſ-
fura une longue profpérité , lui prépara
un fiecle de gloire , & lui donna la force de
lutter pendant long-tems contre le régime
le plus funeſte. Qu'il me foit permis enfin de repréfenter que les mauvaifes récoltes & les ordonnances multipliées des
officiers de police, ne font pas les *fruits de
ces loix* ni une *longue & funeſte epreuve de
la liberté.* Nous nous bornons à annoncer
ici des vérités dont nous développerons
bientôt les preuves. En me félicitant de
parler à des hommes que la diffimulation
offenferoit , j'avouerai , avec franchife ,
que je n'ai trouvé dans leur cenfure que
l'expreffion de la vigilance, de la follicitude & du zele.

Cette légiflation pouvoit feule ranimer
la culture , rétablir *la circulation intérieure ,*
arréter les inconvéniens du monopole ; tels
etoient les effets que le Souverain en attendoit, lorfque par fa Declaration du 24
Mai 1763 , il permit par le premier & le
fecond article, à tous fes fujets, de quelque qualité & condition qu'ils fuſſent ,

Difpofitions
de la Declara-
tion de 1763.

même nobles & privilégiés, de faire, ainfi que bon leur fembleroit, dans l'intérieur du Royaume, le commerce des grains, d'en vendre & d'en acheter, même d'en faire des magafins, ainfi que de les tranf-porter librement d'une province dans une autre, fans être obligés de faire aucune declaration, ou de prendre aucune per-miffion ou congé, & fans qu'on pût, pour raifon de ce commerce, les inquiéter ou les aftreindre à aucune formalité.

Le miniftere public demanda des modifications, fur des motifs faciles à detruire ; le Parlement n'y eut pas égard.

II eft vrai que dès-lors le fanctuaire des loix retentit de l'éloge des reglemens du Chancelier de l'Hôpital & de M. Colbert, & de la cenfure de la Declaration préfen-tée au premier Tribunal du Royaume : eloge principalement fondé fur 'a propriété que l'on attribuoit aux reglemens, de *pré-venir les abus du commerce*, de maintenir *l'intérêt refpectif des cultivateurs & des con-fommateurs*, & *d'affurer* la fubfiftance du peuple, c'eft-à-dire, de procurer une bonne culture, d'abondantes récoltes, de gros revenus & de forts falaires, par la *modicité du prix de la denrée* : cenfure par-ticuliérement appuyée fur les maux que l'on croyoit voir fourdre de la liberté ; d'un côté, monopole, par la plus grande concurrence, de l'autre, fouftraction de fubfiftance ou d'aifance pour la plus grande partie de la nation, ou mifere publique par l'augmentation du prix des grains, c'eft-à-dire, par le foulagement du cultivateur, l'amélioration de la culture, l'accroiffement du revenu public & privé, l'augmentation des dépenfes ou des falaires, &c. Nous le dirons avec juftice; quiconque aime fon etat fe defend avec peine des préjugés qu'il infpire. La prévention pour les anciennes loix paroît être naturelle & louable chez des Magiftrats trop modeftes pour fe croire plus eclairés que leurs prédéceffeurs, trop inquiets pour le falut des peuples pour ofer l'abandonner au cours naturel des chofes, trop habitués à la douceur d'influer fur leur fort pour renoncer facilement au foin de le furveiller, enfin trop inftruits des inconvéniens des innovations pour ne pas y oppofer tout ce que le zele, guidé par la raifon, leur fuggere, jufqu'à ce que l'utilité & la néceffité d'innover leur foient evidemment manifeftées. Mais déjà la plus grande partie des Magiftrats avoient reconnu l'utilité & la néceffité de la loi nouvelle; elle fut enregiftrée fans reftri&ions, quant à ce qui concernoit la liberté du commerce.

Obfervation finguliere du requifitoire du miniftere public vérifiée par l'evéne-ment.

Nous croyons devoir rappeller ici que le Miniftere public, en requérant l'enregiftrement de la Declaration, ou plutôt des modifications multipliées & deftructives de la loi, repréfenta, entr'autres motifs de refferrer la liberté dans des bornes etroites, que *s'il furvenoit une difette après le moindre changement apporté aux regles anciennes, le peuple ne manqueroit pas de l'attribuer à la nouvelle liberté, & que tout le monde étoit peuple* quand on manquoit *de pain.* Ce n'eft point à moi à appliquer la prédi&ion.

La Declaration ne donnoit qu'une liberté très-imparfaite.

Dans cette Declaration, il n'etoit point parlé du commerce extérieur, fans lequel le commerce intérieur eft néceffairement imparfait, intermittent & précaire ; les reglemens de la ville de Paris etoient confervés par l'art. IV, exception qui etabliffoit le code des prohibitions au centre du Royaume, exception qui anéantiffoit, quant au tems préfent, la liberté dans plufieurs provinces, comme nous le prouverons bientôt.

Elle accordoit l'immunité.

Par l'art. III il etoit défendu d'exiger des droits de péage, paffage, pontonage ou travers, perçus auparavant fur les grains, *à titre de propriété, d'engagement ou autre, fans préjudice néanmoins des droits de hallage, minage & autres droits de marché*; & dans l'acte d'enregiftrement, il fut ajouté, *comme auſſi fans préjudice de l'indemnité, s'il y avoit lieu, pour raiſon des droits ci-mentionnés.* La défenfe etoit fage, elle tendoit à deux fins également bonnes, la premiere, de rendre la liberté du commerce plus parfaite, la feconde, de rendre l'augmentation des prix en faveur du laboureur, infenfible pour le peuple. L'exception etoit convenable, en fuppofant *la liberté* : il faut payer le hallage & le minage, ce font des fervices utiles, pourvu qu'on ne foit point forcé de les employer, car ce feroit une *fervitude* très-dure & très-onéreufe. La reftriction etoit jufte : l'on ne doit dépouiller que les ufurpateurs, il faut que des poffeffeurs légitimes foient dédommagés de la privation de leurs droits, aux dépens de ceux que la fuppreffion favorife.

L'immunité eft un complément néceffaire de la liberté. L'excès des droits equivaut à une prohibition expreffe ; c'eft par là que l'Angleterre eloigne de ses ports les grains etrangers. Avec des droits même modérés, le commerce n'est point libre, puisqu'il est obligé d'acheter sa liberté & de la racheter sans cesse. Aussi, lorsque nos Rois voulurent efficacement *faciliter le transport des grains d'une province à l'autre*, & l'entrée des grains etrangers dans le Royaume, ils les dechargerent *de tous droits d'entrée, octrois, péages & autres droits qui se levoient sur lesdits grains par les villes, communautés, pays d'Etats, seigneurs & particuliers* (1).

Arrêté, repoussé, détourné, rallenti par des digues multipliées, qu'on ne peut forcer qu'à prix d'argent, pour parvenir jusqu'à la derniere vente, le commerce laisse, faute d'avances, une partie de la denrée morte dans les greniers du laboureur, il en expose par avidité ou par nécessité une autre aux confiscations, aux amendes, aux exactions, à mille hazards, & si, à force de dépenses, il perce avec quel-

______

(1) Voy. le Traité de la Police de la Mare, T. II, Tit. XIII, & au supplément divers Arrêts, Declarations & Lettres Patentes, au sujet des Traites foraines des années 1693 & 1694, 1709 & 1710., &c.

ques provisions préservées des accidens jus-qu'aux lieux de grande consommation , toujours hérissés de plus fortes barrieres , c'est pour offrir des frais enormes à vendre au consommateur. Un sou sur chaque septier de bled, sera un impôt de deux millions de livres sur la consommation gé-nérale du Royaume. Evaluer seulement à un ecu tous les droits qu'un septier de grain paye avant que d'être converti en pain , ce seroit un surcroît de dépense de plus de cent millions de livres pour la na-tion, si toute la denrée supportoit la même charge. Le fardeau tombe principalement sur le pain des villes ; ainsi , lorsque le froment y est monté jusqu'à 24 & 25 liv. il n'y eût eté, sans cet impôt , qu'à 21 & 22 , & le prix en auroit même eté moindre, à raison de l'abondance qu'un commerce franc & immune y auroit apportée. Par la compensation des droits légitimes , tous les intérêts se feroient conciliés , tous les ressorts de la prospérité publique auroient eté en action. Le propre du bien est d'être utile à tous, & il ne s'opere que par des moyens simples, car toutes les loix bien-faisantes sont de la nature.

Plein de ces vérités sur lesquelles le

fentiment fixe l'attention d'un pere, le Roi, comme on vient de le voir, avoit délivré le commerce d'un joug auffi onéreux au cultivateur & au confommateur qu'au marchand; mais il n'appartient qu'à Dieu feul de faire le bien en difant *qu'il foit fait*; & la puiffance humaine ne fçauroit rendre un peuple heureux malgré lui-même. De vives conteftations s'eleverent auffi-tôt au fujet des droits fupprimés; il fallut céder aux circonftances, & il fut declaré par des Lettres-Patentes du 5 Mars 1764, que *quant à préfent, les droits d'octrois appartenans aux etats, villes & communautés, ou faifant partie des fermes générales*, n'etoient point compris dans la fuppreffion ordonnée. Les provinces, les villes, les communautés concoururent ainfi à perpétuer les difficultés & la cherté de leur approvifionnement. Ces droits confirmés, tous les droits fubfifterent avec d'autant plus de raifon que l'on ne s'occupa point de l'indemnité demandée par le Parlement. Bientôt après un feul chef de canton leva, à fon profit, jufqu'à cent mille ecus, fur le *tranfit* le plus confidérable des bleds de l'intérieur du Royaume, & la Saone devint prefqu'impraticable

cable

cable aux navires chargés de grains. La vente du bled, de la farine, du pain, fut, dans la plus grande partie du Royaume, foumife, comme auparavant, à la févérité des loix abolies, & aux abus confacrés ou favorifés par ces loix.

La mobilité & l'inexécution partielle des loix produifent néceffairement deux effets nuifibles ; le premier, d'enhardir les uns à braver leurs menaces & leur fanction ; le fecond, d'empêcher les autres de fe fier à leur protection & à leurs promeffes. Le commerce des grains fut rançonné & effrayé tout à la fois. Forcé de payer les droits dont on lui avoit affuré l'exemtion, il craignit de retomber dans les fers dont on venoit de le délivrer.

Cependant le gouvernement s'occupoit du foin de mettre, par une loi folemnel'e & perpétuelle, les marchands & les négocians à l'abri de toute crainte de retour aux loix prohibitives (1) ; & dès-lors il auroit accordé la liberté fans bornes, fi les efprits avoient été capables de fupporter une auffi grande revolution. La lumiere fe répandoit, mais la nation ayant eté de-

Le gouvernement, en confirmant & etendant la liberté, eft contraint, malgré fon vœu, d'y impofer des reftrictions caduques.

(1) Edit de Juillet 1764.

puis long-tems enfoncée dans des ténebres profondes par un régime funeste ; la plupart avoient encore la vue trop foible pour en soutenir l'eclat , fixer la vérité, & s'y soumettre. La sagesse fut de compatir à l'aveuglement de la multitude , & de n'aller au but que pas à pas.

Le gouvernement avoit d'autant plus de raison de ne pas allarmer & irriter le préjugé dominant , que c'est à lui que les malheureux s'en prennent , plutôt qu'au Ciel qui est plus eloigné d'eux , quand ils manquent de pain ; comme s'il faisoit à son gré l'abondance & la disette ; comme s'il etoit laboureur ou marchand ; comme s'il devoit fournir du bois & des vêtemens , lorsqu'on souffre le froid ; comme si l'argent du fisc n'etoit pas nécessairement affecté à des emplois dont il ne peut être diverti , sans inconvéniens , sans danger , & même sans lésion d'une portion de citoyens ; comme si toutes les dépenses extraordinaires ne devoient pas ensuite retomber à la charge de la nation : triste effet de l'obligation qu'il s'etoit imposée, de se tenir entre les marchands de grains & le peuple , de regler l'ordre & la marche des subsistances , enfin d'être l'approvifionneur des Provinces. On ne lui demande jamais ni de diftribuer des falaires, lorfqu'on ne trouve point de travail, ni d'en hauffer le prix, lorfque la main d'œuvre paroît trop baffe, quoique fouvent cet objet ne paroiffe pas moins important; pourquoi? Parce qu'il ne s'eft jamais chargé de ce foin.

Pour exciter la circulation intérieure des grains, & attirer à ce commerce de riches négocians, il étoit abfolument néceffaire d'ouvrir des iffues extérieures, & d'intéreffer à ce trafic les villes commerçantes. Dès que la denrée n'a qu'un efpace circonfcrit à parcourir, elle eft fujette à s'engorger & à s'arrêter. L'intermittence de fon cours detruit le commerce, & fa reproduction fe borne à la mefure de la confommation intérieure. L'Arrêt du Confeil d'Etat, du 17 Septembre 1754, par lequel le commerce de Province à Province avoit eté declaré libre, n'avoit point eu d'effet. Il n'ouvroit pas les ports; car il ne permit les traites à l'etranger que par ceux d'Agde & de Bayonne, & paffagérement. Depuis environ un fiecle, les ports etoient fermés; ils ne s'entrouvoient que par des permiffions particulieres, toujours trop tardives pour que les charrues ne fussent point ecrasées sous le poids de l'abondance, avant qu'on pût les soulager ; trop limitées pour que les enlevemens ne fussent point subits, excessifs, suivis de disettes locales & d'achats très-chers de nos propres grains à l'etranger ; trop privilégiées pour qu'elles n'aboutissent point à couvrir & à autoriser la cupidité du monopole.

Motifs du gouvernement pour accorder la liberté perpétuelle du commerce, tant extérieur qu'intérieur.

Le gouvernement sentoit le mal, il voyoit le remede dans la liberté de l'exportation & de l'importation des grains & des farines. Les Etats & le Parlement de Bretagne, les Etats de Languedoc, le Parlement de Toulouse, les Etats d'Artois, les Parlemens de Normandie, de Provence & de Dauphiné, les sociétés d'Agriculture, les Chambres du commerce, enfin les compagnies les plus respectables que l'on consultoit, la reclamoient par des lettres, des supplications & des avis raisonnés. Par la liberté de l'exportation, le gouvernement assuré du vœu de la nation eclairée, se promettoit d'*animer & etendre la culture*, en procurant & le débit de l'excédent de la denrée, & le bon prix constant de la vente, sans lequel

le fermier fuccombe, le champ fe dété-
riore, le propriétaire s'appauvrit, l'induftrie ne peut être falariée, & l'etat de-
cline. Par la liberté de l'importation, il
fe propofoit non feulement d'entretenir
l'abondance par l'entrée & les magafins
des bleds etrangers, mais encore de com-
penfer en faveur des confommateurs, par
l'introduction des grains du dehors, l'a-
vantage qui réfultoit, en faveur des propriétaires de la denrée du fol, de la liberté
de la vendre hors du Royaume ; de balancer ainfi les intérêts & les droits de
chaque claffe, en multipliant les acheteurs
d'une part & les vendeurs de l'autre. Par
la concurrence indéfinie, tant extérieure
qu'intérieure, il vouloit donner aux grains
un prix commun, généralement utile aux
différentes claffes, toutes déroutées & lé-
fées par les variations etonnantes des prix
fous le régime prohibitif, ecarter le monopole produit par les Reglemens favorables au petit nombre des marchands, & auto-
rifé par des *permiffions particulieres*, accordées à des agens privilégiés. Enfin, par la
libre *communication* des echanges avec l'e-
tranger, *fi conforme aux loix de la Providence & aux vues d'humanité qui doivent ani-*

C iij

mer tous les Souverains ; il aspiroit à mettre, pour ainsi dire, en commun, dans le marché général de l'Europe, la prospérité de la nation avec la prospérité de toutes les autres nations ; afin de les garantir réciproquement des calamités locales, & pour que chacune d'elles pût dans la disette trouver sa subsistance, à-peu-près au même prix que dans l'abondance : ordre admirable, par lequel Dieu lui - même semble, en pere des hommes, gouverner son immense famille, & distribuer le pain quotidien, sans acception des personnes, & pour le bonheur de tous.

Cette liberté est accordée par l'Edit de 1764.

Tels furent les motifs de l'Edit donné à Compiegne au mois de Juillet 1764. Dejà par des Arrêts du Conseil du 27 Mars & du 21 Novembre 1763, l'exportation des farines nationales avoit eté permise. Déjà, sur les Représentations qui avoient eté faites, touchant l'extrême abondance des menus grains, il avoit eté rendu, le 2 Janvier 1764, un nouvel Arrêt qui autorisoit les traites de ces grains & des légumes au dehors, *par tous les Ports du Royaume.* Ces Arrêts préparoient, en quelque sorte, & annonçoient l'Edit du mois de Juillet, par lequel le Roi ajoute à la permission donnée par la Declaration du 25 Mai 1763 , à tous ses sujets, sans exception , de faire des transports & des magasins de grains dans l'intérieur du Royaume , la liberté de faire sortir *par terre & par mer tous grains, graines, grenailles & farines* (ainsi que d'y en faire entrer) *avec très-expresses inhibitions & défenses à tous ses Officiers & à ceux des Seigneurs , d'y mettre aucun obstacle ou empêchement, en aucun cas , & sous quelque prétexte que ce pût être , aux seules exceptions & limitations portées dans quelques articles :* loi solemnelle & enregistrée dans toutes les Cours , loi irrévocable que des Juges inférieurs n'ont pu méconnoître & violer sans prévarication, & qu'ils méconnoissent & violent tous les jours , appuyés sur d'anciens Reglemens expressément revoqués par la même loi.

Les restrictions marquées par l'Edit etoient en quelque sorte arrachées au Souverain. Son vœu etoit pour *l'entiere concurrence ,* pour *la plus grande liberté , la liberté générale & indéfinie.* Mais par une condescendance paternelle , il vouloit ne laisser *aucune inquiétude à ceux qui* n'auroient *pas encore assez* senti *les avantages que devoit procurer la liberté.* La loi etoit *perpétuelle*, & les exceptions n'etoient que *quant à préſent*, & *juſqu'à ce qu'il en eût eté autrement ordonne*. Ces exceptions portées à regret ne ſont point la liberté, elles ſont contraires à la liberté. Ce ſont des prohibitions formelles, elles devoient en avoir les effets (1).

Par l'Article IV de l'Edit, le Roi ne permet la ſortie des grains & farines que ſur des vaiſſeaux François, & par les Ports de Calais, Saint-Valery, Dunkerque, Fécamp, Dieppe, le Havre, Rouen, Honfleur, Cherbourg, Caën, Granville, Morlaix, Saint-Malo, Breſt, Port-Louis, Nantes, Vannes, la Rochelle, Rochefort, Bordeaux, Blaye, Livourne, Bayonne, Cette, Vendres, Marſeille & Toulon (2).

Ce n'eſt pas ici le lieu d'enviſager l'ex-

Premiere reſtriction.
L'excluſion des vaiſſeaux etrangers cur le tranſport de nos grains.

Inconvéniens de cette reſtriction.

(1) M. de la Chalotais, en préſentant l'Edit, pour l'enregiſtrement, aux Chambres aſſemblées du Parlement de Bretagne, expoſa avec autant de force que de netteté, les inconvéniens de ces reſtrictions ; & en conſéquence le Parlement de Bretagne ordonna, dans l'Arrêt rendu pour enregiſtrer l'Edit, que *le Roi* ſeroit *très-humblement ſupplié de retirer toutes les reſtrictions & limitations que cet Edit* renfermoit *encore*.

(2) Depuis l'Edit, quelques autres Ports ont eté ouverts par des Arrêts du Conſeil.

clufion des vaiffeaux etrangers en faveur de notre Marine marchande , fous toutes les faces politiques ; je me renferme dans mon objet. Si les etrangers qui naviguent à meilleur marché que nous, etoient entrés dans nos ports en concurrence avec les regnicoles, tant pour l'achat que pour le tranfport de nos grains , la nation auroit d'abord vendu d'avantage & mieux vendu, tant au dehors qu'au dedans. Douze cens mille livres de fret gagnés par nos facteurs, ont pu fruftrer les propriétaires des grains de plus de trente millions de bénéfice. Donnez feulement les douze cens mille livres au laboureur , ils produiront dans fes mains trois millions fix cens mille livres de fubfiftance. Donnez les trente millions au marchand, ils ne produiront pas un feul epi. La premiere année de l'exportation, le grain refta conftamment à très-bas prix ; une meilleure vente eût excité une plus forte culture. Les provinces qui fe plaignent de l'exportation ont refufé de bonne heure de participer à fes avantages, & par là elles ont eté privées des moyens que le débit extérieur de leurs grains leur auroit procurés & d'augmenter leur culture & de mieux payer la denrée. Si les etrangers n'euffent pas eté exclus de fait du cabotage, comme ils le font aujourd'hui de droit, il eſt à préſumer qu'elles auroient reçu des ſecours plus prompts & plus abondans dans leur detreſſe, puiſque le cabotage François a toujours eté preſque nul, & que nos vaiſſeaux n'ont pas même pu d'abord ſuffire aux demandes de nos Colonies. Enfin, en tenant une partie des ports fermés, il eſt evident qu'on ſuſpend le cours d'une partie de la denrée vers ſon débouché naturel, qu'on empêche la circulation de s'etendre ſur toute la ſurface du Royaume, & que l'abondance va chercher les canaux libres ou un débit aſſuré. Cette obſervation combat egalement les reſtrictions de l'article ſuivant.

Il eſt dit dans l'art. VI que quand le prix du bled ſera porté dans quelques ports ou ſur la frontiere à 12 liv. 10 ſols le quintal, & qu'il s'y ſera maintenu pendant trois marchés conſécutifs, l'exportation ſera ſuſpendue de plein droit & qu'elle ne pourra y être rétablie que par le Conſeil.

Le Gouvernement ſe flattoit que le prix prohibitif de ſortie à 12 livres 10 ſols le quintal, deux ſols & demi la livre, 30 livres le ſeptier, 275 livres le tonneau de mer, n'auroit jamais lieu. *Ses espérances légitimes* etoient fondées, d'un côté, sur *la libre entrée des grains* etrangers, & de l'autre, sur l'impossibilité de trouver ailleurs une meilleure vente des nôtres. Il est aisé de concevoir que quand le prix de nos grains est au-dessus du prix du marché général de l'Europe, nos marchands ne sçauroient entrer, dans les pays etrangers, en concurrence avec les autres marchands, lesquels ayant acheté à plus bas prix, & naviguant d'ailleurs à moins de frais, sont en état de fournir des denrées moins cheres que ne le seroient les nôtres, même de premier achat & sans le fret. Ainsi l'exportation doit cesser d'elle-même, lorsque le prix des bleds du Royaume est au-dessus de 25 livres, taux auquel les Hollandois, par exemple, peuvent offrir la denrée dans tous les ports de l'Europe, comme nous l'exposerons ailleurs.

La fixation du prix prohibitif etoit donc inutile; elle etoit dangereuse; elle a eté funeste. Nos voisins & les nationaux pouvoient egalement en abuser, ceux-là pour se délivrer de notre concurrence dans les pays méridionaux & etouffer notre commerce, avant qu'il fût etabli; ceux-ci, pour fe rendre egalement maîtres, ou du prix intérieur fur le théâtre de leurs opérations, ou du cabotage de leurs ports dans les provinces difetteufes, ou des ventes dans les marchés etrangers, à l'exclufion les uns des autres. Au moment d'une mauvaife récolte, au milieu de l'embarras des femailles, tems de cherté, etoit-il difficile à des hommes pécunieux, à des compagnies riches, de s'emparer du thermometre dans les lieux de la plus grande confommation & du plus grand débouché, & de faire monter les grains au taux marqué, par des achats fubits, des arrhemens dans les gros greniers voifins, des ventes fimulées, des ecoulemens extraordinaires, & tout l'epouvantail propre à allarmer le peuple, les officiers municipaux & les magiftrats ? Perfonne ne l'ignore, c'eft ainfi que le monopole engendré, protégé, foutenu par la prohibition, eft parvenu à ronger en paix les entrailles de deux provinces maritimes, victimes des egards qu'un bon pere a eus pour la foibleffe de fes enfans. Ce malheur avoit eté prévu, il avoit eté prédit; mais croit-on toujours qu'il y ait des fages & des patriotes?

Les ports ont donc eté fermés, ils l'e-
toient avant que la loi l'ordonnât, car
l'effroi n'attend pas qu'elle commande
pour exécuter. Les etrangers qui voyoient
de loin la liberté toucher au terme de fa
carriere, s'eloignoient avant ce tems-là
de nos côtes pour ne pas tomber dans les
fers de la clôture. Le Confeil a reconnu
que les *génes qui ont trop long-tems fub-
fifté dans ce commerce* les arrêtoient, &
Sa Majefté, par l'Arrêt du 31 Octobre
dernier, *s'eft propofé d'animer les importations, foit en confirmant toute fûreté & liberté dans la difpofition des grains* du
dehors, leur exportation même, *foit en
excitant par des gratifications* & les promeffes d'une *protection* particuliere, *les
négocians qui fe livreroient à cette fpécula-
tion utile.*

C'eft un malheur que le Gouvernement
ait eté forcé d'appeller les bleds etrangers
par des gratifications. Le Parlement de
Provence a très-bien obfervé que fi la
cherté n'etoit pas affez grande pour les attirer dans nos ports, il falloit que nous
ne fuffions pas dans une fituation qui exi-
geât ces remedes extrêmes; que la gratification donnoit de l'avantage au bled etran-

ger ſur celui du Royaume, dans les pays ſur-tout où le charroi etoit difficile; qu'elle déconcertoit les ſpéculations des marchands de l'intérieur qui ne pouvoient faire ce commerce, s'ils etoient expoſés à une concurrence imprévue & privilégiée; & qu'elle accoutumoit les peuples à croire, ſuivant l'ancien préjugé, que le Gouvernement etoit dans une eſpece d'obligation de baiſſer le prix des grains.

Un peuple demandoit du pain au gouvernement : le Roi compatiſſant à ſes peines & à ſes beſoins, ne s'eſt point borné à ordonner des achats de plus de cent mille ſeptiers de grains du dehors; il a voulu accélérer & multiplier les ſecours, en préſentant aux etrangers tous les appas propres à les attirer ſur des côtes, d'où de juſtes craintes les eloignoient. Si l'on a employé un moyen auſſi onéreux à la nation & auſſi contraire à l'intérêt du commerce national que la gratification, ce n'a eté que pour un tems court, & pour prévenir de plus grands maux, calmer des allarmes dangereuſes, condeſcendre aux vœux de quelques Cours, & rendre à l'etranger la confiance, dont la liberté ſeule, une liberté ſtable & inviolable le remplira. Le succès de ces soins a eté prompt. Bientôt après il est arrivé en Normandie des bateaux d'Amsterdam & de Dantzick, chargés de grains.

Les Ports ont donc eté fermés de plein droit, lorsque la denrée a eté au taux prohibitif; & ils resteront encore fermés, lorsqu'elle sera retombée au dessous, & ils ne se r'ouvriront pas jusqu'à ce que les officiers du lieu ayent adressé leurs représentations au Ministere, que les preuves de la diminution des prix soient acquises, que le Conseil ait eu le loisir de s'occuper de ce soin & de statuer sur cet objet, que ses ordres soient expédiés & mis à exécution. Il est evident que tant que le Conseil tiendra les clefs des Ports, tant que le terme de la clôture sera incertain, arbitraire, indéfini, & nécessairement eloigné, le commerce n'ayant aucune regle sûre pour opérer, il n'ira point se précipiter dans un abîme sans issue, où le grain pourroit bientôt tomber en non-valeur ; au lieu que si la diminution des prix suffisoit seule pour rétablir l'exportation, il se porteroit naturellement vers des lieux, où il seroit assuré de trouver ou

la bonne vente au dedans , ou un débouché avantageux au dehors.

Enfin par l'Article IX , le Roi déroge
à tous Édits , Declarations & Reglemens
à ce contraires , *fans néanmoins rien inno-*
ver , quant à préfent aux regles de Police ,
fuivies jufqu'à ce jour pour l'approvifion-
nement de la ville de Paris , lefquelles con-
tinueront d'étre obfervées comme par le
paffé. L'Article IV de la Declaration de
1763 portoit la même exception.

On connoît cette claufe , & l'on parle
de liberté ! Quoi ! Lorfque la Capitale ,
lorfque le centre des pays à bled , lorfque
le pont de communication des Provinces
les plus fertiles , lorfque le débouché d'une
infinité de rivieres , lorfque le lieu de la
plus grande confommation , lorfque la
tête de l'Etat eft conftamment demeurée
fous l'anathême des prohibitions & des
prohibitions les plus dures , le commerce
des grains a eté libre !

Aux clameurs qui partent du fein de
Paris & des environs , il n'y a qu'à oppofer l'exception précédente pour venger la
liberté. Il eût eté fans doute très-important de démontrer de bonne heure que
par

par cette claufe, la liberté etoit formelle-
ment interdite à la Capitale , implicite-
ment refufée aux Provinces circonvoifines , & néceffairement reftreinte dans tout
le Royaume. La police de Paris eft le code
complet des Reglemens généraux de l'adminiftration prohibitive, appliqués, éten-
dus, chargés par des Reglemens particuliers. Les fupprimer alors , ç'auroit eté
bouleverfer la Capitale dans un tems peu
favorable, tant il y avoit de confidérations
à garder , de préjugés à ecarter , d'intérêts à ménager, de droits à remplir. Je ne
conduirai pas mes lecteurs dans ce laby-
rinthe. Les agens & les fuppôts de la police , de quelque efpece qu'ils foient , ne
font que remplir leurs devoirs, lorfqu'ils
en fuivent les regles, fous la direction de
leurs refpectables chefs, malheureufement
condamnés à faire le bien par un régime
malfaifant. Chacun ici-bas a fon pofte : le
légiflateur commande , le fujet obéit. Si
d'anciennes erreurs ont , à la ruine des
peuples, exceffivement multiplié les places, les charges, les offices, & leurs droits,
le citoyen s'en plaint au nom des peuples,
fans bleffer ceux qui les occupent , comme il fe plaint de l'immenfe volume des

D

troupes , fans offenfer ceux qui les com-
pofent.

Les anciens Reglemens généraux avoient principalement pour objet la Capitale ; ils font partie de fa Police.

L'approvifionnement des grandes villes & fur-tout de la Capitale fut toujours
le principal objet des Reglemens. A mefure que Paris a pris de l'accroiffement ,
qu'il a englobé , pour ainfi dire , une nation , qu'il a confommé les fruits de plufieurs Provinces, on a vu fans ceffe eclorre
des loix nouvelles fur le commerce des
denrées. Charles V reglant par des lettres-patentes du 29 Septembre 1372 , ce
qui devoit être obfervé pour la police des
vivres & du commerce de Paris, declara qu'il
defiroit principalement qu'elle fût bien gou-
vernée , parce que comme Capitale du
Royaume, elle devoit fervir de modele aux
autres (1). Le Reglement général du 4 Fevrier 1567, recueilli dans les anciennes Ordonnances par le Chancelier de l'Hôpital, fut
particulierement adreffé au Prévôt de Paris, avec des lettres-patentes , qui lui en-

____

(1) « Ce n'eft que depuis ce tems (l'aggrandiffe-
,, ment de Paris fous Philipppe-Augufte) que l'on
,, trouve dans nos loix, dit le Commiffaire la Mare ,
,, des Reglemens pour la navigation , & en particu-
,, lier pour le commerce des Grains par eau à Paris ,,.
Trait. de la Police , Liv. 5. Tit. 5. pag. 704.

joignoient spécialement de tenir la main à
leur exécution. Henri III le renouvella
dans les même termes, le 21 Avril 1577,
c'est, disoit la Mare en ecrivant son
Traité, *la loi sous laquelle nous avons
vécu depuis cent ans.* Dans le Réquisitoire
que j'ai cité à l'occasion de la Declaration
de 1763, il est dit que ces Reglemens ont
eté *exécutés sans aucune reclamation pendant deux siecles*, ce qui ne peut être ap-
pliqué qu'à la Capitale.

Louis XIV, dans le préambule de l'Ordonnance du mois de Décembre 1672,
concernant la jurisdiction des Prevôt des
Marchands, & Echevins de la Ville de Paris, rappella, rétablit, rédigea, etendit les
Ordonnances, Coutumes, Statuts & Reglemens sur la Police & le commerce de cette
Ville, conformément aux Reglemens généraux, renouvellés encore & chargés
dans la Declaration du 31 Août 1699,
confirmés de nouveau par la Declaration
du 19 Avril 1723 (1), & maintenus en exé-

(1) Ces deux Ordonnances portent en termes exprès, qu'elles sont faites pour être inviolablement
observées dans la Ville de Paris & dans toutes les autres Villes du Royaume, autant qu'elles peuvent se
conformer à l'exemple de la Capitale.

cution par une infinité d'Arrêts du Parlement & de Sentences de Police (1). Ainsi ces Reglemens généraux ont constitué le code de la Police de Paris, d'autant plus attentive, plus scrupuleuse, & plus rigoureuse à en observer les dispositions & à en suivre l'esprit, qu'elle agissoit sous les yeux du législateur, dans le lieu où il avoit le plus à cœur de les faire regner, & où, en les supposant utiles, leur empire devoit être plus absolu.

Sans connoître tous les détails de cette Police, on sçait que Paris est de toutes parts hérissé de prohibitions, dans lesquelles il est manifeste que l'on n'a envisagé le commerce que dans ses rapports avec la *consommation* & avec l'interêt momentané du *bourgeois*, sans considérer la *production*, & sans jamais se demander à soi-même d'où provenoient les denrées

Vice fondamental de ces Reglemens.
Examen de ces Reglemens.

----

(1) Dans une Sentence rendue le 9 Novembre 1672, au sujet de l'achat & de la vente de Grains, M. le Lieutenant de Police de la Ville de Paris, rappelle plusieurs Reglemens, Arrêts & Ordonnances de Police, &, entr'autres, ceux de 25 Fevrier 1634, 28 Fevrier 1643, 11 Decembre 1651, 17 Août 1657, 21 Juillet 1660, 9 Août 1661, 19 Novembre & dernier Décembre 1666, 17 Août 1667, & 12 Novembre 1671.

que l'on confommoit dans les Villes , &
les moyens que l'on y avoit de les payer.
Examinons quelques articles principaux de
cette Police.

Par les Reglemens tant généraux que
particuliers , il eft défendu à tous Laboureurs, Gentilshommes, Officiers tant du
Roi que des hauts Jufticiers & des Villes ,
à tous les intéreffés dans le manîment des
Finances ou au recouvrement des deniers
du fifc, de s'immifcer direꞔtement ou indi-
reꞔtement , fous quelque prétexte que ce
puiffe être , à faire trafic de grains , à
peine de confifcation , d'amende & de punition corporelle (1). Il eft auffi défendu
à toutes perfonnes , de quelque qualité &
condition qu'elles foient , d'entreprendre
ce commerce, fans en avoir obtenu la permiffion des Officiers de Juftice , & fans
avoir prêté ferment devant eux , & avoir
fait enregiftrer aux Greffes ces Aꞔtes, avec
leurs noms , furnoms & demeures , fous
peine de confifcation , d'amende, & d'in-
habileté à exercer ce trafic.

Premier Re-
glement. Dé-
fenfe à diver-
fes fortes de
perfonnes de
faire le com-
merce des
Grains.

(1) Voy. en particulier la Declaration du dernier
Août 1699 , les Reglemens de 1577 & 1567 , un
Arrêt du Parlement du 7 Septembre 1700 , &c.

Ce Reglement livre Paris au monopole.

L'exécution de ces reglemens laiffe la ville de Paris en proie au monopole de droit & à la difcretion de quelques marchands, accufés dans tous les tems & fur-tout dans les tems de difette, de monopole de fait, d'artifices pour amener la cherté, de manœuvres pour ecarter l'abondance, & peints fous ces couleurs dans les Ordonnances des Souverains, les Arrêts du Parlement, les Sentences de la Police (1). On ne s'eft point apperçu que c'etoit la loi elle-même qui les conftituoit monopoleurs, puifqu'elle les délivroit de toute concurrence redoutable. Qu'on interroge les fermiers d'alentour, plufieurs d'entr'eux avoueront qu'ils aiment mieux tranfporter leurs grains dans des marchés beaucoup plus éloignés & même dans d'autres provinces, que de les apporter à Paris, où ils auroient à lutter contre ces terribles concurrens (2). C'eft fur-tout dans les tems où le foin de battre le bled,

_____

(1) Voy. le Tr. de la Police, Tit. **V & XIV**, *paffim*, & le fupplément.

(2) Dans un Procès qu'il y eut fur la fin du dernier fiecle entre les Jurés-Mefureurs & les Boulangers de Paris, le Roi s'etant fait rendre compte de l'affaire, on lui repréfenta que " tout le commer-
,, ce des bleds qui fe confomment en pain par les

les femailles ou d'autres travaux retiennent le laboureur, que ces hommes privilégiés font abfolument maîtres des prix, & alors on eprouve affez conftamment une cherté relative. On a cru rompre leurs monopoles en leur interdifant des fociétés entr'eux, remede inutile au mal que l'on a fait, car comment empêcher qu'ils ne s'accordent fecretement enfemble pour

„ Boulangers de Paris, etoit entre les mains des mar-
„ chands de grains, ils feroient les maîtres d'y met-
„ tre tel prix que bon leur fembleroit, & qu'il n'y
„ avoit de meilleur moyen pour eviter cet incon-
„ vénient, & pour empêcher *leurs monopoles* &
„ toutes leurs autres pratiques, que de leur oppofer
„ près de douze cens Boulangers, dont la plus
„ grande partie vont acheter des bleds dans les
„ lieux éloignés, & où ils font à bon marché ; ce
„ qui eft une decharge perpétuelle & confidérable
„ pour les marchés de Paris, & une *efpece de fixa-*
„ *tion qui doit néceffairement y faire diminuer le prix*
„ *des bleds* „. En conféquence Louis XIV, par une Ordonnance du 1 Septembre 1699, permit aux Boulangers d'acheter des bleds à huit lieues au-delà de Paris.

Il n'y a qu'une obfervation à faire fur cette prétendue concurrence : les Boulangers ne vendent pas du grain, & ils vendent conftamment & invariablement le pain, fuivant le tarif des prix des grains vendus à la Halle. Ce fait eft notoire & inconteftable ; refte donc le *monopole*, reconnu par la Police & par le Gouvernement.

D iv

rançonner le public & partager le butin? remede dangereux qui pourroit produire de très-grands maux, car ne seroit-il pas à craindre, en tems de crise, que leurs efforts partagés ne fussent pas suffisans pour remplir les besoins publics? Les défenses d'arrher le bled, de faire des amas, d'aller au devant des grains, &c. font autant de précautions aussi vaines que pernicieuses que l'on appelle au secours les unes des autres. On engendre le monopole & l'on se tourmente ensuite pour l'etouffer; & le régime que l'on employe pour le detruire, c'est celui-là même qui le produit.

La concurrence & le monopole font entr'eux comme l'abondance & la disette; plus vous restreignez l'abondance & la concurrence, plus vous donnez à la disette & au monopole; c'est là l'effet nécessaire des prohibitions. Lorsque vous avez condensé & concentré le commerce dans quelques mains, tous vos reglemens prohibitifs font contre le commerce & contre le consommateur plutôt que contre l'abus, puisqu'ils entravent nécessairement le trafic & qu'il n'en faut pas moins passer par les mêmes mains. Que le marchand elude ou non vos défenses, il s'en prévaut contre vous-même. S'il achete, par exemple, du grain aux portes de Paris, il vous le vendra comme s'il l'avoit acheté à la distance marquée par les reglemens; s'il l'achette à dix lieues de Paris, il faut qu'il vous le vende plus cher, & il sçaura bien ou ecarter ou faire monter à son taux, le bled des environs, sans quoi il ne pourroit mettre le sien en concurrence. Ces monopoles, ces inconvéniens, ces abus sont-ils compatibles avec la liberté?

Il est défendu, comme on vient de le dire, aux marchands d'acheter des grains ou des farines dans l'etendue de dix lieues aux environs de Paris, sous peine de confiscation des marchandises & d'amende arbitraire (1).

Autrefois cette prohibition ne s'etendoit qu'à huit lieues : il s'ensuivoit de là, dit la Mare (2), deux considérables inconvéniens, l'un, que par le concours des marchands ou par leurs monopoles dans

(1) Voy. l'Ordonnance du mois de Decembre 1672, les Ordonnances de Police du Châtelet, de 1632 & 1622, &c.

(2) Traité de la Police, Tit. 5, L. 5, Ch. 5.

les marchés de Meaux, Nanteuil-le-Hau-douain, Melun, Marine, Meulan, Senlis & Boiſſy, ils mettoient toujours la cherté au bled; & l'autre, qu'ils faiſoient déſerter les halles de Paris & les autres marchés d'où cette ville peut tirer ſes plus prompts ſecours. En 1622, après pluſieurs Aſſemblées générales du Châtelet, la défenſe fut etendue juſqu'à dix lieues, ce qui pouvoit rejetter la *cherté* & la *déſertion* deux lieues plus loin. Le même auteur remarque que l'on rapprocha par *un commerce plus etendu les grains qui n'auroient jamais eté apportés ſans ce ſecours. Il s'etoit néanmoins paſſé pluſieurs ſiecles*, ajoute-t-il bonnement, *ſans qu'on eût fait cette decouverte.* La belle découverte! Sans ce ſecours ou avec ce ſecours avoit-on vécu juſqu'alors? *Ce point de Police exécuté*, dit-il encore, *produit trois bons effets, le premier, que l'abondance paroît toujours dans les marchés, le ſecond, que l'on y achete de la premiere main, & le troiſieme, que l'incommodité du ſéjour & l'empéchement de retourner chez ſoi, engagent les laboureurs & les autres qui ont amené leurs grains au marché, de ſe relâcher ſur le prix, & que c'eſt enſuite une eſpece de fixa-*

tion qui oblige les marchands d'en faire de même.

Barbare Commiſſaire, comme vous par-lez du laboureur! vous oubliez donc que c'eſt votre pere nourricier; vous le tyran-niſez, pour qu'il vende à bas prix & à perte. Entrez dans les boutiques, les mai-ſons & les palais de vos villes, & voyez ſi l'induſtrie, l'inutilité, le luxe y pro-duiſent des ſubſiſtances. Soulevez le pavé de vos places & de vos halles, & voyez au-deſſous, s'il y croît du grain. Quand vous aurez dérobé au laboureur une par-tie du juſte prix de ſes travaux, quand à force de vexations & d'artifices vous l'au-rez réduit à la miſere, qui vous donnera d'a-bondantes récoltes, qui garnira vos mar-chés, qui vous payera de forts revenus? Et quand vos récoltes ſeront foibles, quand vos marchés ſeront vuides & vos re-venus diminués, comment vivrez-vous, comment donnerez-vous des ſalaires à votre peuple d'artiſans, comment ſe ſou-tiendront vos villes? Vous voulez acheter de la premiere main, rien n'eſt plus juſte & plus utile, allez donc acheter dans les greniers du laboureur, mais ne le forcez pas à vous vendre dans des halles, vous l'arracheriez à la charrue & la charrue tomberoit ; ne le forcez pas à vous vendre à perte, les guérets feroient bientôt en friche. Qu'importe l'abondance apparente de vos marchés, quand elle peut mafquer la difette, & quand l'abondance réelle de la denrée peut exifter fans ces beaux dehors ? Vous qui connoiffez les marchés, vous croyez que le jour préfent reçoit la loi des prix du jour paffé, & que le marchand, libre de mieux vendre, vende moins cher pour l'honneur de fubir le malheureux fort du laboureur ? Vos opinions vous abufent jufques fur des faits journaliers, & elles vous mentent à vous-mêmes.

Il eft défendu à tous marchands, laboureurs, fermiers, boulangers, pâtiffiers, braffeurs, meuniers, grainiers & toutes autres perfonnes généralement, de vendre ou d'acheter ailleurs que dans les ports, halles & marchés publics, des grains & des farines ; d'acheter les bleds en verd, fur pied & avant la moiffon, d'arrher les grains, d'aller au-devant des voitures qui en font chargées, &c. fous peine de confifcation, amende, &c. (1)

(1) Declar. du 19 Avril 1723. Ordonn. du mois

A ce prix là, le cultivateur eſt ſerf du marché au lieu d'être comme autrefois ſerf de la glêbe, & ſa condition n'eſt pas meilleure. Le bled qu'il a acheté de la nature par des avances, du propriétaire par des loyers, du fiſc par des impôts, le bled produit par ſes ſueurs, expoſé, à ſes riſques & périls, aux injures des ſaiſons & des inſectes, &, pour ainſi dire, acquis ſans ceſſe par des frais nouveaux, le bled n'eſt point à lui, il ne peut pas en diſpoſer à ſon gré, il n'a pas autant de droit ſur ſon emploi que tout autre propriétaire ſur l'emploi de ſa denrée ou ſa marchandiſe! S'il eſt preſſé par des créanciers, par des calamités, par l'impuiſſance d'attendre la moiſſon, on lui défendra de le vendre en herbe ou par arrhement, comme ſi l'on pourvoyoit d'une autre main à ſes beſoins! Enſuite l'on tiendra comme en ſéqueſtre ſa denrée dans ſes greniers, ſans qu'il puiſſe profiter d'une occaſion de faire une bonne vente & de s'epargner des frais de

d'Août 1699, & du mois de Decembre 1672. Arrêt de la Cour du Parlement, du 13 Juillet 1662. Ordonn. de Police du Châtelet, du 12 Novembre 1671, & du 30 Mars 1635. Reglement de 1577. Ordon. du Roi, du 6 Nov. 1544, &c.

tranſport; on le traitera en criminel, s'il vend au pied des murs des maichés, s'il reçoit un à-compte ou des arrhes hors de là, s'il fait des conventions d'homme libre à homme lib. e! Il ſera forcé, quelque né-ceſſaires que ſes ſoins, ſes chevaux, ſes voitures ſoient à ſon exploitation, de voyager & de ſéjourner à la ville; & ſur ces frais qui raviront à ſa denrée ſon prix naturel, on accumulera encore les droits de hallage, de minage, de pondage, &c. quoique ni lui, ni le marchand, ni le con-ſommateur n'aient beſoin ni de ce cou-vert, ni de ces meſures, ni de ces poids! Ce n'eſt pas encore aſſez, on les contrain-dra tous dans *l'arrondiſſement*, d'apporter chacun à leur tour une certaine meſure de grains à la halle. Celui qui n'en aura pas, ſera obligé d'en acheter, & très-cher, quand le défaut de récolte l'aura réduit à l'impuiſſance! Celui qui aura le ſemoir à la main, ne pourra profiter de l'inſtant fa-vorable que l'intempérie de la ſaiſon lui aura laiſſé pour travailler à la reproduc-tion future! Celui qui auroit réparé ſes malheurs, s'il avoit pu attendre pour ſes ventes un tems plus propice, verra l'ar-rêt de ſa ruine ſcellé par la loi! Tous ensemble, ils seront condamnés, après trois expositions consécutives dans les marchés, à livrer leur bien au prix qu'on voudra leur en donner! Ah! vous détestez les corvées, ce mot seul fait frémir vos entrailles; & n'est-ce point-là la corvée la plus injuste dans son principe & la plus terrible dans ses effets? Le laboureur a-t-il commis des crimes pour être ainsi traité? Est-il esclave du Citadin pour être ainsi sacrifié aux interêts de cette classe? S'il exigeoit que l'on forçât le bourgeois & tous les consommateurs à aller acheter ses bleds dans ses greniers, à les lui payer à tout prix, à s'immoler à ses besoins ou à ses desirs, que diroit-on de ces folles pensées? Si l'autorité s'y prêtoit, quels cris ne s'eleveroient point contre le gouvernement? Le Laboureur n'est-il donc pas citoyen, l'est-il moins que l'habitant des Villes? Est-il moins précieux à l'Etat que l'Artisan? Mais s'il périt, tout périt. Que l'on tienne du moins la balance egale entre tous, qu'on ne favorise pas les uns aux depens des autres; est-ce trop? Est-ce trop que de demander la justice? Et où la justice se trouvera-t-elle, si ce n'est dans le cours naturel des choses? Dans l'ordre de la nature, chacun ſe met à ſa place & jouit de ſes droits ; ſi cet ordre eſt plus favorable au Laboureur, il eſt ſans doute plus digne d'être favoriſé , & c'eſt ſans doute parce que ſes ſervices ſont plus utiles. Cet ordre etoit detruit , en etions-nous plus riches & plus heureux ? Tant que la claſſe agricole ſera dans la detreſſe , tout ce qu'elle ſouffrira , ne ſera-t-il pas ſupporté par la culture ; & tout ce que la culture ſupporte , n'eſt-il pas à la charge des propriétaires & du fiſc ? Et qu'eſt ce donc que vos Villes , ſi ce n'eſt le ſéjour des riches propriétaires , ainſi que des riches agens du fiſc & de leurs ſalariés , ſinon le lieu de la conſommation d'une groſſe partie des récoltes & des revenus produits par le Laboureur ? Je reviens ſans ceſſe à cet objet , parce que les principes de l'adminiſtration ſont à la ſource même des choſes. Ce ſera toujours un horrible ſpectacle que celui d'un empire où les Villes ſeront le *principal* , & les campagnes l'*acceſſoire* !

Revenons au marchand : il ſçaura fort bien, quand il le voudra, acheter en verd, en arrher dans les greniers , faire conduire & vendre la denrée , ſous le nom du premier propriétaire , à moins que ſon ombre ne dépoſât

déposât contre lui ; car & le vendeur &
l'acheteur ont un intérêt commun à garder le fecret. Il ne faut pas croire que fi
les arrhemens & les achats en verd etoient
permis, la denrée fût expofée au monopole, puifque la concurrence ne l'ecarte-
roit pas moins dans les achats anticipés
que dans les achats ordinaires. Lorfqu'au
contraire ils font prohibés, celui qui
echappe à la loi fe trouve feul à pourfuivre
la denrée, ou avec un petit nombre de
concurrens, ce qui provoque & favorife
le monopole. D'ailleurs à quel titre, &
de quel droit défendre à deux hommes libres de difpofer à leur gré de leurs biens ?
Comment ne voit-on pas que prohiber les
achats en verd, c'eft condamner le Laboureur à périr dans la mifere, qui le réduit à la néceffité d'anticiper fes ventes,
ou à perdre fes moiffohs, que fes fpéculations l'engagent à ceder de bonne heure
pour fouftraire fa fortune à des rifques. Il
ne fera pas réduit à cette néceffité, lorfque
la liberté du commerce lui rendra le jufte
prix de fes travaux ; il n'aura pas befoin
d'anticiper fes ventes, lorfqu'il fera riche.
Un régime bienfaifant rejette donc ces précautions infpirées par la confidération d'un
régime funefte. Enfin fi l'on parvient au-

E

jourd'hui à empêcher ces ventes, on oblige les marchands d'acheter plus cher, ils vendront plus cher. Les frais qu'ils font, & les droits qu'ils payent tomberont toujours fur la denrée, à la charge ou des premiers vendeurs ou des confommateurs.

Enfin les confommateurs s'embarraffent fort peu de la maniere dont le grain a eté vendu, pourvu qu'il achete le pain à bon marché; mais cela ne fe peut, quand les grains & les farines ont eté forcés de paffer par les halles, & par tous les canaux de finance creufés autrefois par la féodalité & confervés enfuite par la fifcalité, malgré les reclamations de la Magiftrature. Ces faux frais feuls, à ce qu'on eftime, font à l'egard de la confommation annuelle du pain dans Paris, une augmentation de dépenfe de quatre à cinq millions, ce qui fait au moins un feptieme ou un huitieme de la dépenfe totale (1). Il

____

(1) Le Commiffaire du Châtelet, envoyé en 1699 par Arrêt du Parlement, à la recherche des malverfations commifes dans le commerce des Grains, trouva dans une des Provinces les plus fertiles du Royaume, le marché de Provins defert, quoique très-avantageufement fitué, à caufe des droits exceffifs de minage; & la Ville etoit depleuplée & ruinée.

n'y a pas même ici , ce me femble, une fauffe idée de bien public (1).

Il eft défendu de defcendre à terre & de mettre dans les greniers les grains & farines conduits par eau , à moins qu'ils

(1) On lit dans le Réquifitoire d'un refpectable Magiftrat " cette difpofition (la défenfe de vendre
» dans les greniers, qui fe trouve abrogée par la loi
» nouvelle (la Declaration de 1763) que nous pré-
» fentons, ne laiff. roit pas que d'*occafonner quelque
» gêne dans le commerce des Grains*, fi elle etoit exé-
» cutée en tout tems à la rigueur ; & cependant elle
» eft d'une très-grande utilité dans des tems de di-
» fette. Au furplus quelle inquiétude peut-elle donner
» à ceux qui font un commerce licite. . . . ? Ceux qui
» fe mêlent d'ecrire fur cette matiere devroient fça-
» voir que *cette loi a eté faite pour être toujours exif-
» tante, même en tems d'abondance*, afin de n'avoir
» pas à la publier dans les tems de difette, lors def-
» quels les loix les plus raifonnables forment une fen-
» fation , qui , loin de calmer , aigrit les in-
» quiétudes & les allarmes. C'eft aux Magiftrats à
» en tempérer l'exécution dans les tems où elle n'eft
» pas néceffaire; c'eft auffi ce que nous avons vu fe
» pratiquer nombre de fois fous nos yeux, & s'il y
» *a eu de la part d Officiers fubalternes quelques
» pourfuites déplacées , quelques applications faites
» mal-à-propos de cette loi*, vous avez excufé leur
» zele, en remettant les peines qu'ils avoient pu pro-
» noncer. . . . Tout bien confidéré, *il vaudroit mieux
» laiffer les chofes en l'etat qu'elles font , empêcher
» les abus, contenir ceux qui font exécuer avec trop
» de rigueur & faute de difcernement, la Declaration
» de 1723 , & vivre comme nous avons vécu* ».

Seroit-il bon, fous prétexte de prévenir les emeutes

ne couruffent des rifques ; d'en hauffer le prix , une fois que la vente en eft annon-cée ; de les remettre à leur premier taux , lorfqu'ils ont baiffé de valeur ; de dépofer les grains venus par terre ailleurs que dans les lieux prefcrits ; d'augmenter le prix, d'emporter les grains des halles , & de les y tenir plus de deux marchés , fous peine de les voir mettre au rabais dans le troi-fieme (1).

Que réfulte-t-il de ces Reglemens ? 1°. Que le marchand n'entreprendra ja-mais ce commerce , fans être affuré de faire face par de très-bonnes ventes , aux rifques qu'il courra , furtaux de dépen-fe pour le confommateur. Lorfque vous achetez des marchandifes de l'Inde , vous payez le naufrage qu'a pu faire le navire , ou celui qu'un autre a fait. 2°. Que le com-

Inconvéniens de cette poli-ce tyrannique pour le com-merce & pour le confomma-teur.

poffibles , de défendre au Peuple de fe trouver jamais en foule, avec ordre à tous les Juges de lâcher contre quelques citoyens affemblés la marechauffée , toutes les fois qu'ils le jugeroient à propos, fauf à dire enfuite qu'ils auroient mal fait, quand la loi exiftante & vi-vante n'auroit pas dû être exécutée ? il n'y a pas d'a-bus pire que l'exécution arbitraire d'une mauvaife loi.

(1) Ordonnance du Roi de 1672, Arrêt du Par-lement de Paris, du 23 Juillet 1698, Ordonnance de Police du Châtelet, du 30 Mars 1635, Reglement de 1577, Ordonnance du mois de Fevrier 1415,&c.

merce sera toujours foible & languissant ,
parce que plus le marchand apportera de
denrées , plus il s'exposera à des pertes
considérables : ainsi la contrebande se glisse
doucement & à petits volumes, à travers
les barrieres (1). 3°. Qu'en violant à l'é-
gard du marchand les loix de l'équité , on
l'excite , on l'autorise & on le force à violer à l'égard des autres toutes les loix. Le
commerce est naturellement simple &
franc ; mais si l'on n'est pas droit envers
lui , il sera singuliérement subtil & frau-
duleux. Je crois qu'il seroit aisé de prouver par les faits que la justice & la bonne

(1) Diverses Ordonnances « font défenses aux
,, marchands de faire séjourner sur les rivieres les
,, vivres & les marchandises destinées pour Paris.
Elles leur enjoignent " qu'aussi-tôt que leurs mar-
,, chandises feront chargées , ils fassent partir leurs
,, bateaux , soit à mont , soit à val , & les fassent
,, conduire à Paris sans aucun retard , & non pas les
,, retenir & les y amener petit-à petit , les uns après
,, les autres, comme ils avoient coutume depuis
,, quelque tems , par une damnable conduite, & au
,, préjudice du public ». Voy. le Traité de la Police,
L. 5 , T. 5 , C. 7.
Voilà mes conséquences prouvées ; voilà comment un abîme invoque un autre abîme, un Reglement
un autre Reglement, un abus un autre abus,
jusqu'à ce que le monopole regne absolument , ou
que le commerce soit anéanti.

E iij

foi dans le commerce font en raifon de fa *liberté* & de fon *immunité*, & fes artifices & fes malverfations en raifon de fa fervitude & de fes charges. Préfomption puiffante en faveur de ma caufe.

Cinquieme Reglement, fur les achats dans les marchés.

Il eft défendu aux Boulangers, Grainiers, Regratiers, Meuniers, Patiffiers, Hôteliers, Braffeurs de bierre, d'acheter à la Halle en même tems que les Bourgeois, avant telle heure & au-delà de telle quantité (1).

Inutilité & injuftice de ce Reglement.

Les loix inutiles peuvent faire meprifer la légiflation & l'autorité ; ces Reglemens le font. Les Boulangers, Grainiers & autres, parviendront facilement, par un accord particulier avec le propriétaire des bleds & farines, ou par l'entremife de perfonnes interpofées, à acheter quand & autant qu'ils voudront, fans que leur *crime* foit découvert. Quel mal en arrivera-t-il ? Qu'ils achetent à plufieurs marchés ou à un feul, ils n'acheteront qu'à proportion de leur débit que la Police ne peut regler.

(1) Ordon. de Louis XIV de 1672 , Ordon. de Police du Châtelet de 1635 , 1622 & 1546, Reglemens de 1577 & 1567, Ordon. du Prevôt de Paris, du 27 Mai 1473, Ordon. de Charles VII de 1439 , de Charles VI, 1415 , &c.

Par un feul achat fait librement à toute heure, ils auroient eté moins diftraits de leurs travaux, & en même tems on auroit procuré au vendeur une plus prompte vente, une epargne de frais, un meilleur fort. Les grains qu'ils auront achetés, ils les vendront au Bourgeois, à ce Bourgeois que vous leur préférez, fans fonger que leur farine, leur pain, leur bierre, doivent être confommés par une portion de vos habitans, auffi dignes de faveur que les autres, & par vos Privilegiés eux-mêmes ou leurs falariés. Il faut s'epargner au moins des loix contradictoires à elles-mêmes.

Je m'arrête à ces prohibitions, & je réferve pour un autre article les regle-mens faits pour la difette. Je me flatte que les citoyens dont je defire l'eftime, recon-noiffent déjà que les fentimens qui animent mon zèle contre des erreurs funeftes, font incompatibles avec l'injuftice & la témé-rité qui s'eloigneroient du refpect dû aux auteurs, aux exécuteurs & aux défen-feurs de l'ancienne police. L'homme qui veut le bien, mais qui fe trompe fur les moyens de le faire, n'eft pas moins digne de nos hommages que celui à qui le Ciel plus favorable révele le véritable secret de la felicité publique. C'est un pere qui blesse son enfant en s'efforçant de le sauver. Une administration qui demande tant de follicitude, mal récompensée par le succès, annonce dans ceux qui l'embraffent sans interêt particulier, la bienfaisance & le patriotisme le plus etendus. C'est ainsi que je vois le Législateur qui ordonne & le Magistrat qui exécute. Leur desir n'a pu être que d'etablir la communication des biens & du bonheur entre tous les citoyens, de souftraire le peuple aux fléaux du fort & de la malice humaine, de soulager les pauvres & de deployer contre la calamité les forces de la puissance & les reffources de la fageffe. Quand on croit les cœurs pénetrés de ces fentimens, on pefe fans fcrupule le poids des opinions & l'on ne craint pas que la réfutation de l'erreur foit une offenfe, car il faudroit fuppofer que l'erreur eft crime ou qu'on parle à des hommes qui le jugent ainfi.

L'amour des peuples & de l'humanité infpira les anciens reglemens dont le vice a eté trop long-tems inconnu. Il eft heureux pour la patrie que les chefs de la police, joignant à cette vertu de nouvelles lumieres & une vigilance egale à leur integrité, adouciffent, fuivant les intentions du Gouvernement, la févérité des Ordonnances, en moderent l'execution, en amortiffent les effets, & en corrigent les abus autant qu'il eft en eux. Ces maux ne font point renfermés dans le fein de la capitale. Cet enorme coloffe couvre de fon ombre tant de provinces! Par l'influence néceffaire que les membres d'un même corps ont tous les uns fur les autres, il arrivera que le régime prohibitif, gouvernant la capitale, les provinces des environs feront néceffairement fruftrées de la communication réciproque des fecours, & dès-lors le Royaume entier en fouffrira.

Comment la Police de la Capitale influe fur les Provinces.

L'on trouve dans le Traité de la Police (1) une Ordonnance du Prevôt de Paris, du 27 Mai 1473, conçue en ces termes:

Obftacles au paffage des grains par la Capitale.

» L'on commande & enjoint de par le
» Roi, notre Sire, & Monfeigneur le
» Prevôt de Paris, à tous marchands,
» tant de cette ville de Paris comme de
» dehors, qui s'entremettent de maniere

(1) Liv. 6, T. 5, C. 10, § 6.

» ou faire venir bleds ou autres grains
» par eau en cette ville de Paris, pour
» mener hors cettedite ville de Paris,
» que après ce que lesdits bleds & grains
» seront arrivés au port en Grève & autres
» ports en icelle ville, lesdits marchands
» exposent ou fassent exposer en vente
» sans fraude, iceux bleds & grains, par
» quatre jours entiers, dont l'un d'iceux
» soit jour de marché … au prix que le
» septier desdits bleds & grains sera ven-
» du ledit jour de marché, afin que de-
» vant iceux quatre jours, les habitans de
» cettedite ville puissent être fournis &
» ayent faculté de acheter desdits bleds
» & grains, soit seigles ou autres graines,
» avant qu'ils passent pour mener, ava-
» ler au pays d'en bas ; & ce sur peine de
» confiscation desdits bleds & grains, soit
» seigles ou autres graines, & d'amende ar-
» bitraire ».

Cette Ordonnance n'est peut-être pas toujours en vigueur, quoique la Mare dise que *c'est ce qui doit être observé lors-que des bateaux chargés de bleds arrivent à Paris pour y passer debout à d'autres lieux au-dessous de cette ville.* Cependant, en supposant l'inobservation habituelle de la

loi, lorfqu'on fera menacé de voir renouveller les anciens reglemens, le commerce
tyrannifé par ces difpofitions , craindra
que la barriere ne fe ferme; il s'arrêtera,
& dès-lors les pays bas ne trouveront pas
de reffource dans les provinces méditerra-
nées. Un célebre Magiftrat , partifan des
prohibitions, a repréfenté dans la derniere
Affemblée de police que l'intérieur du
Royaume une fois dégarni, ne fçauroit être
approvifionné, parce que la feule reflexion
apprend au commerçant que le bled qu'il
aura *fait defcendre à Paris y doit être con-*
fommé, & que s'il cherchoit à les faire
paffer , les frais emporteroient la meilleure partie du gain qu'il auroit pu efpérer. On fçait combien la navigation de
la Seine, & par conféquent de la Marne,
de l'Oife, de l'Yonne , du Loing , &c. eft
embarraffée, fur-tout vers la capitale, de
droits onéreux. On fçait qu'en cas de difette (1) la police peut faire venir à Paris
des grains de tous les lieux fitués fur les
rivieres & dans l'intérieur des terres. Ce
reglement & plufieurs autres auffi ef-
frayans pour le commerce, menacent

______

(1) Ordon. du mois de Décemb. 1672 , C. 3.

toutes les provinces circonvoiſines d'intercepter leurs convois. Alors les grains d'une partie de l'Iſle de France, de la Bourgogne, de la Champagne, de l'Orléanois & des pays ſupérieurs, n'oſent tenter de deſcendre au-deſſous de Paris, où l'on a tant de raiſons d'appréhender que la police ne les retienne. Dans tous les tems, il y a une partie conſiderable de l'Iſle de France, de la Brie, du Hurepoix, du Vexin, néceſſairement affectée à l'approviſionnement de Paris, de maniere que les marchands ne peuvent acheter pour les provinces un grain de bled, dans un eſpace de vingt lieues en tout ſens. Ainſi les ſecours les plus prompts ſont conſtamment refuſés à la Normandie & aux terres adjacentes. Enfin la défenſe des traites de province à province, de généralité à généralité, réſultant des Declarations de 1694 & 1699, n'ayant point eté révoquée, par rapport à la capitale, la communication des provinces ſupérieures avec les provinces inférieures, eſt fermée de droit, & ſi la tolérance la laiſſoit ouverte dans des tems heureux, il eſt evident que le commerce ne ſe flatteroit point de jouir de la même faveur lorſque ces motifs ceſſeroient,

& il ne fe compromettroit point alors avec le befoin, fpécialement protégé par la loi.

Il eft donc vrai que par l'art. IV de la Declaration & par l'article IX de l'Edit, toute liberté de commerce eft abfolument refufée à la ville de Paris, d'où les prohibitions ont rejailli fur les provinces circonvoifines & de reflets en reflets fur tout le Royaume. Il femble que cette réferve echappa d'abord à l'attention du public. L'affranchiffement qui, en retirant le commerce d'un abîme d'oppreffions, le mettoit fur les voies de la profpérité, quoique femées d'obftacles, parut la liberté, comme le paffage d'un etat de continuelle fouffrance aux viciffitudes communes de la vie, paroît le bonheur. L'Edit fut reçu d'abord avec acclamation, plufieurs Compagnies demanderent même avec inftance que la liberté fût encore plus etendue. On fe reffouvint alors que dans le tems où Sully jugeoit que fans la liberté des traites foraines, les fujets feroient bientôt fans richeffes & le Souverain fans revenus, les Anglois ne pouvoient foutenir la concurrence de nos marchands dans leurs propres marchés. On reconnut qu'en Hollande, à

Gênes, à Malthe, dans le Nord & par-
tout où la liberté fait ſeule la police des
grains & non ailleurs, on jouiſſoit conſtamment de l'abondance de la denrée &
de l'uniformité des prix; caractere de
l'ordre néceſſairement régulier,& du meilleur ordre poſſible, toujours bienfaiſant.
On convint que la France & l'Angleterre ayant changé de maximes l'une avec
l'autre ſur la fin du dernier ſiecle, l'agriculture, le commerce, l'Etat avoient ſubi
dans les deux Royaumes des révolutions
contraires, d'après leſquelles la cauſe de la
liberté devoit triompher à jamais du ſyſtême des prohibitions. Enfin l'on ne ré-
voqua point en doute que l'expérience,
d'accord avec le raiſonnement, n'eût déjà
démontré de toutes parts, que ſi les principes du commerce en général demandent
une liberté abſolue, ils la demandent ſur-
tout pour le commerce des grains; ſans
quoi ils ſeroient evidemment faux, puiſqu'ils ſeroient contraires au plus néceſſaire
& au plus avantageux des commerces;
puiſque les vrais principes du commerce
ſeroient en général d'impoſer d'autant
plus de gênes & de reſtrictions à chaque
genre de commerce, qu'ils ſeroient plus

utiles & plus indispensables, c'est-à-dire, qu'un commerce devroit être d'autant plus foible & plus borné, qu'il devroit être plus animé & plus etendu.

I I I.

Des atteintes portées aux Loix de 1763 & 1764, depuis leur publication, & de l'anéantissement de la liberté dans quelques Provinces.

A peine avoit-on commencé à mettre à execution l'Edit de 1764, que l'allarme se répandit dans plusieurs provinces. L'espoir de la moisson ayant eté affoibli par des pluies continuelles, l'imagination effrayée mit l'enchere aux grains; elle annonça la disette. La récolte de 1765 fut foible. Le transport de quelques mesures de bled d'un lieu à un autre, excita tant de fermentation, dans plusieurs cantons de l'Auvergne, du Rouergue, du Limousin, &c. que les officiers de police, emportés par l'effroi populaire, entreprirent, de leur autorité privée, de relever les barrieres que les loix les plus authentiques venoient d'abattre, & de forcer les peuples à ſe ſuffire à eux-mêmes en arrêtant les communications, & à mourir de faim, s'ils ne ſe ſuffiſoient pas. Déjà les provinces, les villes, les bourgs, etoient entr'eux, ainſi qu'ils l'avoient eté avant 1763, comme des Etats en guerre, qui, intéreſſés à ſe nuire, ſe refuſent les uns aux autres la communication naturelle des ſecours. La police inférieure, obligée de maintenir l'exécution de la Declaration de 1763 & de l'Edit de 1764, ſembloit les ignorer; & pour le ſalut des peuples, elle augmentoit & la frayeur publique & la cherté, & la diſette, en detruiſant la liberté malgré leurs diſpoſitions ſolemnelles. Sur la Loire, quelques négocians achetoient des bleds pour les faire deſcendre à Nantes; on s'agita, on murmura, on s'ameuta de toutes parts : il ſembloit que c'etoit l'ennemi qui mettoit les villes au pillage, & c'etoient des citoyens qui diſpoſoient par des echanges volontaires, amiables & paiſibles, les uns de leur argent, les autres de leur denrée. La Cour informée de ces frayeurs & des entrepriſes du préjugé ou de la cupidité,

fut

fut obligée, pendant qu'elle invitoit les ecrivains economistes à démontrer la sagesse, la justice, l'utilité & la nécessité de la loi, de recommander & d'ordonner aux Magistrats immédiatement chargés de ses ordres, de veiller à ce que leurs Substituts & leurs Subdélégués tinssent la main à l'exécution de l'Edit, & à ce que le procès fût fait aux auteurs des emeutes, suivant la rigueur des Ordonnances (1).

Le mal etoit fait. Ces mouvemens, quoique légers en apparence, avoient donné le branle aux intérêts particuliers momentanés, aveugles ou exclusifs, ligués de toutes parts contre la liberté. La populace des Villes etoit en rumeur, parce qu'elle ignoroit qu'elle manqueroit de salaires par la suppression des revenus, si le grain continuoit d'être à bas prix ou à des prix variables ; qu'elle n'auroit pas des salaires suffisans, lorsqu'elle effrayeroit le

Préjugé du peuple des villes contre la liberté ; ses vrais intérêts.

(1) Lettres de M. l'Intendant d'Auvergne à M. le Contrôleur Général, de M. l'Intendant de Limoges à ses Subdélégués, de M. le Procureur Général du Parlement de Bretagne à M. le Contrôleur Général, de M. le Contrôleur Général à MM. les Procureurs Généraux des Parlemens de Paris, de Rennes, &c. &c.

F

commerce, par la raiſon qu'elle cauſeroit des chertés ſubites, exceſſives, & que les ſalaires ne hauſſent jamais en raiſon des prix accidentels & paſſagers de la denrée, parce que ces chertés, loin de procurer une augmentation de revenu, reſtreignent au contraire la dépenſe du revenu diſponible ſur laquelle elle vit. Elle ignoroit que ſes ſalaires monteroient néceſſairement d'eux-mêmes au niveau du taux des grains, comme l'expérience de tous les ſiecles le leur aſſuroit, attendu que tous ceux qui ont beſoin des ſervices de l'induſtrie, ſont intéreſſés à la faire ſubſiſter, pour ſe les conſerver, par des retributions ſuffiſantes, & forcés par l'augmentation de leurs dépenſes à augmenter proportionnellement la maſſe de ces retributions; & que ces ſalaires ſeroient auſſi abondans que forts & durables, lorſque le bon prix conſtant de la denrée auroit enrichi les cultivateurs, les propriétaires & l'etat, dont les dépenſes meſurées par le produit des terres, font ſeules vivre toutes les claſſes de la ſociété; en un mot que le grain ne ſeroit jamais cher pour elle, tant qu'elle gagneroit de quoi le payer, & qu'elle ne gagneroit de quoi le payer, à quelque prix que ce pût être , haut ou bas , qu'autant que la terre donneroit de quoi la falarier.

Les rentiers agitoient fortement les efprits , parce qu'ils ne voyoient dans le hauffement préfent du prix des grains que de l'argent dérobé à leurs fantaifies ; parce qu'ils ne voyoient pas que le bon prix uniforme , entretenu par la liberté , leur feroit beaucoup plus favorable que l'extrême inégalité des prix , entraînée par les prohibitions ; en ce que l'egalité des prix fixant, dans l'etat de liberté , leur dépenfe future , au terme moyen de leurs anciennes dépenfes , par exemple , à 21 liv. le feptier , terme moyen des différens prix de l'etat de prohibition , leur donnoit le tarif affez fixe de la diftribution annuelle de leurs rentes , en les exemptant des embarras, des emprunts , de tous les foins onéreux & difpendieux dans lefquels les variations enormes & fubites les jetoient auparavant. Ils ne voyoient pas que leurs revenus factices n'etant levés que fur les vrais revenus , leur capital ne pouvoit être affuré & leurs intérêts ne pouvoient être régulierement payés qu'à raifon de la haute valeur & du bon rap-

F ij

port des terres ; & que fans cette condition, la fufpenfion des rentes , l'accumula-
tion des arrérages , des recours coûteux
en juftice , des pertes , que fçait-on ! des
banqueroutes , tout etoit à craindre pour
eux.

Le payfan qui ne recueille point de
grain , a pu groffir la foule de ceux qui
redoutoient la liberté , lorfque le défaut
de récolte l'a mis hors d'etat d'acheter du
pain ; parce qu'etourdi par la clameur publique , troublé par fon malheur , & borné dans fes conceptions , il n'a point fenti, il n'a point compris que l'adminiftration qui feroit aujourd'hui fouffrir le laboureur des défaftres du vigneron, pour
roit & devroit faire fupporter demain au
vigneron les calamités du laboureur & de
tout autre cultivateur ; que fi la liberté
donnoit à ceux-là le moyen de parer aux
revers accidentels qui font dans le cours
de la nature , il n'avoit pour fe garanti
des mêmes inconvéniens qu'à demande
la même liberté pour fa propre denrée
qu'enfin , lorfque l'ordre ne feroit poin
interverti & renverfé par des Reglemen
particuliers , il etoit d'une impoffibilit

abfolue que toutes les denrées ne priffent pas, fuivant une expérience conftante (1), le niveau des prix de la denrée de premier befoin, en vertu des rapports néceffaires qu'il y a dans chaque efpece de culture en-tre les frais & les produits, & dans tous les genres de culture entre les echanges réciproques de leurs productions particu-lieres par lefquelles elles fe payent & fe maintiennent les unes les autres.

Une foule de propriétaires fe laifferent entraîner par le torrent, parce que dans le renchériffement du prix des grains, ils ne virent pour le moment préfent qu'un fur-croît de dépenfes fans compenfation, & pour l'avenir, qu'une augmentation de revenus, abforbée par l'augmentation des dépenfes, & expofée à une augmentation d'impôts; tandis qu'ils auroient dû confi-dérer d'un côté que leurs baux haufferoient non-feulement à raifon du meilleur prix habituel des grains, mais encore à raifon de l'amélioration de la culture fous les

(1) Cette affertion a eté vérifiée par des etats des prix des différentes denrées, levées depuis 1754 juf-qu'en 1766, dans l'Anjou, le Maine & la Touraine; il en eft réfulté que le hauffement du prix des denrées avoit conftamment fuivi le hauffement du prix des grains, les chofes egales d'ailleurs.

F iij

anciens baux ; que leurs dépenſes deve‑
nues régulieres & uniformes ne monte‑
roient pas annuellement au‑deſſus de l’an‑
née commune des dépenſes mobiles & iné‑
gales de l’etat de prohibition ; qu’en ſup‑
poſant qu’elles fuſſent enflées, elles ne le
ſeroient point dans ce qu’ils auroient à
payer à l’etranger , elles ne le ſeroient
pas , du moins proportionnellement
quant aux marchandiſes que la concurren‑
ce auroit m ſes à leur vrai prix ou à‑peu‑
près , parce que la même cauſe les ſoutien‑
droit néceſſairement à leur ancien taux ,
ou ne permettroit pas qu’elles s’en eloi‑
gnaſſent beaucoup ; qu’enfin ſi le gouver‑
nement etoit malheureuſement forcé par
ſes charges , ce qui n’etoit point à préſu‑
mer , de groſſir les impoſitions, il le ſeroit
d’autant plus que le produit des terres
& par conſéquent des anciens impôts , ſe‑
roit moindre ; & qu’ainſi ils auroient plus
à payer , etant pauvres , qu’ils ne l’auroient
eu , etant riches.

Enfin des hommes bien intentionnés
des gens en place, des Cours ſouveraines
ne réſiſterent point au préjugé contracté
par de trop anciennes habitudes , ainſi qu’à
l’exemple des nations dont nous avons

reçu notre jurifprudence, à la commifé-
ration envers les pauvres, à l'envie de
concourir au bien, au defir de concilier
tous les intérêts, à leur penchant pour les
peuples enfermés avec eux dans le fein des
villes, parce qu'ils n'eurent pas le loifir de
s'enfoncer affez profondément dans la mé-
ditation des loix de l'ordre naturel, pour
fe perfuader & fe convaincre qu'on ne
prefcrit point contre la nature, & qu'aucune autorité ne peut abroger les loix
phyfiques, par lefquelles elle a voulu que
les récoltes ou les fubfiftances fuffent proportionnées aux richeffes & aux travaux
d'exploitation dépendant des bonnes ventes du laboureur, ou de la liberté du commerce ; que fi les droits de la propriété
peuvent être circonfcrits & reftreints pour
des confidérations particulieres & fous
quelque prétexte que ce foit, le gouvernement eft arbitraire ; que s'il pouvoit regler à fon gré le cours des grains, il pourroit egalement diriger à fa fantaifie la circulation de l'argent ; que fi dans l'ordre des
vertus & des devoirs, la juftice précede la
charité, on ne peut, en aucun cas, ôter aux
uns pour donner aux autres ; que l'expérien-

F iv

Tous ces pré-
jugés font evi-
demment con-
traires a l'or-
dre de la jufti-
ce par effence.

ce a démontré dans tous les tems & de nos jours, qu'il n'y auroit qu'un Dieu qui pût entreprendre de tout régir, sans tout gâter & tout detruire, & que l'impoffibilité manifefte de difpofer l'économie des fubfiftances, décide fouverainement qu'il faut l'abandonner à la nature, ou au libre concours des intérêts particuliers; que les intérêts d'un corps politique & de tous fes membres font *un*, & que cet intérêt fondamental d'où tout réfulte & où tout aboutit, c'eft, non l'intérêt du citadin qui ne fait que confommer, mais bien l'intérêt de la culture ou du laboureur qui produit, qui produit les revenus du propriétaire, les impôts du fifc, les falaires de l'induftrie, le commerce & fes profits, la fubfiftance de tous ; qu'enfin quelque précieux que foient les villes & leurs habitans, ils le font moins que les campagnes & leurs cultivateurs; que s'il y a un moyen de pourvoir à la fubfiftance des villes, en faifant le bien des campagnes, celui-là feul eft bon ; qu'il faut qu'il exifte, ce moyen, fans quoi ou les campagnes ou les villes, les villes par conféquent feroient une œuvre profcrite par la Providence ; & que ce

moyen, ce ne peut être que la liberté abfolue & indéfinie du commerce des denrées, qui en enrichiffant la claffe agricole,
c'eft-à-dire, en améliorant la culture,
donne d'une part des fubfiftances abondantes à vendre, & de l'autre de gros revenus pour payer ; d'où il réfulte que la denrée fe porte naturellement & néceffairement vers les grandes villes, où l'opulence des grands propriétaires réunis dans ce
féjour,& les befoins d'une population nombreufe, raffemblée autour de la richeffe,
lui promettent une bonne vente & un débit affuré. C'eft ainfi que la nature a pourvu à jamais à l'approvifionnement des villes, & la Police troublera cet ordre eternel, harmonieux & bienfaifant !

Combien ces voix & ces autorités réunies ne donnoient-elles pas de hardieffe
& de force aux ennemis naturels de la
liberté & de l'immunité, aux ennemis du
bien public, aux anciens monopoleurs, à
leurs fauteurs, à leurs complices, lefquels
dans les défordres des prohibitions parta-
geoient entr'eux la fubftance du peuple,
qu'ils avoient epuifée, en vertu de pou-
voirs furpris & de permiffions clandeftines d'approvifionner les provinces ; aux

marchands privilégiés pour qui l'arrondiſſement des villes etoit devenu en quelque ſorte un domaine & un patrimoine,
où le tarif des prix etoit reglé par leur cupidité ; à tous les mercenaires de la ſub-
miniſtration, intéreſſés à ſe ſaiſir des clefs
du commerce, à tenir la balance dans les
marchés, à empêcher l'equilibre des ſubſiſtances, en un mot à maintenir un régime d'exactions : enfin à une foule de petits
officiers & employés de toutes eſpeces,
munis de titres pour lever des impôts ſur
la vie du peuple.

A l'aide de ces préjugés & des reſtrictions ré-ſervées par les loix, on par-vient à arrêter le commerce dans pluſieurs Provinces: dès l'année 1766, il ne reſte plus qu'une ombre de liberté.

A l'aide des reſtrictions laiſſées ſur la
liberté, & des opinions de perſonnages
& de compagnies très reſpectables, ces
hommes-là parvinrent bientôt, à force de
pratiques, de manœuvres, d'inſtiga-
tions, de faux bruits, & de mémoires,
au but qu'ils s'etoient propoſé. Vers l'automne de 1766, les ports de Nantes & de
Rouen ſe ferment. La ville de Marſeille ſe
place, pour ainſi dire, hors du Royaume.
Le commerce eſt intercepté ſur la Loire,
le Rhône, la Seine & les Rivieres affluentes. La Loire eſt condamnée, quoique le
bled n'ait pas atteint, à ſon embouchure,
le prix prohibitif de l'exportation ; le mo-

nopole a furpris des ordres par de faux expofés. Plufieurs négocians trompés par cet
abus de la loi, font ruinés par les achats
qu'ils avoient faits pour les peuples du midi, & fans efpoir de fatisfaction. Les grains
retombent dans l'Anjou, le Maine, les
Provinces adjacentes, ils y reftent en fta-
gnation, & le prix en eft vil. Le Rhône
n'eft plus libre ; les négocians de Marfeille, fous prétexte que leur commerce
feroit entravé par la reftriction mife fur la
fortie des grains, ont demandé que leur
ville fût réputée etrangere quant à cet objet ; l'adminiftration municipale a fecondé
leur vœu ; & fur l'affertion du bureau d'a-
bondance, Marfeille fe fépare de l'Etat
par des barrieres infurmontables. Les bleds
de la Provence, d'une partie du Langue-
doc & des Provinces fupérieures manquent La circulation eft interceptée de toutes parts.
d'iffue. La Seine n'eft plus acceffible aux
grains ; les Reglemens de la ville de Paris
la rendoient déjà fi peu praticab'e, qu'il
ne falloit qu'une récolte foible & une manœuvre adroite en Normandie, pour que
le prix du bled parvînt fubitement au terme prohibitif. L'exportation a ceffé, on
invoque les Reglemens, ils y entretiennent
la difette. Il n'eft plus poffible que les grains

de la Bourgogne, de la Champagne, de l'Isle de France, de la Normandie, les grains du Bourbonnois, du Nivernois, de l'Orléanois, de la Touraine , de l'Anjou , de la Bretagne ; les grains de la Franche-Comté , de la Bresse , du Lyonnois , du Dauphiné , du Languedoc , de la Provence , cherchent leur niveau & leur débouché , par la communication la plus facile & la plus avantageuse , par les fleuves & les rivieres les plus marchandes. Le commerce n'est pas moins dérouté sur terre , les jurisdictions particulieres s'agitent de toutes parts ; chaque canton se tourmente pour séparer ses intérêts de ceux du reste du Royaume.

On taxe le bled; injustice des taxes. En Bourgogne & ailleurs , le bled se taxe , conformément à un Arrêt de la Chambre des Vacations ; il se taxe sans mesure & sans regle , car sur quelle base calculer les frais de la culture & du transport ? De quelle main balancer les pertes passées & futures du laboureur & du marchand ? On tarife aux dépens de l'agriculture & du commerce , puisque c'est le peuple des villes qu'on veut favoriser ; & pour le nourrir , l'on vexe ceux qui produisoient ou qui lui apportoient sa subsistance. En mille endroits , on taxe le pain; on le taxe au hazard & sans egard aux variations du prix des bleds , & il faudra que le boulanger le corrompe & qu'il fasse périr le peuple par le poison , ou qu'il se ruine & que le peuple meure de faim.

Avançons. L'année 1767 donne peu de bled aux provinces septentrionales , elle refuse presque à tout le Royaume toute autre espece de productions. Aussi-tôt la frayeur proclame la disette , la populace en est saisie : au-dessus d'elle les uns la fomentent , d'autres la partagent. La police se place entre le marchand & le peuple. Ici des farines , là des bleds marchands sont distribués par l'autorité à un prix fort inférieur à leur prix naturel. Des ames charitables & libérales du bien d'autrui applaudissent à une opération par laquelle le consommateur dérobe au propriétaire dix ou douze livres par septier. Le signal du pillage est donné. A Mantes & à Rouen , la populace généreusement traitée dans les marchés antérieurs , s'attroupe pour prendre la denrée au prix qui lui convient, ou l'enlever de force. Le feu se communique de ville en ville , de bourg en bourg, de village en village. En Normandie , on pille les grains dans les lieux publics &

dans les greniers du laboureur. Les progrès du mal font fi rapides , que le Parlement de Rouen ne croit pouvoir les arrêter qu'en défendant *à toutes fortes de perfonnes de s'attrouper au nombre de plus de cinq, fous peine de prifon & de punition exemplaire , &* en ordonnant *aux Prevôts généraux de la Province , leurs Lieutenans , ou autres leurs Officiers , de fe tranfporter dans les villes & bourgs de la Province , aux jours de foires & marchés , comme auffi dans tous les autres lieux , à tous jours & heures qu'ils en feront requis , pour empêcher les affemblees illicites. . . arrêter ceux & celles qui fe trouveront dans le cas de la fédition. . . faire punir de mort fur le champ , fans autre forme de procès , dans les cas où ils feront pris en flagrant délit*(1).

La Bourgogne , la Champagne , l'Artois , l'Orléanois & autres provinces font egalement le théâtre des emeutes & des foulévemens populaires , excités & favorifés par la même conduite. « Dans plu- » fieurs grandes villes peu eloignées de la » Capitale , l'affreufe faim rend rébelles

(1) Arrêt du Parlement de Rouen du 28 Mars 1768.

» des citoyens paifibles & domiciliés, des
» fujets dont les cœurs etoient naturelle-
» ment fideles & foumis (1) ». A Reims,
à Dijon, à Châlons, à Orléans, à Chartres, à Montargis & en mille autres lieux,
le grain eft arrêté, rançonné, taxé, vendu
de force ou pillé, fous prétexte que le
peuple en a befoin, comme fi ce grain etoit
deftiné à un peuple qui n'en eût pas be
foin; comme s'il etoit permis de prendre
de l'argent dans les coffres des riches, pour
le donner au pauvre qui en a befoin; comme fi toutes les injuftices & tous les vols
n'etoient pas dès-lors autorifés, juftifiés,
canonifés par le prétexte du befoin.

La liberté etoit anéantie & de fait & de
droit, le commerce etoit tombé, on a cru
qu'il falloit le traîner au marché par des
Reglemens. Le Parlement de Rouen (2),
en reconnoiffant que *la liberté générale du
commerce des grains* eft fagement etablie,
& en declarant qu'il ne faut *porter aucune
atteinte aux Edits & Declarations du Roi
fur la liberté,* dans la police intérieure des

Reglemens ré-
tablis en Nor-
mandie.

(1) Objets de Remontrances au Roi, arrêtés par
la Chambre des Vacations du Parlement de Paris, le
20 Octobre 1768.

(2) Arrêt du 15 Avril 1768.

marchés , fur quoi *plufieurs Juges du reffort de la Cour* s'etoient confidérablement trompés , en croyant arréter le mal par la fixation du prix , renouvelle les articles X & XI de la Declaration du 31 Août 1699 , & de celle du 19 Avril 1723 , récemment révoqués , & contradictoires aux dernieres loix , avec injonction aux *laboureurs, fermiers, décimateurs, ou autres faifant valoir, de porter chaque femaine leurs grains aux halles & marchés voifins , pour y étre vendus au prix courant d'iceux* ; défenfes *à eux de vendre ailleurs que dans les marchés, fi ce n'eft aux habitans de leur paroiffe, pour leur ufage feulement* ; *à toutes perfonnes de arrher aucuns grains , foit dans les halles , marchés ou ailleurs* ; aux boulangers , bladiers , *d'y mettre un prix audeffus du courant, & d'acheter avant que le public foit fourni* ; aux laboureurs & bladiers *de donner aucune fur-mefure, à peine de cent livres d'amende pour la premiere fois, & de carcan en cas de récidive* ; aux meuniers, garçons meuniers ou leurs prépofés, *d'acheter du bled directement ou indirectement , fous peine de carcan*, &c. &c.

La garniture & le prix des marchés deviennent l'objet le plus précieux de la follicitude

citude des Magiftrats. Ils font invités par leur fenfibilité aux maux publics, à condef- cendre au vœu des peuples dont les frayeurs attribuent la cherté des grains à des enléve- mens pour les provinces etrangeres , aux emmagafinemens des marchands & des meuniers , aux ventes hors des halles. Un foin en appelle un autre ; des marchés , la police paffe dans les boulangeries pour y regler la qualité & les différentes efpeces de pain. On voit fans ceffe eclorre Arrêts fur Arrêts , Reglemens fur Reglemens , Prohibitions fur Prohibitions. En vain le Roi , avant que d'interpofer fon autorité , fait avertir le Parlement de Rouen des dangers d'une pareille conduite (1) ; des lettres particulieres ecrites par fes ordres , des lettres-patentes dreffées pour l'exécu- tion des loix favorables à la liberté , des obfervations fur les motifs contenus dans les Repréfentations du Parlement ; enfin

Le Parlement de Rouen , malgré le vœu du gouverne- ment , rend Arrêts fur Ar- rêts , contre la liberté du commerce.

(1) Arrêt du Confeil d'Etat du Roi, du 20 Juin 1768 , qui ordonne que , fans s'arrêter à l'Arrêt du Parlement de Rouen du 15 Avril 1768 , la Declara- tion de 1763 & l'Edit de 1764 feront exécutés felon leur forme & teneur , dans la Province de Norman- die , notamment pour la liberté que ces loix etablif- fent dans la vente , l'achat & la circulation des grains dans l'intérieur.

G

des Arrêts du Conſeil , tout eſt ſans effet , la liberté demeurera proſcrite. Les Magiſtrats , témoins de l'embarras des peuples , penſent encore qu'elle eſt funeſte ; ils penſent que le Roi lui-même en ſeroit perſuadé , s'il entendoit les cris de la douleur & de la faim. Cependant le mal s'aggrave , les Reglemens ne l'adouciſſent pas. Trois ou quatre Arrêts rendus en dernier lieu par la Chambre des Vacations , & un nouvel Arrêt du 5 du mois de Novembre publié & affiché , ne ſervent qu'à annoncer que la police s'irrite par l'inutilité de ſes efforts, & qu'à meſure qu'elle reſſerre elle-même le commerce avec des chaînes de fer , elle etrangle les peuples.

Ce n'eſt pas aſſez que des reglemens ; la ville de Rouen eſt livrée à une communauté de marchands de grains, dont le privilege ecarte la concurrence, dont le crédit fletrit des citoyens honnêtes, & dont le monopole affame le peuple. Le même abus afflige la plûpart des villes de la Normandie. On a déjà dit qu'un commerçant avoit eté menacé de mort tragique par un billet anonyme, pour avoir fait venir du grain des pays etrangers ; cette œuvre de ténebres prouve ſeulement

qu'il eſt des vautours acharnés ſur les entrailles du peuple, mais l'infame auteur du
billet n'eſt point connu.

Des faits notoires, ce font les manœuvres
employées par les marchands privilegiés
de Dieppe pour ecarter toute concurrence.
Un commerçant, nommé Jean, avoit oſé
faire entrer du bled dans le port, ils s'ef-
forcerent de l'engager à le leur céder, en
lui offrant plus de bénéfice qu'il ne pouvoit en attendre d'une vente publique, il
le refuſe : alors, ils baiſſent inſenſible-
ment le prix de leurs grains, ils vendent
à perte, afin de le forcer à baiſſer le prix
des ſiens, de le punir de ſa témérité, &
d'apprendre à tous les négocians qu'un pareil commerce feroit leur ruine.

Des faits juridiques, ce font les dé-
mêlés d'un négociant, nommé *Surville*,
avec la communauté des marchands de
grains de Rouen. Ce citoyen fait acheter
des bleds dans le marché d'Elbeuf pour
les vendre à Rouen ; la communauté des
marchands privilegiés les fait ſaiſir, ſous
prétexte que par les Statuts & par pluſieurs Arrêts de reglement, elle a le droit
excluſif d'acheter les grains néceſſaires
pour l'approviſionnement de la ville, dans

Faits remar-
quables.

G ij

les quatre marchés d'Andely, d'Elbeuf, du Clair, & de Caudebec. En vain *Surville* reclame, devant la Cour, les loix de la liberté ; il eft traité comme un monopoleur public & condamné par Arrêt à une amende, à des dommages & intérêts envers la communauté.

On expofe donc en Normandie fa fortune & fon honneur, lorfque l'on vole au fecours des malheureux par des voies légitimes, que des ftatuts & des reglemens avoient malheureufement interdites autrefois, mais que deux loix enregiftrées & perpétuelles venoient d'applanir par les difpofitions les plus folemnelles, pour le bien de tous & fur-tout de ceux qui fouffrent ! Il n'y aura donc point de citoyen qui n'ait à craindre dans toutes fes œuvres de s'attirer l'animadverfion de la juftice ! Il faudra donc que le peuple périffe, s'il ne plaît pas à fes approvifionneurs privilégiés de le foulager ! La Compagnie marchande n'etoit-elle pas doublement puniffable & de ne point approvifionner Rouen, puifque c'etoit fa charge & qu'il y avoit des bleds dans les marchés deftinés à fes achats, & de vouloir empêcher que la ville ne fût approvifion-

née par autrui avec ces mêmes bleds, lorfqu'elle negligeoit de le faire elle-même,
malgré l'extrême detreffe du peuple ?
Comment les habitans fe plaignent-ils de
n'avoir qu'une fubfiftance chere, rare &
mauvaife, quand ils fe livrent volontairement à la merci d'une communauté privilégiée ? Comment peuvent-ils repréfenter au Roi la néceffité prétendue où ils
font qu'il daigne pourvoir à leurs befoins,
lorfqu'ils refufent & rejettent de mille
manieres les fecours que les négocians particuliers leur offrent & leur apportent ?
Qu'ils crient au *monopole*, la clameur eft
jufte ; fans doute qu'il les affame , mais
ce monopole, c'eft leur ouvrage, ils l'ont
engendré, ils le couvent dans leur fein,
ils le défendent contre tous. Lorfqu'on voit
cette communauté & la communauté des
boulangers en procès eternels l'une contre
l'autre, s'accufant réciproquement de pratiques criminelles & invoquant fans ceffe
des Arrêts , pour fixer leurs droits refpectifs, furcharger encore de frais & de
reglemens la fubfiftance du pauvre, faut-
il être etonné que le pain foit fi cher ?
Quand on voit le boulanger ruiné ne travailler que par des ordres particuliers &

malgré lui, fe borner à faire une feule efpece de pain, ne tirer aucun avantage de la mouture economique mal exécutée & corrompue par des fraudes indignes, faut-il être furpris que le pain foit mauvais & que même, l'argent à la main, il foit difficile de s'en procurer ? Quand on voit tant d'abus, tant de maux, tant d'excès retomber fur la tête du peuple, conçoit-on ce qu'il endure, conçoit-on qu'il exifte ? *Encore deux jours, & la ville de Rouen etoit fans provifions, fans grains, fans pain.* (1).

O Magiftrats fenfibles & compatiffans, qui avez préfenté au pere de la nation un tableau fi touchant & fi fidele de la mifere de votre province, reconnoiffez enfin quelle eft *l'adminiftration mal ordonnée* qui la produit ; quel eft le régime bienfaifant qui la fera ceffer. Vous l'avez dit vous-mêmes : » le rétabliffement de l'a— » griculture par le bon prix de fes pro— » ductions, l'abondance de fes denrées » par la concurrence des ventes, l'aifance » générale par la multiplication des fruits

(1) Lettre de la Chambre des Vacations du Parlement de Normandie au Roi, du Samedi 15 Octobre 1768.

» & l'augmentation des falaires ; tous ces
» avantages précieux devoient naturelle-
» ment découler de l'exécution de la loi,
» (l'Edit de 1764) mais il falloit.....
» qu'elle ne reçut aucune exception, en
» un mot, que la liberté fût telle qu'elle
» avoit eté promife & annoncée. (1) »
Vous avez fenti les avantages de la liberté, vous les avouez hautement, &
pourquoi donc eft-elle anéantie ? Pourquoi tenir fans ceffe le commerce dans
les plus dures entraves ? Pourquoi s'affer-
vir au monopole ?

Vous vous plaignez qu'il *n'eft pas de
loi fi formelle en France, qu'on ne par-*

(1) *Très-humbles & très-refpectueufes Remontrances de la* Chambre *des Vacations du Parlement
féant à Rouen, au Roi, pour faire connoître à fa
Majefté les principaux abus qui caufent la cherté du
pain, & la fupplier de la faire ceffer, &c. le Samedi
29 Octobre 1768.* Le paffage cité dans le texte porte
encore qu'il falloit que *l'exécution* de la loi *ne fût
point forcée.* On lit plus bas que fi l'Edit eût eté *fuivi
d'une exécution fimple & naturelle, la liberté n'aur it
produit qu'une augmentation modérée du prix des
grains.* On vient de voir que les avis, les inftructi ns,
les invitations, toutes les voies douces employées
pour procurer l'exécution fimple & naturelle de la
loi, n'ont point réuffi, & que l'autorité même a peine
à parvenir à une exécution forcée.

G iv

vienne à violer avec impunité, & que l'Edit de Juillet 1764 n'eſt plus une loi dont l'exécution ſoit aſſurée. Pourquoi donc ne pas travailler à en procurer *l'exécution ſimple & naturelle ?* Pourquoi ne pas acquieſcer aux Lettres-Patentes & aux ſages Ordonnances du Conſeil qui renouvellent la loi, la confirment & en pourſuivent l'obſervation ? Pourquoi reſſuſciter contr'elle tous les reglemens qu'elle a proſcrits ? Tout ce qu'elle permet eſt défendu, tout ce qu'elle défend eſt permis, & le commerce, moins libre qu'il ne le fut jamais, n'eſt qu'un abus eternel des malheurs & de la vie des peuples. J'oſerai vous le dire, votre ſenſibilité donne aux préjugés, de ces malheureux un aſcendant terrible ſur vos eſprits ; ils vous perſuadent avec les cris de la douleur. Lorſque vous paroiſſez partager leurs ſentimens & ſouſcrire à leurs deſirs, vous les calmez ; mais ils s'irritent bientôt davantage, parce que votre condeſcendance aigrit leurs maux. Vous êtes leurs peres, on le reconnoît à vos ſentimens : eh bien ! traitez-les comme des enfans qui vous ſont chers, mais qui ne ſçavent pas ce qui leur convient. Agiſſez en peres, mais dans toute l'etendue

La ſenſibilité des Magiſtrats aux maux publics les porte à une funeſte condeſcendance aux deſirs du peuple.

des droits & des devoirs attachés à ce nom facré ; défendez vos cœurs d'une foibleffe naturelle, mais dangereufe ; ecoutez leurs plaintes & non leurs clameurs, confultez leurs vrais intérêts & non leurs fauffes opinions, eclairez-les, defabufez-les, ne voyez que la vérité, la juftice & leurs befoins, & commandez.

C'eft de cette province opprimée fous le joug des reglemens que partent les declamations les plus véhémentes contre la liberté ; c'eft là que l'on a repouffé les vaiffeaux nationaux ou etrangers, dont la ville de Paris & les terres circonvoifines auroient pu recevoir des fecours ; c'eft là, c'eft fur la Seine que l'on a arrêté & pillé des grains de Bretagne, deftinés pour l'approvifionnement de la capitale. Le commerce qui n'a jamais eté libre dans cette ville, a bientôt ceffé de l'être fur toutes les routes par où elle pouvoit être approvifionnée, comme du côté du couchant. Paris eft au centre des prohibitions, comme une ville bloquée de toutes parts ; la police qui ne voit que fon reffort intercepte les convois que fes néceffités appellent. La récolte de 1767 ayant entierement manqué dans l'Ifle de France,

Le régime prohibitif dominant en Normandie empêche l'approvifionnement de la ville de Paris.

La ville de Paris eft toute inveftie de Reglemens à 40 lieues à la ronde.

la Picardie, la Flandre, ainfi qu'en Normandie, la frayeur a fonné le tocfin, & auffi-tôt chaque jurifdiction, chaque ville, chaque bourg s'eft cantonné, retranché, concentré, & refufé à tous les fecours pour ne pas en donner lui-même. A quarante lieues à la ronde, le commerce eft arrêté par des chaînes d'ordonnances & de reglemens qu'il ne peut entreprendre de rompre, fans s'expofer à des pertes inévitables, à fa ruine. A peine eft-il poffible qu'à travers tant d'enceintes multipliées de prohibitions, il s'echappe quelques filets des torrens qui fe précipiteroient vers la capitale, fi les canaux étoient libres. Orléans, Chartres, Montargis, toutes les grandes communications font coupées. Dans chaque canton, le bled du territoire eft fous le fceau de la police; les grains etrangers font livrés **ou** expofés au pillage. Tout juge, tout officier municipal s'eft erigé en interprête & en arbitre de la loi: En l'expliquant, ils la renverfent, ils la detruifent; ils allient des loix contradictoires. Parmi les reglemens annullés, chacun invoque & rétablit de fon autorité privée celui qui répond à fes vues; chacun en crée de nouveaux. On

Dans fes environs, la police fubalterne en reglemente arbitrairement le commerce.

ne voit de toutes parts que des Légiſla-
teurs, & autour d'eux, des peuples malheureux, un commerce traînant, des propriétaires dépouillés de leurs droits.
Chaque canton offre l'image d'un petit
Etat gouverné par un Deſpote ; l'enſemble préſente l'horrible tableau de l'a-
narchie.

Là on etablit qu'*encore que Sa Majeſté,* Reglemens
faits à Char-
tres.
par ſa Declaration du 25 Mai 1763, ait
permis à tous ſes ſujets de faire, ainſi que
bon leur ſembleroit, dans l'intérieur du
Royaume, le commerce des grains, ſans
qu'ils puiſſent être inquiétés ni aſtreints à
aucunes formalités, néanmoins cette liberté
ne peut pas ne pas reſter *toujours ſoumiſe*
aux regles de la juſtice & ſubordonnée aux
droits de l'humanité. Et c'eſt pour maintenir *les regles de la juſtice & les droits de*
l'humanité qu'il eſt enjoint à toutes perſonnes de *faire conduire les grains qu'ils*
auront à vendre, ſur le carreau de la halle,
& défendu à toutes perſonnes ſe mêlant
du trafic des grains, *d'en vendre doréna-*
vant aucuns que trois mois après qu'ils les
auront achetés, &c. &c. (1). Les anciens

______

(1) Extrait des Regiſtres de la Police de Chartres,
du 2 Septembre 1768.

reglemens avoient eté remis en vigueur avant cette Ordonnance, & quels reglemens y ajoute une police arbitraire ? Injonctions de porter les grains à vendre, ſur le carreau des halles, & de ne les vendre que trois mois après les avoir achetés ! L'etrange moyen d'appeller des ſecours & des ſecours prompts ! Un particulier convaincu de n'avoir pas fait, aux Commiſſaires, la declaration de la quantité de grains qu'il avoit, a eté mis en priſon & ſon bled confiſqué au profit des pauvres.

A Pithiviers.

Ici le Procureur Fiſcal repréſente qu'*au mepris des Articles X, XI, XII & XV de l'Ordonnance du 21 Novembre 1577, & des Ordonnances* de Police du bailliage, les marchands achetent dans les campagnes les grains tant ſecs que verds. En conſéquence il eſt ordonné que les ſuſdits articles de l'*Ordonnance de 1577*, & les *Ordonnances* du ſiége, ſeront exécutés ſelon leur forme & teneur, & toutes leurs prohibitions ſont expreſſément renouvellées. Autre Ordonnance par laquelle il eſt fait défenſe à tous les laboureurs & autres achetant des bleds de ſemence, de les acheter aux heures deſtinées à la fourniture du peuple, & qu'*au préalable ils n'ayent justifié de pareille quantité de grains par eux amenée dans la ville , pour y être vendus au marché , à peine de confiscation* (1)." Le laboureur ne pourra donc acheter qu'après le peuple! La semence ! La semence qui produira la subsistance future de ce peuple , il faudra qu'il l'achete plus cher ! Il faudra qu'il apporte une pareille quantité de grains ! Et s'il ne peut conduire & vendre le sien sans perte , & s'il n'a pas encore pu battre , & s'il en a à peine recueilli pour sa subsistance , & s'il n'en a point , comment fera-t-il , puisqu'il ne lui est pas permis d'en acheter , car il ne le peut qu'en vendant ? Et tous ces Reglemens , c'est une Ordonnance révoquée, ce font des *Ordonnances* d'un siege particulier; elles abrogent des loix souveraines & irrévocables, enregistrées dans toutes les Cours !

Ailleurs l'on veut que le Roi , par la Declaration de 1 7 5 3,n'ait point prétendu dépouiller les Officiers de Police du droit que leur donnoit la Declaration de 1723 , sans quoi , s'ecrie-t-on , *de quoi serviroient*

A Châtillon sur Loing.

(1) Extrait des Regiftres du Bailliage de Pithiviers, du 25 Juin & du 10 Septembre.

les halles & les marchés ! Et en conféquence, *lecture faite de la Declaration du
Roi du 19 Avril 1723, & de celle du
5 Mai 1763,* on ordonne que *celle de
1723 fera exécutée felon fa forme & teneur,
fous les peines y portées, fans déroger à
celle de 1763* (1) ; c'eft-à-dire, que le commerce ne foit pas libre & qu'il foit libre,
que des loix contradictoires regnent enfemble, que l'adminiftration foit abfolument arbitraire.

A Montargis. L'Ordonnance de Montargis (2), imprimée, publiée & affichée, nous difpen-
fera de préfenter un recueil immenfe d'Ordonnances dictées par le même efprit contre la liberté du commerce.

« Sur ce qui nous a eté remontré par
» le faifant fonction de Procureur du Roi,
» que *par une mauvaife interprétation que
» donnent plufieurs habitans de cette ville à
» la Declaration du Roi qui permet l'ex-
» portation des grains,* il fe gliffe plufieurs

(1) Extrait des Regiftres du Greffe du Bailliage &
Duché de Châtillon-fur-Loing, du 8 Octobre.

(2) *Extrait des Regiftres du Greffe de la Police de
la Ville, Fauxbourgs & Banlieue de Montargis-le-
Franc, du 11 Octobre.* A Montargis, de l'Imprime-
rie de la veuve J. Bobin.

» abus de la part de ces habitans , qui
» font d'autant plus repréhenfibles, qu'ils
» font contraires aux intentions de fa Ma-
» jefté. . . . .

. . . » Défenfes à tous marchands ,
» boulangers , & autres commerçans en
» grains, *de quelque qualité & condition*
» *qu'ils foient*, d'arrher aucune efpece
» de . . . grains en verd fur pied & avant
» la récolte, dans l'etendue de la banlieue
» de cette ville , & à trois lieues d'icelle ,
» à peine, &c. . .

. . . . » A toutes perfonnes d'arrher
» les grains que l'on amene au marché de
» cette ville, ni de les acheter dans les gre-
» niers , cabarets , ni autres endroits, que
» dans le marché de cette ville. . .

. . . » A toutes perfonnes de prêter
» leurs noms auxdits boulangers & autres
» achetant grains pour revendre. . .

. . . » De prendre des montres de bleds
» pour les porter hors du marché. . . . .
» aux commerçans en grains , leur en dire
» le prix, & enfuite arrher ledit bled. . .

. . . » d'envoyer au marché des mon-
» tres du bled qu'elles peuvent avoir à
» vendre dans leurs greniers , pour ven-
» dre cefdits grains dans leurs greniers :

» *injonction* au contraire de le conduire ou
» faire conduire dans le marché. . .

. . . » A tous boulangers , . . à tous
» commerçans en grains , d'entrer dans
» leſdits marchés, ni d'y marchander &
» acheter aucun bled , *avant telles heures...*

. . . » Aux boulangers de dire aux rap-
» porteurs le prix qu'ils auront acheté
» leurs grains : *injonction* au contraire
» aux blatiers & autres vendans grains ,
» de le dire fidelement aux rappor-
» teurs . . . (1)

. . . » *De dépoſer* le bled mis en vente
» ailleurs qu'au minage , afin qu'il ſoit en-
» ſuite expoſé en vente au marché ſui-
» vant. . .

. . . » A tous fermiers de minage , meu-
» niers , rondiniers ou gens par eux
» prépoſés , de faire le commerce de
» grains , &c. ». . .

Tout eſt reglé & ordonné ; les achats
& les ventes , les lieux & les heures , la
qualité des vendeurs & des acheteurs. La
police fait le commerce des grains , & les
propriétaires n'ont plus de droit. Elle s'eſt

----

(1) Il eſt difficile de fixer au juſte quel peut être
l'objet de cette diſpoſition finguliere ?

ſaiſie

saisie de la clef des greniers pour y renfermer les bleds ou les verser dans les marchés, selon son bon plaisir. Quand elle le voudra, elle fera apparoître l'abondance & baisser les prix, & après que le peuple aura eté séduit par une montre illusoire, & le marchand ou le laboureur ruiné par l'inopportunité de la vente, elle fera, si elle le peut, des Reglemens pour reproduire les grains qu'elle aura subitement epuisés, & remplir de nouveau les greniers qu'elle aura vuidés pour tromper la crainte des habitans. Tout s'est vendu sous ses yeux, rien n'est sorti de son ressort, parce que le peuple etoit dans le besoin: rien n'entrera dans son marché, rien ne passera par son territoire, parce que le besoin de son peuple est tyrannique, & qu'il est tout prêt à disposer du bien d'autrui. Voilà comment dans l'Orléanois, la Beauce, le Blaisois, le Gâtinois, les Reglemens défendent aux grains du dehors l'approche de leur territoire, & le passage des convois pour la Capitale. Que l'on aille de la généralité d'Orléans où ce relevé sommaire des Ordonnances & des procédés de la police a eté fait, suivre la même opération dans les Généralités cir-

H

convoifines , par-tout l'on trouvera le même efprit , les mêmes difpofitions , la même conduite , les mêmes regles , la même profcription du commerce , les mêmes obftacles à l'approvifionnement de Paris ; j'en ai déja donné des preuves.

Il eft donc vrai que la liberté du commerce des grains , n'a pas pu , par la loi même , exifter pleine & entiere dans le Royaume ; que de droit elle n'a pu exifter dans la Capitale , même limitée aux termes de la loi ; & que par le fait & au mepris de la loi , elle n'exifte point même telle qu'elle l'avoit annoncée , dans les provinces circonvoifines. Il eft donc vrai que le gouvernement n'a *pu encore parvenir à etablir* cette *liberté falutaire* , autant qu'il l'auroit *defiré* , que la Declaration & l'Edit dont l'objet etoit & dont *l'effet devoit être d'exciter dans tout le Royaume une circulation , au moyen de laquelle il fe fit par les feules opérations d'un commerce libre , des verfemens de province à province , n'ont point* eté exécutés par-tout *& en entier* , & qu'ils ne l'ont point eté , *à caufe des craintes qui fe font elevées dans les efprits d'une grande partie de citoyens , & principalement de ceux qui etoient particu-*

liérement chargés de l'exécution. Il eft donc vrai que l'on a empêché l'abondance de fecourir la difette, la concurrence de diminuer la cherté, les fubfiftances & les falaires de fe mettre dans une jufte proportion, le Royaume de ne former qu'un corps animé du même principe de vie. Il eft donc vrai que le régime prohibitif a prévalu, que le mal n'eft que là où il regne , que les peuples deviennent plus malheureux , à mefure qu'il s'acharne à les fauver , *ce régime qui n'eut jamais d'autre effet que de nuire* (1). La liberté & les loix favorables à la liberté font donc juftifiées & vengées par des faits multipliés & inconteftables , par les dépofitions mêmes de leurs plus ardens adverfaires , par les témoignages les plus authentiques du gouvernement , par

(1) Les paffages foûlignés font tirés en partie de l'Arrêt du Confeil d'État du Roi, du 31 Octobre dernier, qui ordonne l'exécution de la Declaration du 25 Mai 1763 , &c. en partie des *lettres-patentes du Roi*, du 10 Novembre dernier , qui ordonnoient que *par la Cour du Parlement il feroit précédé contre ceux qui de deffein prémédité auroient caufé le renchériffement des grains , par quelque manœuvre que ce foit , ainfi que contre ceux qui méchamment auroient femé ou accrédité les bruits de ces manœuvres par des propos ou des ecrits.*

H ij

les ordres réitérés encore récemment dans un Arrêt du Conseil & des Lettres-Patentes pour l'exécution de la Declaration de 1763 , enfin par la réfiftance de quelques Cours fouveraines (1).

La liberté n'eft point dans les lieux que la difette & la cherté défolent ; elle n'y fut jamais entiere , ou à peine y fut-elle proclamée qu'elle y fut attaquée & bien-

(1) L'art. I. de l'Arrêt cité dans la note précédente eft conçu en ces termes. « La Declaration du 25 Mai „ 1763 fera exécutée felon fa forme & teneur : en confé-„ quence fait fa Majefté très-expreffes inhibitions & „ défenfes à toutes perfonnes d'arrêter , fous quel-„ que prétexte que ce puiffe être , les tranfports de „ grains qui fe feront d'une province dans une autre. „ Enjoint à tous Commandans , Officiers de Maré-„ chauffée & autres , de prêter main forte , toutes „ les fois qu'ils en feront requis , pour l'exécution de „ ladite Declaration „.

« Par les Lettres-Patentes ci-deffus , il eft ordonné „ qu'il fera inceffamment avifé par *la* Cour *du parle-„ ment* , aux moyens d'etablir la pleine & entiere „ exécution de la Declaration du 25 Mai 1763 , & „ de faire ceffer tous les obftacles qui pourroient fe „ rencontrer à fon exécution , & d'affurer la liberté „ de la circulation d'un lieu à un autre , & entre les „ différentes Provinces du Royaume , fauf à *ladite* „ Cour à faire telles repréfentations & obfervations „ que les circonftances pourroient exiger ». Les Par-lemens de Rouen & de Paris ont fupplié le Roi de vouloir bien retirer ces Lettres.

tôt anéantie. *Voilà pourquoi* » tandis que
» les espérances dont on aimoit à se flat-
» ter, trompent les vœux publics & s'e-
» loignent de plus en plus, des maux
» réels se succedent rapidement l'un à
» l'autre, s'accumulent, s'etendent & de-
» viennent de jour en jour plus fâcheux &
» plus pressans. *Voilà pourquoi*, au lieu
» de cette abondance qui devoit se ré-
» pandre egalement de toutes parts, à la
» faveur d'une liberté nouvelle ; au lieu
» de cette aisance, de cette félicité, de
» cet accroissement de population, qui
» devoient en être les suites ; on a vu la
» disette menacer plusieurs contrées, la
» misere des peuples s'accroître, leurs
» larmes couler, les meres de famille
» craindre & deplorer leur fécondité,
» l'aliment le plus nécessaire porté à un
» prix au-dessus des facultés du pauvre,
» le mercenaire réduit ainsi à ne pouvoir
» plus assurer par son travail sa propre
» subsistance, bien moins encore celle
» d'enfans, dont la vue le pénetre de
» douleur, lorsqu'ils lui demandent avec
» des cris languissans du pain, qu'il ne se
» trouve plus en état de leur fournir.
» *Voilà pourquoi,* la subsistance des sujets

» & la tranquillité du Royaume ſe trouvent
» à la fois compromiſes, & que dans le
» ſein de la paix que les peuples doivent
» à la ſageſſe du Roi, ils eprouvent des
» calamités inconnues dans le plus fort des
» malheurs de la guerre » (1).

Daignez recevoir ici mon hommage, Protecteurs des peuples, Membres honorés du premier Tribunal du Royaume, votre zele m'a echauffé, votre ſageſſe m'a eclairé. Au milieu de l'expoſition la plus pathétique de l'etat affligeant de ces provinces, vous avez rendu ſenſible la néceſſité de préſenter le flambeau de *l'expérience* aux eſprits à qui la *ſpéculation* n'offroit que des *lueurs incertaines*. La droiture du cœur eſt toujours ſur la voie de la vérité. Vous avez jugé qu'il falloit *comparer les diſpoſitions* des loix nouvelles avec *les evénemens* qui les ont ſuivies; je l'ai fait & j'ai vu que ces loix etoient méconnues, & que de triſtes evénemens avoient eté les ſuites inévitables de leur inexécution. Vous avez cru qu'il etoit bon

Le régime prohibitif a donc produit les malheurs que l'on impute aux nouvelles loix.

______

(1) Objet des Remontrances du 20 Octobre, citées ci-deſſus *ſur la néceſſité d'examiner ſans délai la nouvelle adminiſtration.*

de confidérer fi les chertés de pain, les al-larmes publiques, les emotions populaires n'avoient pas leur principe caché dans quelque défectuofité du fyftême nouveau ; je l'ai fait & j'ai vu dans les loix nouvelles, non un fyftême, mais un principe fimple de la nature, univerfellement applicable à toute efpece de commerce; dans les chertés du pain, non l'effet de l'immunité & de la concurrence, mais les triftes fruits d'une circulation arrêtée, d'un régime fifcal, d'une mauvaife manipulation; dans les al-larmes & les emeutes populaires, non les preuves d'une liberté abufive, mais les ecarts de l'ignorance & de la mifere inf-pirée & foulevée par le malheur des tems & par les manœuvres de la cupidité. Vous avez penfé qu'il etoit très-important *d'en-trer dans les détails néceffaires pour y dif-cerner les chofes qui ont produit des ef-fets contraires aux intentions du Roi d'a-vec ce qu'elles pouvoient contenir d'avan-tageux pour le bien de l'Etat & la félicité des peuples ;* je l'ai fait & j'ai vu la con-firmation des reglemens de la Ville de Paris fruftrer entierement la capitale des bienfaits de la liberté & en dérober une partie à la province; j'ai vu les droits oné-

H iv

reux laiffés fur le transport & la vente des grains, opprimer le commerce & ravir aux pauvres leur subfiftance ; j'ai vu les reftrictions d'abord légérement impofées & enfuite défordonnément accumulées, renouveller & prolonger *la longue & fâcheufe epreuve* du régime prohibitif déjà condamné par *l'expérience* d'un fiecle, de plufieurs fiecles de malheurs. Vous avez trouvé néceffaire *d'examiner fi une liberté indéfinie ne pouvoit pas dégénérer dans la licence du monopole, efpece de contrainte plus dangereufe & plus funefte qu'aucune autre ;* je l'ai fait ; j'avois vu la liberté in-définie en Hollande & ailleurs, & je n'y avois point vu le monopole ; mais je n'ai vu en France qu'une liberté bornée, & j'ai vu que quand une police attentive vouloit enchaîner le monopole par des reglemens qui ecartent la concurrence, il s'armoit de fes fers pour porter aux peuples des coups d'autant plus terribles, qu'ils etoient plus pefants. C'eft à vous que je dois l'idée de mon travail, trop glorieux fi je puis mériter votre fuffrage : votre patriotifme m'en donneroit l'efpé-rance ; l'amour des peuples n'eft-il pas l'amour de la juftice & de la vérité? Votre sagacité ne m'en laisseroit aucun doute, mais le ciel m'a-t-il accordé le don de rendre toute l'energie de ce que je sens ?

I V.

Du Monopole.

Assez d'ecrivains ont démontré par l'essence même des choses, les avantages de la liberté & les dangers des prohibitions. On a remarqué que leurs ouvrages etoient restés sans réponse, quoiqu'ils eussent sommé leurs adversaires, au nom de la vérité, de la justice, de l'honneur, de l'humanité, du bien public, de les combattre, si on les croyoit dans l'erreur ; préjugé violent en leur faveur dans une cause si intéressante. On pouvoit remarquer encore que, dans les discours particuliers, si l'on a attaqué la liberté, on n'a pas directement défendu les prohibitions, & si l'on a prétendu qu'elle etoit sujette à des inconvéniens, on n'a jamais osé avancer qu'elles en fussent exemptes, & dès lors, en supposant que la liberté fût dangereufe , il faudroit , avant que de la profcrire , démontrer qu'elle eft plus dangereufe que les prohibitions. Ici je préfente des faits ; ces faits font publics , démontrés , conftatés juridiquement ; qu'eft-ce que l'on y oppofe ? Des faits cachés , c'eft-à-dire , des bruits incertains , des imputations populaires , des rumeurs vagues : je prouve & l'on allegue ; nul juge ne peut donc prononcer contre ma caufe. L'on avance que la liberté s'eft elle-même detruite , que la concurrence a engendré le monopole , que les chofes ont agi contre leur effence , que le contraire eft né de fon contraire. En paffant fur la contra-diction que cette accufation renferme , en admettant la poffibilité du fait, en le fuppo-fant vrai, ne faudroit-il pas examiner, avant que de juger, fi le régime prohibitif n'au-roit point l'effet que l'adminiftration op-pofée pourroit avoir eu , & fi l'abus ne feroit pas inhérent au régime même , tandis qu'il ne feroit qu'accidentel fous le regne de la liberté ?

Les permiffions particulieres de traites accordées autrefois à des Compagnies *riches* , fous la protection d'hommes *puif-fans* , n'etoient-elles pas les paffeports du monopole dont on parle ? Dans tous les cas possibles & par rapport à tous les objets, la richesse & le crédit donneront toujours le moyen de prévaloir sur des concurrens, & il leur sera d'autant plus aisé de prévaloir qu'ils auront moins de concurrence à craindre. Mais si la liberté devient jamais sacrée & inviolable, le crédit est nul, la liberté l'anéantit ; la richesse particuliere n'en est plus une, la nation entiere & toutes les nations l'etouffent. Le privilege du commerce & de l'approvisionnement des villes resserré dans quelques mains par des reglemens & des prohibitions qui dégoûtent de cette entreprise, diminuent le nombre des vendeurs & des acheteurs & detruisent la concurrence ; n'est-ce pas là un monopole eternellement & nécessairement subsistant ? Et quand on emprisonneroit les marchands qui en seront munis, lorsque la clameur publique s'elevera contr'eux , ne leur sera-t-il pas facile de prouver qu'ils n'ont fait qu'user du bénéfice de la loi, quand on les accusera d'en avoir abusé ?

Mais on ne veut pas voir là du monopole, quoiqu'on n'ait qu'à se demander à soi-même ce que c'est que le monopole pour s'en convaincre ; il eſt vrai que ce-lui-là ne paroît pas légalement puniſſable, puiſqu'il eſt l'effet de la loi. Où l'on voit un monopole criminel, c'eſt dans les arrhemens, les amas de grains, la clôture des greniers en tems de diſette ; comme ſi quand on eſt menacé de voir ſa ſubſiſtance ſupprimée ou ſon bien envahi, ſoit par des forces particulieres ſoit par l'autorité, il n'etoit pas naturel que l'on cherchât à ſe pourvoir, que l'on s'iſolât & que l'on mît à couvert les proviſions que l'on avoit. Si l'on craignoit aujourd'hui qu'il y eût bientôt un ordre de porter au Tréſor Royal tout l'argent monnoyé que l'on auroit dans ſes coffres, que feroit-on ? Ce que l'on a fait, chacun l'enterreroit pour le dérober à l'inquiſition. La denrée eſt de l'argent & plus que de l'argent ; le propriétaire aime à s'en aſſurer & à en diſpoſer, & cela eſt juſte. Je voudrois bien que l'on me dît quel eſt le droit qu'une province, un reſſort, une ville, un bourg peuvent avoir à l'egard des autres provinces, des autres reſſorts, des autres villes, des autres bourgs du Royaume entier, qu'une famille & un particulier n'ayent pas, à l'egard des autres familles & des autres particuliers, & même de toute la nation. Quel est-il ce droit? Qu'on le désigne & qu'on l'explique. S'il n'en est point, pourquoi donc quand la police s'arroge le privilege de resserrer dans un territoire la denrée qui n'est point à elle, car la généralité & le district ne sont que des êtres de raison; le particulier ne pourra-t-il pas garder dans ses greniers la denrée qui lui appartient, car elle est le fruit ou le prix de ses richesses & de ses travaux? Si le particulier commet alors un monopole en petit & en usant de sa propriété, la police de la province ou de l'election, ou du bailliage, en commet un en grand, en abusant de sa force. Le monopole est son régime, il l'est en effet, puisqu'il fait par-tout prédominer l'intérêt particulier, non d'un canton entier, mais d'une portion de ses habitans sur l'intérêt général, avec lésion des droits d'autrui. Mais passons aux prétendus monopoles de *quelques hommes puissans.*

» L'annonce de la liberté, ont dit au » Roi de zélés Magistrats, a eté le signal » des entreprises pour les hommes for— » tunés de ce Royaume. Les premiers » instans n'ont pas eté sensibles, mais les

» ſuivans ont eté le commencement de la
» miſere publique. La concurrence que
» l'Edit autoriſoit a eté anéantie dans le
» fait, l'homme puiſſant a ecarté le foible
» par ſon pouvoir ou l'a ecraſé par ſon
» opulence. Il eſt notoire, Sire, que les
» achats les plus conſidérables ont eté
» faits en même tems, pour un même
» comp e, *dans pluſieurs marchés de l'Eu-*
» *rope*. Les entrepriſes des particuliers ne
» peuvent être auſſi immenſes ; il n'y a
» qu'une Société dont les membres ſont
» puiſſans en crédit, qui ſoit capable d'un
» tel effort ; d'ailleurs, dans le cours or-
» dinaire du commerce, les entrepreneurs
» ne peuvent être ſecrets ; leurs rapports
» néceſſaires les font connoître, & leur
» marche eſt ſimple. Ici on a reconnu l'im-
» preſſion du pouvoir & les pas de l'au-
» torité : le négociant ſpéculateur ne s'y
» eſt pas trompé, auſſi-tôt il a détourné
» ſes vues d'un commerce, dont les opé-
» rations ſeroient traverſées & les ſuccès
» très-incertains ; ſa juſte timidité a laiſſé
» maîtres de la denrée la plus eſſentielle
» ceux qui, ſous le voile de la liberté,
» poſſédoient les moyens de s'en rendre
» les ſeuls entrepreneurs : c'eſt ainſi que

„ cette liberté si avantageuse s'est changée
„ en un monopole destructeur ».

L'action d'un pere obligé de retirer
son enfant du fond des eaux avec un harpon, sera regardée comme un horrible
assassinat, si l'on ne voit dans cette triste
scene que l'enfant accroché & traîné par
le harpon. La Compagnie de Malisset,
par ordre du Gouvernement & sous l'ins-
pection du Ministere, avoit etabli à Corbeil des greniers connus de la nation entiere, afin de pourvoir, suivant l'ancien
systême, à l'approvisionnement de la capitale, des grandes villes & des provinces
qui auroient besoin de secours, jusqu'à ce
que le commerce fût assez libre & assez
etendu pour epargner le soin à l'administration, & en même tems, afin de mettre en circulation & à l'abri des dangers
d'une longue garde, des bleds que l'on
tenoit auparavant en réserve & dans un
etat de dépérissement continuel ; enfin
pour tirer des grains, par une bonne mouture, une grosse quantité de farine, qu'une
mauvaise manipulation renvoyoit ordinairement aux animaux. Dans les tems où la
liberté n'etoit encore qu'un vain nom &
un objet chimérique, ces amas & appro-

Objet de la Compagnie qui a donné lieu à cette accusation. Elle paroissoit nécessaire pour l'approvisionnement des grandes villes, jusqu'à ce que la liberté fût parfaitement etablie.

L'idée des approvisionnemens d'Ordonnances confiés à cette compagnie, appartient au régime prohibitif.

viſionnemens d'Ordonnances avoient eté imaginés ; on n'a pas oſé y renoncer de bonne heure , dans la crainte qu'un commerce naiſſant ne pût pas d'abord pourvoir à tous les beſoins ; il a paru néceſſaire de les continuer , lorſque la mauvaiſe récolte , l'effroi populaire , les bruits publics de monopole , les précautions priſes dans ces circonſtances critiques , le génie prédominant des prohibitions ont fait reculer , ſouffrir & tomber le commerce , lorſque les peuples privés d'autres reſſources ont conjuré le Roi, par la voix de leurs Magiſtrats, de leur donner du pain.

Cette compagnie a vendu à perte ou au prix coûtant.

C'eſt là la ſeule & unique *entrepriſe* que des conjectures ayent pu transformer en monopole odieux & criant. Eſt-ce un monopole qu'une entrepriſe dans laquelle la *police* devoit d'abord regler la quantité & le prix des grains de la Compagnie, pour ne point etouffer la concurrence ; dans laquelle on a vendu long-tems à perte pour ſoulager le peuple ; dans laquelle enfin on a donné la denrée au prix courant & enfin au prix coûtant, pour ne pas achever la ruine des marchands qui ne pouvoient , comme le Roi , perdre ſur leur denrée ? Que ceux qui douteroient de ces faits recherchent

cherchent la cause pour laquelle on est venu de loin, avant ces derniers tems, chercher à Paris le bon marché que l'on ne trouvoit pas chez soi ? Que ceux qui se sont plaints ensuite de la cherté, se demandent à eux-mêmes, s'il etoit possible d'acheter à haut prix & de vendre à un prix modéré sans perdre , & de perdre , sans réduire tous les concurrens, jusqu'au dernier à la nécessité d'une banqueroute ? Que ceux qui s'imaginent que les approvisionnemens d'Ordonnance ont pu se faire avec bénéfice, calculent les frais enormes qu'entraîne la régie d'un commerce si difficile , si compliqué , si vaste, si chargé de détails, si sujet aux fraudes & à l'erreur , & passant par les mains d'une foule d'agens subalternes de toute espece, indifférens sur l'économie & la conservation de la denrée , & impénetrables à l'œil de l'autorité la plus vigilante ? Que ceux qui , en suppliant le Roi d'approvisionner leur province ou leur ville , s'elevent contre les *enarrhemens & les exportations* (de province à province) attribués aux agens du gouvernement , daignent apprendre au public comment le gouvernement , tandis

Elle ne peut être blâmée par les peuples qui ont supplié le Roi de leur donner du pain.

I

que la liberté ne pouvoit triompher des
obſtacles qu'ils y oppoſoient, pouvoit procurer les ſecours les plus abondans, les
plus prompts & les moins chers à ceux qui
manquoient de grains, ſi ce n'eſt en fai-
ſant faire des achats conſidérables aux
lieux où il y en avoit, ſoit dans nos greniers, ſoit ailleurs, ſoit dans nos marchés,
ſoit dans les *marchés du dehors* ? Etoit-ce
un monopole qu'une vente ſans bénéfice ?
Etoit-ce auſſi un monopole, etoit-ce une
ſource de diſette & de cherté que les *achats
confidérables* faits *en même tems dans pluſieurs marchés de l'Europe pour l'approviſionnement de nos Provinces ?*

Je dirai que ce n'etoit pas même là un
commerce proprement dit, puiſque c'etoit
un ſervice rendu gratuitement à la nation.
Le commerce eſt une entrepriſe faite dans
la vue de procurer un profit à l'entrepre-
neur ; c'eſt là l'objet néceſſaire de toute
compagnie & de tout particulier adonné
à cette profeſſion. Les agens ou commiſſaires chargés par le gouvernement d'acheter des grains avec les deniers du Roi,
pour les revendre au *prix coûtant*, n'ont
donc pas, dans le fait, formé une compagnie commerçante, puiſqu'ils n'ont ni

acheté ni vendu pour leur propre compte; ils n'ont donc pas fait un commerce, puisque personne n'a bénéficié ni eu dessein de bénéficier sur leurs ventes. Un citoyen n'est point négociant ou marchand, pour vendre au peuple, sans gagner sur le peuple, la denrée qu'il fait venir d'ailleurs pour le secourir dans ses besoins ; c'est un homme charitable, un bienfaiteur. Le gain, la retribution, le salaire caractérisent le commerce & le commerçant. Il est donc exactement & rigoureusement vrai que le gouvernement, en chargeant des particuliers d'acheter *de son argent* des grains pour les revendre *sans profit, n'a* réellement *autorisé aucun particulier, aucune compagnie à faire le commerce des grains.* Ces deux propositions contenues dans une lettre du 12 Novembre, ecrite par ordre du Roi, d'ailleurs uniquement relative à une province du nord, ne renferment donc point de *contradiction* ni réelle ni même apparente, quoi qu'on en dise. Elles ne sont pas plus *contradictoires* que les deux assertions de la même lettre, par lesquelles il est dit que *le Roi a fait acheter des grains dans les Provinces abondantes du Royaume,* & qu'*il n'a autorisé*

aucun achat dans la province de Norman-
die. Ces deux aſſertions ſont trè-compa-
tibles, à moins qu'on ne ſupprime de la
derniere, ces termes *dans la province de*
Normandie, comme on l'a fait ſans doute
par oubli (1).

Il y avoit, à la vérité, de très-graves
inconvéniens attachés à une entrepriſe
faite ſous le manteau de l'autorité, tel que
celui d'ecarter & de detruire la concurrence, par le terrible epouvantail qu'une
compagnie du Roi préſentoit aux marchands & au peuple ; mais etoit-ce le
deſſein des perſonnes prépoſées à l'adminiſtration dans cette partie ? Depuis que
le gouvernement a reconnu les avantages
d'un commerce libre & immune, le Conſeil n'a eu qu'un vœu général, unanime,

(1) Cette inattention eſt echappée à l'Auteur ou
Rédacteur d'un ecrit que je ne citerai pas, par
reſpect pour l'honorable Compagnie à laquelle il eſt
attribué, peut-être fauſſement. J'obſerverai, à cette
occaſion, que quand je cite des *Remontrances* ou autres ecrits répandus ſous les noms de quelques Cours
ſouveraines, contre la liberté du commerce, je ne
garantis point qu'ils ſoient l'ouvrage de ces corps
reſpectables, & que je ne les conſidere que comme
des *Mémoires* que l'intérêt de la vérité m'oblige de
réfuter, de quelque main qu'ils ſoient ſortis.

ferme & conſtant pour la concurrence la plus illimitée. Tous ſes membres, loin d'elever des barrieres dans leſquelles le monopole ſe renferme, n'ont cherché qu'à applanir, tant aux regnicoles qu'aux etrangers, les voies que leurs adverſaires hériſſoient d'obſtacles inſurmontables ; jamais ils n'ont ceſſé d'encourager & de protéger les écrivains qui, en demandant la liberté indéfinie, démontroient les dangers dès achats & des approviſionnemens d'Ordonnance ; il a fallu qu'en condamnant cette méthode, ils la ſuiviſſent, parce que s'il n'y avoit dans la ſpéculation qu'une inconſéquence à declamer tout à la fois contre ces approviſionnemens & contre la liberté, il paroiſſoit, dans la pratique, d'une impoſſibilité abſolue de bannir la diſette, ſans que le commerce fût libre, ou que l'autorité y pourvût. Non - ſeulement ils ont ſuſcité contre le monopole la concurrence intérieure par l'Arrêt du 31 Octobre dernier, mais encore ils ont puiſſamment & efficacement attiré la concurrence des bleds du dehors, eloignés par des *génes trop long-tems ſubſiſtantes*, ſoit en aſſurant aux Négocians François ou Etrangers la diſpoſition la plus libre des grains

I iij

qu'ils importeroient ; ſoit encore en offrant des récompenſes à tous ceux qui ſe livreroient à cette ſpéculation utile ; & l'effet de ces promeſſes a été prompt. Enfin les lettres - patentes adreſſées aux Parlemens pour la pourſuite des monopoleurs , vengent à jamais la mémoire de ceux que le ſoupçon a pu outrager.

Les approviſionnemens d'Ordonnance pouvoient être abuſifs.

Il pouvoit ſans doute ſe commettre des abus dans les achats & les approviſionnemens d'Ordonnance continuels & ſucceſſifs , comme dans toutes les grandes entrepriſes où le Roi ne peut être ſervi que par une foule d'agens, dont il n'eſt pas poſſible de prévenir toutes les erreurs & de découvrir toutes les fraudes. Mais en ſuppoſant des prévarications ſourdes ; croira-t-on qu'il ait été fait des enharremens ſecrets & des enlevemens furtifs , même dans des lieux où le grain etoit déjà rare & cher , tandis qu'il y avoit tant de provinces où le bled etoit en abondance & à bon marché , & qu'on en achetoit une grande quantité & à un prix modéré dans pluſieurs ports de l'Europe ? S'il s'etoit fait quelques achats de grains dans des cantons déjà mal pourvus , il ſeroit à croire que c'auroit été là l'unique moyen que des beſoins extrêmes auroient laiſſé de ſauver des cantons menacés de la famine.

Enfin les approviſionnemens d'Ordonnance etoient-ils néceſſaires ? Les peuples ſouffrans ou effrayés n'ont ceſſé de crier au Roi par l'organe de leurs Magiſtrats, *ſauvez-nous, Seigneur, nous périſſons ;* eſt-ce à eux à les blâmer ? Ont-ils eté utiles ? Croyons-en le ſentiment public, qui a eclaté dans l'Aſſemblée générale de police & qui eſt atteſté par le premier Parlement du Royaume. ,, Environnés de ,, tant de citoyens, les Magiſtrats de votre ,, Parlement, dit au Roi cette Cour reſ- ,, pectable dans les Remontrances du mois ,, de Décembre, ont reſſenti une joie bien ,, ſenſible, & le cœur de Votre Majeſté ,, lui-même eût eté attendri de voir qu'au ,, milieu de leurs beſoins & de leurs peines, ,, le premier ſoin auquel tout autre a cé- ,, dé dans tous les cœurs, a eté d'expri- ,, mer leur reconnoiſſance des ſecours que ,, la capitale doit pour ſa ſubſiſtance, aux ,, bienfaits de Votre Majeſté. ,,

Ces approviſionnemens ont-ils eté accompagnés d'abus ? Le Gouvernement ne pouvoit pas les faire par lui-même ; n'etoit-il pas poſſible qu'il fût trompé dans

I iv

Marginal notes:

Les ennemis de la liberté les ont jugé ou rendu néceſſaires.

On n'indique aucun fait qui en prouve l'abus.

fon opinion fur l'intelligence & la fidélité de tous fes agens ? Mais encore, s'il y a eu des abus, quels font-ils ? Si on les connoît, qu'on les expofe, qu'on les développe : fi on ne les connoît pas, comment fe permet-on des imputations vagues & hazardées ? S'il y a eu des abus réels & connus, faut-il s'en prendre aux chefs de cette adminiftration ? Que l'on mette le nom des coupables fur l'accufation du crime dont on a la preuve, & que l'on produife la preuve, fi ce n'eft au public du moins au Roi ? Le Roi lui-même, dans la lettre que M. Bertin a ecrite par fes ordres au Parlement de Rouen le 12 Novembre dernier, certifie qu'ayant chargé des négocians honnêtes & intelligens d'acheter des grains dans les provinces abondantes ou chez l'etranger, dans la crainte que les fpéculations des négocians ne fuffent pas encore formées, & de les vendre dans les villes principales des provinces dont la récolte avoit fouffert ; *ces achats & ces ventes ont eté faits avec toute l'intelligence & la probité qu'on pouvoit defirer.* Faut-il donc en croire des cris ténebreux ? *La voix du peuple feroit-elle ici la voix de Dieu* ou *de la vérité ?* Ne seroit-elle pas au contraire la voix de l'enfer ou de la calomnie? Elle cria *tolle, crucifige.*

Les habitans de Rouen se sont amérement plaints d'avoir vu disparoître tout d'un coup des magasins sur lesquels ils fondoient leurs espérances ; ils se sont plaints qu'on les eût par là dépouillés du *nécessaire physique* & réduits *à la disette,* parce qu'on vouloit procurer ailleurs l'abondance, & les frustrer, *sans qu'on eût egard à leurs besoins,* du *droit naturel* que la ville avoit de *participer à ses depôts* (1). Quoi! une ville auroit le *droit naturel* de retenir pour elle une partie des denrées déposées dans son enceinte, parce qu'elle seroit le *passage* des convois & l'entrepôt naturel des grains destinés à l'approvisionnement d'une autre ville? Et que deviendroient les lieux eloignés de l'abondance? Et que seroit devenue la capitale? Les besoins sont ennemis, mais la justice est entr'eux, & s'il y avoit un droit de toucher à un depôt & de s'approprier le bien d'autrui, quel brigandage que la Societé!

(1) Lettre de la Chambre des Vacations du Parlement de Rouen au Roi , du Samedi 15 Octobre ; Remontrances du Samedi 29.

Le Roi n'a point eu acception des perſonnes dans la diſtribution de ſes bienfaits, tous ſes ſujets ſont ſes enfans; mais c'etoit à ſa ſageſſe à peſer les beſoins de chacun & à regler l'ordre des ſecours. Les bleds qu'on a fait paſſer par Rouen n'etoient pas des bleds de Normandie, ceux qu'on a pillés à Rouen & à Mantes etoient de Bretagne; on en a beaucoup plus verſé dans la Normandie qu'il n'a pu s'en ecouler au-dehors. Le Roi a fait employer des fonds très-conſidérables de ſon Tréſor Royal pour l'approviſionnement de Rouen & des autres villes de la province (1). La Chambre des Vacations attribue le ſalut de cette ville aux ſecours que le ſieur Feray lui a procurés; les bleds du ſieur Feray avoient eté chargés par ordre du Roi, & c'eſt par ordre du Roi qu'ils y ont eté vendus (2). Le port de Rouen a reçu la cargaiſon de quatre navires d'Amſterdam & de Dantzik, attirés par la liberté & par la gratification que

La ville de Rouen a eté nourrie & ſauvée par les proviſions que le gouvernement y a fait paſſer.

(1) Lettre de M. Bertin au Parlement de Rouen, du 23 Octobre, ecrite par ordre du Roi.

(1) Lettre de M. Bertin à MM. du Parlement de Rouen, du 12 Novembre 1768, ecrite par ordre du Roi.

le Roi a daigné accorder aux grains etrangers. M. Bertin a assuré, par ordre du Roi, dans sa lettre du 12 Novembre, que Sa Majesté n'avoit *autorisé particulierement aucuns achats de grains dans la province de Normandie, & qu'Elle n'avoit protégé ni directement ni indirectement aucune Compagnie ni aucuns particuliers pour faire ce commerce; .... assertion claire & précise, qui, de la part de S. M. ne devoit plus laisser aucuns nuages sur les enarrhemens & accaparemens faits par des personnes* que l'on disoit être *protégées.* Comment peut-on donc avancer que les enlevemens, protégés par l'autorité, ont dépouillé la province, provoqué la disette, fait germer la famine, & causé des emigrations ?

Les Magistrats ont ignoré une partie de ces faits, ils l'attestent eux-mêmes; ainsi leurs supplications n'ont pu être fondées que sur la continuation des besoins & des plaintes du peuple. Aujourd'hui qu'il est constaté que la mesure des grains qui auroient pu être tirés de la Normandie, auroit été remplie, comblée & *surcomblée* par les bleds etrangers versés dans cette province, il n'est plus permis d'attribuer la miſere graduelle de ſes habitans à des enlévemens exceſſifs. Envain préſentera-t-on les *enharremens* comme *la cauſe principale & la plus importante de la calamité*; l'enharrement n'eſt point en lui-même une ſpoliation, il a le même objet que les achats ordinaires, la vente ou la conſommation. On n'a point arrhé le grain pour l'entaſſer & le perdre, il a eté mis en circulation; & ſi la province n'a ſouffert aucun vuide dans ſes greniers par les tranſports extérieurs, il eſt evident que l'enharrement n'a pu coopérer à la diſette. Il eſt même douteux, ſuivant les termes des Remontrances, qu'il ait eu lieu (1).

En vain avance-t-on que l'enarrhement a eté *d'autant plus criminel qu'il s'eſt pratiqué à l'ombre d'une loi faite pour le pre-*

Les enarrhemens ſont autoriſés par l'Edit de 1764; on n'a donc pas dû les pourſuivre comme contraires à cette loi, dont on force le ſens.

(1) On lit dans les Remontrances, « Votre Parlement, Sire, avoit voûlu prendre connoiſſance » d'enharremens qu'on lui avoit annoncés. Il avoit » ordonné par ſon Arrêt du 18 Août dernier aux » Juges des lieux de faire les informations néceſ-» ſaires. Peu de tems après il apprend que votre vo-» lonté eſt, *qu'il ne ſoit point ſtatué ſur ces affaires*, » *juſqu'à ce que vous lui ayez fait connoître vos in-» tentions*. La défenſe de pourſuivre manifeſte l'exiſ-» tence des coupables : elle-même change *nos doutes* » en aſſurances ».

venir & pour l'empêcher, *l'Edit de* 1764.
Cet Edit rappelle & confirme la liberté
ordonnée par la Declaration de 1763; la
liberté n'a dû souffrir d'autres modifications que celles que ces loix ont formelle-
ment enoncées. Or elles annoncent par-
tout la liberté *générale*, *absolue*, *indéfinie*
du commerce intérieur; l'enarrhement est
un de ses droits essentiels qu'elles lui ont
laissé, non-seulement en ne le supprimant
pas, mais encore en abrogeant tous les
reglemens qui l'avoient interdit. La défense de *statuer* sur cet objet, n'a donc
point *manifesté* l'existence des coupables;
il n'y avoit point de délit, elle n'a donc
point *renversé la police du Royaume* par
la suspension & l'exercice de la justice; la
justice n'avoit point d'action contre un
acte légitime, elle n'a donc point destitué
les loix de leur principal appui, la sanction
& l'effroi des peines, il n'y avoit ici ni
sanction ni loi. Si le Roi a voulu connoître
les informations faites contre des citoyens
accusés de pratiques pernicieuses, ce n'a
eté ni pour arrêter les instructions, ni
pour suspendre la punition des délits cons-
tatés, mais seulement pour empêcher que
des particuliers ne fussent fletris pour des

actions que les loix n'auroient point condamnées ; ce que les circonſtances donnoient lieu de craindre, ſuivant ce que Sa Majeſté a declaré par ſon Secrétaire d'Etat, dans une lettre du 12 Novembre, comme on le verra plus bas.

En vain veut-on forcer le même Edit à défendre ſous le nom d'*exportation*, les tranſports de grains d'une province à une autre. Par le mot d'*exportation*, l'adminiſtration & le commerce n'ont jamais entendu que le tranſport hors du Royaume ; (1) c'eſt uniquement en ce ſens qu'il

On force egalement le ſens de cette loi, par rapport à l'*exportation*, pour interdire le commerce de province à province, &c.

(1) Voy. le Dictionnaire du commerce au mot *Exportation*, & tous les ouvrages claſſiques en ce genre. La premiere des ſciences eſt celle des mots ; le plus dangereux des abus eſt celui des mots. La foule des adverſaires de la liberté a négligé de prendre des notions exactes ſur cette matiere. Il en eſt même beaucoup qui n'ont jamais lu les ecrits de ſes partiſans. Le Rédacteur des Remontrances dont nous venons de parler a trop d'eſprit & des intentions trop droites, pour ne pas reconnoître qu'il n'a pas fait non-ſeulement la *réponſe la plus ſolide*, mais même une réponſe aux *obſervateurs economiſtes, qui ſollicitent ſans ceſſe la liberté indéfinie*. Il ne s'eſt pas même rappelé, en ecrivant, qu'ils fondoient toute leur doctrine ſur des calculs, puiſqu'il demande quel eſt, par exemple, *celui qui a examiné l'effet de l'augmentation d'un ſou ou deux ſur le prix*

est employé dans *l'Edit du Roi concernant la liberté de la sortie & de l'entrée des grains dans le Royaume*, ainsi que le porte son titre. Par l'article premier, la liberté de la circulation intérieure est etablie suivant les termes de la Declaration de 1763, & là elle est illimitée. L'art. VI, contenant

de la livre de pain ? S'il avoit eu sous les yeux le tableau economique & ses explications, la philosophie rurale, les avis au peuple & aux honnêtes gens, &c. il n'auroit pas oublié que l'economie politique calculoit les deniers & les milliards, pour etablir ses démonstrations. Il est malheureux que des citoyens chargés par etat d'etudier les intérêts des peuples, n'ayent pas le loisir ou le goût de se familiariser avec des *brochures*, où l'on traite du salut & de la prospérité des nations, & où il est possible qu'il se trouve des vérités neuves, comme il s'en trouve dans de très-courtes Remontrances. Ces *brochures* ne sont pas assez *plaisantes* pour blesser la gravité des personnes en place : on les voit dans les cabinets des bons Magistrats, des sages Ministres & des grands Rois. Elles intéressent quiconque s'intéresse véritablement au bien public. Un homme qui s'arrogeroit le privilege exclusif de penser, pourroit ne pas les lire & se croire parfaitement instruit des vrais principes du gouvernement. Un homme qui joueroit d'un coup de dez la vie de ses concitoyens & la richesse de l'Etat, peut avoir part à l'administration, sans méditer les vérités qu'elles renferment, & sans songer que Dieu & la Patrie lui demanderont compte de sa negligence.

les prohibitions, n'eſt qu'une modification des *articles précédens* ſur la *ſortie des grains à l'etranger*; auſſi la défenſe de *ſortir les grains* n'eſt-elle appliquée qu'aux *ports* & aux *lieux ſitués ſur la frontiere du Royaume*. Il n'y a donc point eu de *limites fixées* & de *taux prohibitif* marqué pour les tranſports de province à province; & à quelque prix que le bled fût dans un canton, on n'avoit pas beſoin pour l'en tirer de ſe mettre à *l'ombre de l'autorité*. Il n'y a donc point de loi qui ne ſoit au gré de l'interprétation une chimere ou un fléau, dès qu'une loi ſi claire, ſi préciſe, ſi invariablement déterminée, eſt ainſi pliée dans tous les ſens contraires & à la lettre & à l'eſprit, & ſi l'on peut en former un glaive à deux tranchans, pour frapper tout à la fois & ce qu'elle défend & ce qu'elle permet.

Accuſations ſtrangeres.

Je cherche en vain le crime, il n'eſt point là; mais on annonce d'incroyables horreurs. ,, Des informations juridiques, ,, diſent des Magiſtrats au Roi, nous ,, mettront en etat de préſenter à Votre ,, Majeſté, des faits qui exciteront ſon ,, indignation: Elle verra les artifices du ,, monopoleur pour ſe ſouſtraire à·la vigilance

„ gilance publique, & tout ce que la cupi-
„ dité effrénée lui fait pratiquer pour se
„ ménager une abondance quelconque,
„ se jouant au gré de ses intérêts, de la
„ confiance & de la vie de vos sujets, il
„ ne craint pas, Sire, d'altérer & de cor-
„ rompre leur subsistance, & de substituer
„ en secret à la nourriture salutaire que la
„ Providence a donnée à l'homme, des
„ mélanges capables d'exposer ses jours
„ & de préparer la contagion dans le
„ Royaume. C'est parce que ces faits de-
„ meurent ensevelis dans les ténebres, que
„ votre peuple est malheureux. . . .
„ . . . .

„ Il est de notre devoir de vous avertir
„ que le Royaume est menacé des plus
„ terribles dangers; que l'unique remede
„ est de simplifier l'administration, de pu-
„ nir l'abus, de faire regner les loix, de
„ reprimer la cupidité meurtriere du mo-
„ nopoleur, ou de laisser à vos Cours le
„ soin de le poursuivre „.

Une *Cour Souveraine* dénoncer *au Roi*
des *empoisonnemens* publics & annoncer
la *peste à la nation* ! Quelle délation,
quel danger, quel effroi ! O Magistrats, j'oserai vous le dire dans l'amer-

Reflexions sur ces accusations.

K

tume de mon cœur, où vous emporte le
zèle ! En falloit-il davantage pour foulever
les peuples ? La torche de la fédition ne
feroit-elle pas dans leurs mains, fi vous
n'etiez maîtres des cœurs, & fi votre vigilance n'employoit des moyens capables
de les raffurer, de les confoler, de les
contenir ? Des empoifonneurs publics !
Ils méritent le feu ; qu'ils foient démaf-
qués, pourfuivis & punis, s'il y en a ;
c'eft votre devoir, le devoir le plus facré ;
nulle confidération ne peut vous en difpenfer. Vous trahiriez votre miniftere,
vous violeriez toutes les loix, & le fang
de la nation feroit fur vous, fi vous n'e-
xerciez contre eux la vengeance publique
dans toute fa rigueur.

Comme la liberté d'ecrire n'eft point la
liberté de calomnier ; la liberté de faire le
commerce des grains, n'eft point la liberté
de corrompre la fubfiftance. La connoiffance de tout ce qui eft crime en foi ne
peut être fouftraite à la police & à la juftice. Par toutes les loix, elles font faifies
du coupable, s'il en exifte ; de l'accufateur, s'il n'en exiftoit pas ; car alors l'accufation feroit crime : elle feroit crime envers la nation qu'elle outrageroit par des

calomnies indéterminées, & qu'elle agite-
roit par le cri de l'allarme ; envers le citoyen que la malignité désigneroit à l'opinion; envers l'innocence qu'elle mettroit en
butte aux traits de la mechanceté ; envers
le gouvernement & la magistrature elle-
même, dont elle joueroit la religion, &
qu'elle inviteroit à l'injustice. S'il est des
monopoleurs infâmes ou des detracteurs
impudens , vous connoissez ou les uns ou
les autres, vous avez donc les coupables; car
votre sagesse & votre equité auroient-elles
eté entraînées par la fougue populaire que
la sombre imposture pouvoit exciter contre les meilleurs citoyens ?

Vos cruelles inquiétudes seroient-elles
fondées sur le détestable pain qu'a mangé
le pauvre habitant de votre Capitale ? Il
vous est facile de remonter à la source de
ce mal & de maintenir la police autour
de vous. En soumettant toute opération
de commerce à des Reglemens , vous sur-
veillez votre compagnie privilegiée de
marchands de bled , & sous vos yeux , elle
ne blâtrera pas , comme il arrive ailleurs ,
elle ne mélangera & ne falsifiera pas le
grain. Vous donnez trop de soin à regler & le prix & la couleur & la vente du

pain, pour negliger de connoître les manipulations de la boulangerie, & d'empêcher les altérations funestes de la nourriture des pauvres. Cependant ce mal est réel, comment n'y remédie-t-on pas? C'est une question que je ne sçaurois eclaircir, à moins que de dire qu'après avoir interdit aux grains l'approche de la ville de Rouen par une police effrayante, il a bien fallu alimenter les malheureux de toute subsistance. Mais ce n'est pas là que vous voyez un epouvantable monopole qui affame les peuples, & de grands monopoleurs qui les empoisonnent.

Non „jamais le Pere qui regne sur nous, n'eut l'intention de mettre de tels monstres sous sa sauve-garde & à couvert du glaive de la justice. Sa tendresse & sa bienfaisance ont rendu la vie au peuple, le zele indiscret eprouve sa clémence; mais à l'egard de l'ennemi domestique qui auroit fait servir la calamité générale à ses intérêts, causé par des manœuvres le renchérissement des grains dans les lieux dépourvus, & criminellement troublé la tranquillité ou exposé le salut de ses sujets; il ne sçait que punir, il veut, il ordonne de sa pleine puissance qu'on le re-

cherche, qu'on inſtruiſe ſon procès, qu'on
l'accable de la rigueur des loix. Pendant
que ſes ſoins paternels répandoient les
bleds etrangers dans les cantons où l'on a
empêché que le commerce & la circulation
ne s'etabliſſent *aſſez librement, pour y faire
refluer par leur ſeul moyen les ſecours né-*
ceſſaires, il a appris avec douleur qu'il ſe
répandoit *parmi le peuple, que pluſieurs
particuliers riches & puiſſans avoient formé
cet inique projet,* & travaillé à ſon exécution. Sa ſagacité n'a point eté trompée.
*Ces bruits lui ont paru deſtitués de vrai-
ſemblance, tant à cauſe de l'immenſité des
fonds qui ſeroient néceſſaires pour une ſpéculation ſi etendue, que par l'impoſſibilité
de la faire avec tout le ſecret qu'elle exige-
roit, & par la difficulté de vaincre l'effet de
la concurrence naturelle du commerce, qui
tend toujours à porter la denrée dans les
lieux où l'on eſt aſſuré d'en trouver le prix
le plus conſidérable.* L'objet lui en a paru ſi
vague, qu'il a cru devoir les regarder comme
des rumeurs paſſageres, dont la vile populace repaît un moment ſa brutalité. A meſure qu'ils ſe ſont accrus au point d'empêcher le retour de l'abondance & de
transformer les craintes en allarmes, le

K iij

Roi a fait faire des recherches extrajudi-
ciaires avec le moins d'eclat qu'il a eté
poſſible , mais en vain. Enfin deſirant
egalement & de *reprimer les entrepriſes* tendantes à la ruine du citoyen , & de diſſiper des opinions capables d'aggraver ſes
malheurs , il a cru *que rien n'y ſeroit plus*
propre que de charger ſpécialement ſa Cour
de Parlement de faire vérifier ces faits, per-
ſuadé que d'un côté les procédures juridiques
conduiroient plutôt que *toute autre voie à*
la découverte de la vérité , ou à convaincre
le public *de la fauſſeté de ces bruits ; & que*
d'un autre côté chargeant ladite Cour pri-
vativement à tous autres Juges , de faire
ces vérifications , ainſi que de ſuivre ou
ordonner les inſtructions , lorſque les cir-
conſtances l'exigeroient , il n'y auroit *point*
à craindre pour la liberté de la circulation
& des opérations d'un commerce légitime ,
les effets pernicieux du zele indiſcret de
quelques Officiers inférieurs , &c.

A ces cauſes enoncées dans le préambule des Lettres-Patentes données à Fontainebleau le 10 Novembre , le Roi a ordonné « qu'à la Requête & diligence *du*
» Procureur Général, il *ſeroit* inceſſam-
» ment informé par *la* Cour de Parlement

Lettres Paten-
tes données à
ce ſujet le 10
Novembre. Il
faut punir ou
les manœuvres
iniques, ou les
imputations ,
calomnieuſes.

„ des faits qui lui *seroient* dénoncés , ten-
„ dant à prouver que des particuliers ou
„ compagnies auroient, de deſſein prémé-
„ dité,cauſé le renchériſſement des grains
„ & du pain , ſoit en ſe rendant maîtres
„ par eux ou leurs emiſſaires de la totalité
„ ou de la plus grande partie des grains
„ d'une province, ſoit en pratiquant telle
„ autre manœuvre que ce ſoit , contraire
„ à la lettre ou à l'eſprit de ſes loix ; com-
„ me auſſi qu'il *ſeroit* informé par *la*dite
„ Cour , contre ceux qui mechamment &
„ pour exciter des déſordres , auroient .
„ ſemé ou accrédité les bruits de ces ma-
„ nœuvres , & répandu des propos ou des
„ ecrits capables d'emouvoir & de trou-
„ bler le repos public ; pour , ſur les
„ preuves réſultantes deſdites procédures,
„ le procès être fait & parfait , ſuivant la
„ rigueur des Ordonnances, à ceux qui ſe
„ trouveroient coupables deſdits dé-
„ lits , &c. . . . Sa Majeſté a voulu que
„ l'exécution de ces préſentes *fût & de-*
„ *meurât* ſpécialement confiée & attribuée
„ à ladite Cour de Parlement , privative-
„ ment à tous autres tribunaux & juriſ-
„ dictions , ſans qu'aucuns autres Juges
„ de police des bailliages & ſénechauſſées

„ ou des justices seigneuriales pussent s'in-
„ gérer d'informer, ni faire aucune ins-
„ truction quelconque , pour raison des-
„ dits objets ci-dessus enoncés , qu'en
„ vertu de commissions expresses de ladite
„ Cour , ni qu'ils pussent faire ou renou-
„ veller aucun reglement prohibitif , ni
„ faire arrêter & saisir aucuns grains sur
„ les chemins ou dans les marchés ou
„ greniers , le tout à peine d'en répon-
„ dre en leur propre & privé nom ; sauf
„ auxdits Juges ou *aux* Procureurs *du Roi*
„ à dénoncer à ladite Cour les faits qui
„ leur paroîtroient devoir mériter son at-
„ tention , pour y être par elle pourvu ,
„ suivant l'exigence des cas , &c. „

Est-ce donc à *l'ombre de l'autorité* que
les malfaiteurs se défendent de la poursuite des loix ? Le Gouvernement entend
que leur procès soit instruit & leur délit
puni. On l'a demandé , le Roi l'ordonne ,
d'où naît l'impunité , s'il y a crime ?

Objections
contre ces let-
tres-patentes. On a prétendu que ces Lettres-Patentes
confirmoient l'opinion répandue sur l'exis-
tence du monopole; & l'on a dit qu'elles
renfermoient en même tems des dispositions contradictoires, l'une qui suppose le
délit & ordonne sa poursuite , l'autre qui

le confidere fans réalité en enjoignant la punition des calomniateurs.

1°. La *Lation* d'une loi *fuppofe* fimplement la *poffibilité du délit* & non fon *exiftence*. Sous le régime prohibitif, on renouvella fouvent les loix contre le monopole, & rarement trouva-t-on des monopoleurs.

Réponfe.

2°. Il eft evident que le Gouvernement eft dans l'opinion qu'il n'y a point de vrai monopole ; mais puifqu'il reconnoît dans ces Lettres-Patentes que la concurrence néceffaire pour le prévenir n'eft point en vigueur, il reconnoît manifeftement qu'il peut y avoir des pratiques pernicieufes dans les lieux où elle eft detruite.

3°. Il n'ordonne pas de punir tout à la fois le délit & la calomnie, puifque l'un & l'autre ne fçauroient exifter enfemble ; mais il ordonne de punir le délit, s'il exifte ; & la calomnie, s'il n'exifte pas : la juftice & la fageffe concilient egalement cette alternative. Toute loi doit frapper l'accufé ou l'accufateur, fuivant que l'un ou l'autre eft coupable.

4°. La Chambre des Vacations du Parlement de Rouen avoit repréfenté au Roi, que fes ordres avoient fufpendu des pourfuites

contre le monopole, d'où l'on concluoit que
ses manœuvres etoient réelles , protégées &
autorisées ; (1) le Roi dit , à ce sujet , aux
Magistrats : *j'ai fait faire des recherches ,
& il ne s'est point trouvé de coupables ,*

(1) M. Bertin a répondu par ordre du Roi sur ce
point : « Sa Majesté a confié à ses Cours l'exercice de
,, cette partie redoutable de son autorité , qui punit
,, les crimes & contient les coupables. Bien loin de
,, s'opposer à l'exercice de cette justice , elle le re-
,, garde comme le devoir le plus essentiel de ses
,, Cours, & la marque la plus certaine qu'elles puis-
,, sent lui donner de leur zele & de leur attachement.
,, Si dans quelques affaires dont vous avez ordonné
,, l'instruction , Sa Majesté a desiré qu'on lui rendît
,, compte des résultats des informations , c'est qu'elle
,, a cru devoir être instruite de tout ce qui se passe
,, dans son Royaume , & que par les dispositions de
,, votre Arrêt du 15 Avril dernier, Sa Majesté a
,, dû craindre que vous ne vous eloignassiez des dis-
,, positions des loix qu'elle a rendues pour etablir la
,, liberté du commerce des grains. Aucun des parti-
,, culiers contre lesquels cette information etoit or-
,, donnée n'a eté protégé particulierement par Sa
,, Majesté; c'est une justice qu'elle doit egalement à
,, tous ses sujets que d'empêcher qu'ils ne soient
,, poursuivis criminellement, & fletris dans les cas
,, où ces loix n'ont point prononcé de peines. Sa
,, Majesté n'a pas cru devoir arrêter les instructions
,, qui pouvoient constater les preuves , mais seule-
,, ment les jugemens, jusqu'à ce qu'elle se fût fait
,, rendre compte des délits imputés à ses sujets ».

mais vous penſez qu'il y en a & il peut y en avoir ; loin de les garantir de vos pourſuites, je vous ordonne d'informer contr'eux & de les punir ; & s'il n'y en a point, je vous ordonne d'informer contre les mechans qui ſement ces faux bruits pour allarmer & ſoulever les peuples. Telle eſt la ſubſtance de la loi que l'on trouve contradictoire avec elle-même & avec les intentions du légiſlateur.

D'autres motifs ont engagé une autre Cour à ſupplier Sa Majeſté de la retirer. On a craint que les moyens retracés dans les Lettres-Patentes pour arrêter le mal, ne fuſſent *inſuffiſans, illuſoires,* favorables aux prévarications, *contraires aux vues* de Sa Majeſté ? En quoi ? En ce que M. le Procureur Général, *dépourvu des connoiſſances locales* ſur l'etat du commerce, du beſoin & des reſſources, *eloigné d'ailleurs de 30, de 50, de 80 lieues,* de tel marché expoſé à la voracité du monopole, ne ſçauroit ni acquérir aſſez de lumieres ni *apporter aſſez d'activité,* pour conſtater les abus, *empêcher le dépériſſement des preuves,* s'aſſurer des coupables, & remplir ſon objet ? Mais faudra-t-il que les grains ſoient livrés à la diſcrétion des

officiers de police, qui de leur propre autorité en arrêtent la circulation, les enlevent des greniers, fuivant leurs caprices,
& reglent les achats & les ventes à leur
volonté ; qui excedent evidemment leurs
pouvoirs, bleffent tous les droits du citoyen, plient les loix à leur opinion, &
voyent par-tout des *accaparemens*, des
manœuvres, des monopoles, des délits
puniffables, ainfi qu'en font foi leurs réquifitoires, leurs ordonnances, leurs
lettres particulieres, leurs démarches, &
les témoignages de leurs fupérieurs ; faits
dont j'ai les preuves fous les yeux. Ce
danger manifefte peut-il être balancé par
l'inconvénient de la lenteur des procédures ? Eft-ce d'ailleurs que les *diftances*
peuvent dérober les pratiques pernicieufes, leurs auteurs, les grains mêmes
entaffés en monopole, à la connoiffance
& aux pourfuites de la juftice, quand il
eft expreffément permis à tous les officiers
de police de faire des dénonciations, & au
Parlement de leur délivrer des commif-
fions pour informer.

Arrêts du Parlement de Paris contre les mauvaifes pratiques dans le commerce des grains.

Le Parlement de Paris, par un Arrêt
du 20 Janvier dernier, a reçu le Procureur Général du Roi, plaignant des *faits*

de manœuvres pratiquées depuis quelque tems dans le commerce des grains, *tendantes à en faire renchérir les prix;* & il a ordonné que le *procès feroit inftruit contre ceux qui s'en trouveroient coupables, par les Juges ordinaires des lieux ou par des Commiffaires* de la Cour. Par un Arrêt du 31 du même mois, il a eté enjoint aux fieges du reffort de continuer de *prendre avec autant de vigilance que de fermeté les précautions néceffaires pour connoître, découvrir, conftater & reprimer les manœuvres odieufes qui tendent à procurer ou à maintenir la cherté des grains & du pain contre l'intention perfonnelle du Roi.*

Il n'eft pas permis de douter que cette fage Compagnie ne furveille & ne dirige les opérations des juges inférieurs dans une matiere auffi délicate, & c'eft ce qui doit calmer les craintes légitimes qu'infpireroit la conduite paffée de ces officiers. Il eft prouvé que leurs foins & leurs Ordonnances ont favorifé les pratiques de la cupidité contre laquelle on veut févir, en ecartant la concurrence qui les auroit infailliblement prévenues. Il eft evident que leurs préjugés ne leur permettroient pas de diftinguer l'innocent & le coupable ; car ils trouveroient criminel tout ce qui ne feroit pas dans les regles de leur police particuliere. Les petites manœuvres qu'ils ont pu occafionner, n'auront produit que de petits accaparemens, que l'on ne craindroit pas avec la liberté générale ; & s'il eft poffible de les découvrir, comme ces Arrêts le certifient, combien ne feroit-il pas plus aifé de découvrir les grands monopoles que l'on s'efforce de voir ?

Cependant on dit , pour ne pas acquiefcer aux difpofitions des Lettres-Patentes, que le *monopole s'enveloppe dans les ombres du myftere*; il en eft ainfi de tous les délits: on a dit qu'il s'opere dans les places de commerce, dans les domiciles des fermiers, dans les *magafins, lieux multipliés & epars fur toute la furface du reffort*; il a donc des rapports fort etendus, des entreprifes compliquées, beaucoup de confidens, un vafte corps de délit, il en eft donc plus facile à découvrir : on a dit qu'*il fe pratique par des gens obfcurs, qui par des relations fecrettes avec d'autres perfonnes, forment une chaîne qu'on ne peut debrouiller qu'en faififfant & fuivant le premier fil* ; la plûpart des crimes font commis par des gens obfcurs, d'autant plus difficiles à connoître, qu'ils n'ont point ou prefque point de *relations*, & qu'ils ne tiennent à aucun fil qui conduife jufqu'à eux ; mais fi ces monopoleurs forment entr'eux une chaîne, fi leurs opérations forment une chaîne d'enlevemens & de magafins, il y a beaucoup d'anneaux à faifir, un feul fuffit pour avoir les délits & les délinquans en tout ou en partie. On dit enfin que le monopole *fe confomme en un inftant*, & que le coupable abandonne au moins pour un long-tems les lieux où il a opéré : le vol & l'affaffinat *fe confomment en un inftant*, & le voleur & l'affaffin fuyent, ils enfeveliffent même quelquefois le corps de délit ; mais le monopoleur peut-il en un inftant faire beaucoup de marchés, de tranfports & d'emmagafinemens ; & s'il fuit fübitement, il n'emportera pas du moins fes grains avec lui, à l'infçu des Magiftrats & du Peuple.

La Chambre des Vacations de Rouen a dit : « dans le cours ordinaire du commer
„ ce, les entrepreneurs ne peuvent être fe
„ crets, leurs rapports néceffaires les font
„ connoître, & leur marche eft fim-

„ ple : ici on a reconnu l'impreſſion du „ pouvoir & les pas de l'autorité ". Elle a offert de dévoiler *les artifices du monopoleur , pour ſe ſouſtraire à la vigilance publique , & tout ce que ſa cupidité effrénée lui fait pratiquer, pour ſe ménager une abondance quelconque.* Elle a offert d'expoſer au Roi tous ces faits par des *informations juridiques.* Ce témoignage eſt clair & précis.

Obſervation ſur la nature du monopole. Enfin ſi le monopole eſt ſi ſubtil , ſi adroit , ſi actif , ſi enveloppé , ſi impénetrable , à quoi bon des Reglemens ? Je ne crois pas que la police ſoit plus habile pour prévenir le mal , que la juſtice pour découvrir le malfaiteur. Ce qui eſt conſtant , c'eſt que ſous le régime prohibitif , on n'a jamais ceſſé de crier au *monopole* , & de lui attribuer la calamité ; c'eſt que ſous ce régime & avec les inquiſitions les plus exactes & les plus rigoureuſes , on n'a jamais trouvé de monopole illégal (1) ; car l'on n'appellera peut-être pas de ce nom des réſerves de quelques muids de bled , cachés vraiſemblablement ſans mauvais

(1) La preuve en eſt dans le Traité de la Police , T. 2, Tit. 14, & au ſupplément.

deſſein

deſſein , & par crainte ou par prévoyance , puiſque de pareils amas ne ſçauroient pro- duire ni la diſette ni la cherté. Ainſi ou le monopole eſt une chimere , & alors il ne convient pas que les loix l'attaquent ; ou il prévaut néceſſairement ſur l'autorité , & alors les loix n'ont rien à lui oppoſer, ſi ce n'eſt la concurrence.

Dans des Remontrances du 25 Janvier dernier, des Magiſtrats aſſurent, 1°. qu'ils ont en main *la preuve que le Portugal ne ceſſe de tirer des grains du ſein même de leur province, & que pour faciliter l'ex- portation on convertit les grains en farines.* Il paroîtra bien etrange que les Portugais s'approviſionnent de bleds en Normandie où ils ſont chers, lorſqu'ils pourroient en acheter à beaucoup meilleur marché des Marſeillois & des Bordelois, leurs voi- ſins : il eſt à préſumer qu'ils ne tarderont pas d'ouvrir les yeux ſur leurs intérêts, & qu'ils iront à l'epargne. D'ailleurs qu'eſt- ce que ce fait auroit de commun avec le monopole ?

2°. *Qu'on mande d'une province voi- ſine, invitée à ſecourir* la Normandie, *qu'il y a impoſſibilité de le faire à bas prix, parce qu'il y a déjà magaſins, entrepriſes,*

L

féqueſtremens. On mande auſſi , comme nous le prouverons plus bas , d'une province voiſine , que les marchands refuſent de porter des grains en Normandie, parce que les reglemens de police , accumulés dans cette province , les effrayent & les repouſſent. Il reſte d'ailleurs à ſçavoir ſi les *magaſins* , les *entrepriſes* , les *féqueſtremens* dont on parle , n'ont pas pour objet l'approviſionnement de quelque canton du Royaume , plus libre & plus dépourvu que la Normandie ; ſi dans la province où ils ont lieu ; on s'en plaint comme d'un monopole , & enfin ſi c'eſt là un monopole réel.

3°. Que la *chambre du commerce attendrie ſur la miſere publique*, ayant *fait un fonds conſidérable* pour fournir *par des achats à la ſubſiſtance du peuple*, elle *n'a pas la permiſſion de faire ſes proviſions dans le Royaume.* La loi de la liberté a donné cette permiſſion à tous les citoyens quelconques ; ſi quelqu'un en eſt fruſtré, ce n'eſt evidemment ni par la loi qui accorde la liberté , ni par la liberté qu'accorde la loi. La chambre du commerce n'etoit vraiſemblablement pas dans le cas de la demander de nouveau ; comment lui a-t-elle eté refufée? Si on l'avoit, par exemple, fimplement invitée à faire fes achats hors du Royaume plutôt que dans l'intérieur, ce pourroit n'être là qu'un acte de prudence. Dans tous les cas, il paroît que ce ne peut être une manœuvre de monopole, car c'eft exciter la concurrence des bleds etrangers contre les bleds nationaux. Enfin tous ces faits dépouillés de leurs circonftances ne prêtent qu'à des conjectures, fur lefquelles il n'eft pas poffible de former d'autre jugement, finon que fi le monopole exifte, c'eft parce que la liberté n'exifte pas. Auffi reconnoît-on dans ce même ecrit, que c'eft *où ne regne pas la liberté*, que *regne* le monopole, ce *fléau deftructeur* : donc il faut que la liberté regne, pour que le monopole ne regne pas.

Sans doute que les *Economiftes* ont dit que *de toutes parts, le pouvoir avoit multiplié les entraves* ; & je l'ai démontré. Mais ce *pouvoir*, c'eft celui des officiers de police ; ces entraves, ce font les reglemens. Sans doute qu'ils ont dit que depuis *l'origine de la liberté, des obftacles* ont eté *mis à fon exercice*, mais par les ennemis ou les adverfaires de la liberté, & non par un effet de la liberté elle-même ; je l'ai encore démontré. Les Economiftes en *font convenus*, & fans être *preſſés par le cri public*; car ces faits font l'appui & la démonftration de leurs principes. Mais ils n'ont jamais dit que le défaut ou le non-exercice *trop fâ-cheux* de liberté ait eté un *abus & un excès trop fâcheux de la liberté*; ou en d'autres termes, qu'en retenant le commerce en deçà de la loi, il foit allé fort au-delà, & que par l'*entravement* & la fuppreſſion de la liberté, la liberté indéfinie ait produit des effets défolans, par *abus d'une utile loi*. Ils ont dit & ils ont prouvé que tout Reglement favorifoit le monopole, & que la deftruction de la liberté ou de la con-currence etoit néceſſairement fuivie du monopole ou des effets du monopole; je veux dire, de l'eloignement ou du reſſer-rement des grains, fources de cherté & difette. Ils difent, par exemple, que la Ville de Rouen eft la proie du monopole, en vertu du privilége excluſif & des regle-mens, & ils le prouvent. Mais ils n'ont pas reconnu ces grands monopoles dont on parle tant, & le public paroît furpris de ce que des Juges qui ont le droit & le pou-voir d'*informer contre ces délits*, n'ont pas juridiquement conftaté le plus petit mono-

pole, depuis qu'on s'en plaint si amérement & qu'on en offre les preuves.

Avançons & suppofons que le monopole a exifté , & que c'eft une conjuration
tramée & fuivie par une compagnie
d'hommes puiffans en argent & en crédit
contre le falut des peuples; eft-ce le fruit
de la liberté ? En premier lieu, la liberté
n'exifte point, ainfi que nous l'avons démontré, dans les lieux où l'on croit ap-
percevoir ces monopoles ; en fecond lieu ,
il feroit evidemment très-poffible, comme
nous l'avons déjà obfervé, que dans l'etat
de prohibition , ces hommes riches &
accrédités obtinffent du gouvernement ,
fur-tout dans des tems de cherté, des
permiffions particulieres, au moyen def-
quelles ils fe rendroient les arbitres fou-
verains des prix de la denrée , de la vie
des citoyens; avec d'autant plus de facilité , que munis d'un privilege , ils redouteroient peu les loix & ne redouteroient
point la concurrence toujours ou nulle ou
foible , quand le commerce n'eft pas libre;c'eft là l'hiftoire des tems paffés. «Nous
» avons vu, difoit au Roi le Parlement de
Touloufe, dans fa lettre du 11 Août 1764,
en fe félicitant de la liberté de l'exporta-

L iij

tion ; " nous avons vu des permiffions
,, furtives & clandeftines d'exporter les
,, bleds, achetées du crédit ou de la corrup-
,, tion, caufer les monopoles les plus crians
,, & les plus odieux. Nous avons vu de
,, fimples particuliers, qu'on avoit chargés
,, en votre nom d'approvifionner une pro-
,, vince voifine, abufer hardiment de vo-
,, tre autorité , pour fouiller dans les re-
,, giftres fecrets des marchands , les
,, forcer à leur céder les bleds fur le
,, pied de l'achat, fe rendre ainfi les maî-
,, tres par la crainte & la terreur des ven-
,, tes & des prix ; & au lieu de tranfpor-
,, ter ces bleds à la deftination qui leur
,, fervoit de prétexte, ils les revendoient
,, prefque fous nos murs, trois fois plus
., cher qu'ils ne les avoient achetés ,,.
Que l'on examine fi ces monopoleurs
vrais monopoleurs par le fait de la loi &
par la grace du privilege , enrichis par
l'envahiffement du commerce & l'affer-
viffement de la nation, fe font réjouis de la
liberté s'ils fe font joints aux partifans de la
concurrence indéfinie, ou s'ils exaltent le
régime contraire & s'ils manœuvrent pour
le ramener.

fi des hommes
puiffans ont   En fuppofant l'abus poffible dans tous

les cas de l'opulence & de l'autorité, il est evident que si des compagnies ou des particuliers ont pu *anéantir* la liberté lorsqu'elle a eté plus etendue, il leur sera bien plus aisé de *l'anéantir* lorsqu'elle sera plus restreinte. S'ils ont anéanti la liberté, elle etoit donc contraire à leurs projets de monopole ; leurs projets de monopole n'ont donc eté exécutés que parce que la liberté a eté anéantie ; la liberté vigoureusement maintenue auroit donc dissipé leurs projets ; ils seront donc renversés par le retour de la liberté pleine, ferme & constante. Si des hommes mal intentionnés ont réellement eu le dessein de *monopoler* & s'ils l'ont rempli, ils n'ont pu y parvenir qu'à la faveur & en vertu des prohibitions & des reglemens, jettés de toutes parts à travers le commerce ; car c'est la loi elle - même qui a fermé les ports par ses modifications ; c'est elle qui a bouché toutes les avenues de la capitale & des provinces voisines ; ce sont les ordonnances, les arrêts qui ont suspendu la circulation & etouffé la concurrence. Mais ces prétendus monopoles auroient-ils jamais mûri & fructifié dans un etat de liberté pleine

anéanti une liberté etendue, il leur sera donc plus facile d'anéantir une liberté bornée ; il est donc nécessaire pour le monopole que la liberté n'existe pas ; la liberté detruira donc le monopole.

Elle a eté anéantie par les prohibitions.

L iv

& parfaite où le gouvernement , toutes les jurisdictions & les peuples auroient conftamment tenu , par la réunion de leurs vœux , de leurs foins & de leurs forces , les ports ouverts , les rivieres praticables , les chemins applanis , les marchés acceffibles , la denrée en mouvement , le marchand en haleine, le commerce en vigueur; en un mot , fi l'on avoit laiffé combattre le monopole par la concurrence des bleds tant etrangers que nationaux ? Donnons-lui libéralement deux , trois , quatre millions de feptiers de grains ; comment auroit-il prévalu contre dix millions de feptiers de grains etrangers annuellement circulans dans nos mers & prêts à entrer dans nos rivieres , & contre quarante ou cinquante millions de feptiers de nos propres grains , circulans dans le Royaume & refluans fur lui-même ? En 1740 , on fema le bruit d'une difette générale ; le grain difparut : le gouvernement fit venir du dehors cinq à fix mille feptiers de bleds qu'on ne pût vendre parce qu'ils germerent ; mais les greniers s'ouvrirent à leur arrivée , & le monopole difparut. Je cite un fait entre mille.

Non; jamais les efforts du monopole n e

prévaudront contre la concurrence, ils tomberont devant elle, ou le monopoleur fera etouffé dans fes magafins. La concurrence engendrer le monopole, le monopole anéantir la concurrence dans l'etat de liberté abfolue & affermie! j'aimerois autant dire que les nuées produifent la fechereffe, & que la fechereffe diffipera les nuées. Quoi! parce que chacun pourra commercer avec profit une denrée qu'on trouve fous fa main, eparfe fur toute la furface du Royaume, il n'y aura qu'un petit nombre de marchands de cette denrée! Qu'on cite un feul exemple de pareil fait dans quelque genre de commerce auffi fimple & auffi etendu que ce puiffe être. Pour exciter la plus vive concurrence dans l'etat de liberté indéfinie, je ne voudrois moi que l'apparence d'une entreprife de monopole, s'il y avoit des hommes affez infenfés pour y fonger; car il ne faut que cherté & liberté pour attirer les fpéculations & la denrée plus ou moins voifine. Que les riches s'uniffent tous enfemble, fi la chofe eft poffible, pour s'emparer, s'ils le peuvent, d'une groffe partie de la denrée & mettre le prix dans les marchés: cette belle compagnie epui-

liberté parfaite, le monopole foit local, foit général, eft une chimere. Démonftration de cette vérité.

fera un canton, je le veux ; mais elle n'aura rien fait, car le grain libre des environs s'y précipitera & la concurrence fixera les prix. Elle dégarnira une Province, je le veux ; je veux qu'elle ait eu 30 ou 40 millions d'argent comptant à employer à cette opération ; je veux qu'à force d'offres avantageuses, elle ait obtenu les bleds des gros fermiers & des propriétaires magasiniers, qui attendent toujours, pour vendre, la diminution de l'abondance & le renchérissement du grain ; elle n'aura rien fait que s'exposer à ne pouvoir soutenir la concurrence des grains beaucoup moins chers des autres Provinces & des autres pays ; trop heureuse si elle recouvre ses deniers. Emmagasineroit-elle la récolte générale du Royaume, seul vrai monopole, car jusques-là il y a concurrence ? Je le veux ; je veux que dans ses stupides projets elle ait trouvé plus facile d'affamer la nation que de la subjuguer ; je veux qu'elle ait eu l'art de s'emparer de presque tout le numéraire de l'Etat ; je veux qu'elle ait à bon marché des greniers sans nombre & des légions de Commis répandus dans toutes les Provinces ; je veux que le Ciel lui ait garanti la fidélité de ſes agens & la conſervation de ſes grains ; je veux qu'elle ait eu l'adreſſe de gagner ou d'intimider l'etranger pour l'empêcher de venir troubler ſes combinaiſons ; je veux enfin qu'elle n'ait rien à redouter de l'effrayante fermentation que cauſeroit le ſeul ſoupçon d'un pareil projet ; elle n'auroit rien fait que jouer ſon immenſe fortune contre la modique fortune du peuple ; car ou elle ne vendroit pas, ou elle ne vendroit qu'autant que le peuple pourroit la payer : dans tous les cas ſa ruine ſeroit la cataſtrophe de ſon entrepriſe. Mais c'eſt trop s'appeſantir ſur un tiſſu d'abſurdités & d'impoſſibilités palpables. Ces obſervations ſe réduiſent à deux chefs. 1o. Dans l'etat de liberté, le monopole local ou partiel n'en eſt pas un. 2°. Le monopole général n'eſt qu'un phantôme de la peur. L'un eſt diſſipé par la reflexion, l'autre le ſera par la concurrence. Il n'y a point de genre de commerce, quelque vil qu'il puiſſe paroître, où le monopole ne procurât un immenſe bénéfice ; il n'y a point de genre de commerce où l'opulence ait ſeulement oſé tenter le monopole, à moins qu'elle n'ait eté ſervie par l'autorité. Cependant il exiſte un génie monopoleur, mais la liberté l'interdit ; il ſollicite des privileges excluſifs , & voilà le monopole.

Vous avez remarqué que l'on ne ceſſoit d'objecter contre la liberté des faits arrivés ſous le regne des prohibitions. On a rappellé mille pratiques & mille abus par leſquels le commerce avoit autrefois eté la proie du monopole , & le pauvre , la victime du riche ; on a rappellé les intelligences ſecretes des marchands pour hauſſer les prix hors de meſure ſous le plus léger prétexte ; on a rappellé les diſettes factices, clandeſtinement ménagées par une cupidité uſuraire, & leurs ſuites. Qu'eſt-ce que cela prouve ? Que ces maux pulluloient au milieu des Reglemens & que la police alimentaire ne put jamais en extirper la racine. Mais auroit-on voulu dire que ſi la licence exiſta ſans la liberté & malgré les loix , la liberté abſolue ſera une licence ſans bornes dans le ſilence des loix ? On pourroit dire egalement que ſi les récoltes etoient foibles, lorſque le gouvernement auroit reglé le tems & la maniere de labourer , de ſemer & de moiſſonner ; elles

manqueroient entierement, lorfqu'on aura
laiffé tous ces travaux à la prudence ou à
la volonté du laboureur. Où il ne faut
point de loix, les loix font malfaifantes.
Il eft evident que ces pratiques & leurs
effets n'eurent lieu qu'à raifon du défaut
de concurrence caufé par les prohibitions ; il eft donc évident que la concurrence qui fera rétablie par la liberté, les
préviendra ou les diffipera.

V.

Des permiffions particulieres & de la liberté
générale & perpétuelle d'exporter les
grains hors du Royaume.

On objecte de même contre la liberté
perpétuelle de l'exportation, les chertés
& les difettes locales ou générales qui
fuivirent autrefois les exportations inter-
cadentes, autorifées à termes fixes ou in-
déterminés. Ce qu'il faut d'abord conclure de ces faits, c'eft que l'expérience
a conftamment prouvé qu'il etoit très-dan-
gereux de confier le commerce extérieur

des grains à un régime mobile & alter-
natif de permissions & de défenses. Ainsi
lorsqu'on demande l'interdiction actuelle
de toute traite foraine, une liberté suf-
pensible & passagere, en un mot des restrictions quelconques, on rappelle, sans
y prendre garde, l'administration à une
methode désastreuse, à laquelle on oppose soi-même des objections sans nombre,
en attaquant la liberté indéfinie & irrévocable qui n'existoit point alors.

Les abus de l'exportation sous ce régime, provenoient de ce qu'elle etoit momentanée.

Qui ne voit, comme je l'ai déjà remarqué, que sous l'ancien régime, les prohibitions des traites extérieures n'etant
levées que quand les tristes effets de la
surabondance indiquoient la nécessité d'ouvrir les barrieres, après que le Conseil
avoit lentement recueilli les mémoires de
ses agens sur la situation des provinces, &
mûrement déliberé sur les besoins & les
vœux de la nation, lorsque les laboureurs
pressés par la culture, le fermage & l'impôt, avoient eté forcés de vendre précipitamment à un prix insuffisant pour tant
de charges, le mal etoit consommé avant
qu'on y appliquât le remede, le laboureur
s'etoit trop dégarni pour retirer beaucoup
de profit de l'exportation, il ne pouvoit

rappeller le tems d'enfemencer & de travailler fa terre, il ne pouvoit recueillir que
les fruits d'une pauvre exploitation ? Qui
ne voit qu'alors la denrée etant à vil prix
& les ports n'etant qu'entr'ouverts ,
on multiplioit les achats à l'infini , parce
qu'on etoit affuré d'un bon débit au dehors, & l'on fe hâtoit à l'envi de porter les
grains chez l'etranger , foit pour les vendre auffi-tôt , foit pour les emmagafiner ,
dans la crainte que le débouché ne fe fermât , avant que l'on eût atteint le but que
l'on fe propofoit ? De-là les epuifemens
fubits , les chertés , les difettes , (même
indépendamment des accidens naturels,) fi
fouvent & fi lamentablement atteftées
dans les Ordonnances prohibitives.

Mais lorfque la liberté de l'exportation
fera irrévocable & indéfinie, il n'y aura
jamais furabondance onéreufe , parce que
les grains ne cefferont de s'ecouler , jufqu'à ce qu'ils ayent trouvé leur niveau ; il
n'y aura jamais vil prix , puifqu'il n'y aura
jamais furabondance onéreufe; il n'y aura
jamais ni degradation de culture ni enlevemens immodérés , puifqu'il n'y aura
jamais vil prix ; il n'y aura jamais ni cherté ni difettte à la fuite & par abus de l'ex-

portation , puilqu'il n'y aura ni enlevemens immodérés ni degradation de culture. Donc la liberté perpétuelle des traites
extérieures remédie aux terribles inconvéniens des permillions pallageres ; donc les
trilles effets de la liberté flottante & cadu-
que démontrent la nécellité d'une liberté
conltante & illimitée ; donc l'expérience
que nos adverlaires nous opposent , detruit leur propre lyllême & confirme nos
principes. Suivons le fil de l'hiltoire que
l'on nous présente.

Hiltoire de l'exportation lous François I.

» La liberté de l'exportation permile
» en 1534 par François I , dit une illultre
» Compagnie , fut révoquée en 1539 par
» ce même Roi , à caule des inconvéniens
» qui en résultoient , & après plulieurs
» tentatives inutiles pour la conler-
» ver » (1).

(1) On trouve, avant ce tems-là , quelques Ordonnances concernant l'exportation des grains. En
1515 , défenle d'en tirer de l'Ille de France , de la
Brie , de la Beauce , du Valois & de la Picarde ,
excepté pour la Province de Normandie (cette Ordonnance arrêtoit la circulation intérieure ; c'elt la
premiere prohibition connue de province à province). En 1488 , droit de traite lur la lortie des grains.
En 1455 , défenle. En 1416 , abolition de droits
lur les bleds exportés de Languedoc. En 1410 , dé-

Quand

Quand François I auroit révoqué la liberté de l'exportation, même après l'a-

fenfe d'exporter, fous de très-groffes peines. En 1401, défenfe, excepté pour le Languedoc. En 1380, permiffion pour le Languedoc. En 1358, droits fur la fortie. En 1356, permiffion pour une Ville de Languedoc. En 1350, permiffion pour la Ville d'Ayguemorte. Même année, premiere trace d'un droit de traite. En 1324, permiffion. En 1304, 1303, 1302, défenfe d'empêcher l'exportation. En 1256 & 1254, même défenfe. En 810 & 820, défenfe d'exporter.

Il eft à remarquer que depuis le commencement de la troifieme race jufqu'à la fin du regne de Louis le Gros, la plupart des Provinces du Royaume furent foumifes à de grands Vaffaux de la Couronne, très-peu foumis aux ordres de nos Rois. Elles formoient en quelque forte autant d'Etats féparés, & fouvent ennemis les uns des autres. La jaloufie, la haine, la rébellion, & la guerre, interceptoient fréquemment tout commerce & toute communication intérieure. Pendant plufieurs fiecles, les Baillis & les Sénechaux eurent le pouvoir de défendre & de permettre, dans leurs refforts refpectifs, la fortie des denrées & des marchandifes ; ainfi point d'uniformité & défordre eternel dans cette partie de l'adminiftration. Surcroît de maux, lorfque les gouverneurs envoyés par Charles V, & fixés dans leurs gouvernemens par Louis XII, contefterent ce droit aux Sénechaux & aux Baillis. Charles IX termina ce différend en 1571, en declarant que ce droit etoit *Royal, Domanial, incommunicable.* Qui ne voit les erreurs, les fautes, les ecarts, les abus, naître fans ceffe d'une pareille forme de gouvernement ?

M

voir accordée à perpétuité, même avec le contrepoids très-néceffaire de la liberté de l'importation entiérement oubliée dans les anciennes Ordonnances , on ne fe perfuaderoit pas qu'un confeil qui fut féduit par les preftiges de la finance, diffipés de nos jours, ne fe fût point fait illufion fur la véritable caufe des difettes furvenues après un pareil acte , puifque l'on voit que des corps très-eclairés s'y trompent encore aujourd'hui. Quoi qu'il en foit, François I, dans fes Lettres-Patentes du 20 Fevrier 1534, adreffées au *Gouverneur de Paris*, pour être publiées dans fon reffort, n'accorda qu'une liberté momentanée d'exportation , fur les feuls motifs *de la copiofité des grains de la cueillette derniere*, & de *l'apparence de la bonne difpofition du tems* pour la prochaine récolte. C'etoit la permiffion de vendre à l'etranger l'excédent de deux récoltes, dans un tems où le grain etoit en non valeur. Le Piémont ayant eté conquis fur ces entrefaites , il fallut obtenir une permiffion nouvelle pour y porter du grain. En 1538, toutes les traites, tant générales que particulieres , furent défendues par des Lettres-Patentes du 20 Novembre.

Enfin le Reglement du 8 Mars 1539 n'eût
pour objet que d'empêcher les tranfports
que l'on faifoit *fans la permiffion du Roi*
ou par abus de la *permiffion générale* donnée *pour le pays de Piémont.* Ainfi la permiffion générale d'exporter des grains accordée en 1534, ne s'etendit pas au-delà
de l'année ; ainfi les prohibitions reprirent
auffi-tôt leur cours ; ainfi le Reglement de
1539 ne fut qu'une nouvelle tentative
pour l'arrêter & non pour la conferver ;
ainfi c'eft là l'hiftoire du régime prohibitif & non de la liberté perpétuelle & irrévocable de l'exportation.

» Si Henri II la permit, ajoute-t-on ,
» en 1558, François II effaya vainement
» de la contenir dans des bornes modérées
» par des lettres publiées en 1559; on fut
» obligé de la révoquer totalement en
» 1565 ».

En 1557, Henri II avoit défendu, par
des Lettres du 14 Fevrier, d'enlever des
grains du Royaume, en donnant pleine
& entiere liberté à toute forte de perfonnes d'acheter toute autre efpece de denrées & de les conduire dans tous pays amis
ou ennemis, & en reconnoiffant que le
principal moyen de faire les peuples & fu-

jets des Royaumes, Pays & Provinces,
aiſés, riches, & opulens, c'etoit *la liberté*
de commerce & trafic qu'ils faiſoient avec
leurs voiſins & les etrangers. L'année d'a-
près, la récolte fut ſi abondante, & il reſ-
toit encore tant de grains de la précédente récolte, principalement dans l'Iſle
de France, le Vexin, le Valois, la Picardie, la Brie, la Beauce, &c. qu'il jugea à
propos d'en permettre une traite générale *pour le tems & terme de ſix mois en-*
ſuivans & conſécutifs, en exceptant de la
permiſſion les Gouvernemens Provin-
ciaux, c'eſt-à-dire, la plûpart des lieux par
où l'exportation pouvoit être faite. Ce
terme etoit expiré depuis le mois de Mars
1559, lorſque François II fit *à ſçavoir*,
par un *Mandement* du mois de Décembre,
que toutes *traites de bled*... ci-devant oc-
troyées ... *etoient entiérement révoquées,*
caſſées & annullées, avec toutes autres
Lettres obtenues & impetrées pour valider
leſdites traites ... *& qu'il etoit défendu* ...
de tranſporter hors du Royaume... *aucuns*
grains ... *ſans avoir lettres expreſſes de*
congé & permiſſion des Commiſſaires ...
députés ſur le fait des traites au Bureau ...
etabli en la ville de Paris ; mais en atten-

dant qu'il fût *informé de l'abondance ou indigence des provinces*, il fut *publié une traite de* 50 *mille tonneaux de bled.*

Ainsi Henri II, après avoir prohibé l'exportation, quoique ce fût *le principal moyen de rendre les peuples riches*, la permit aussi-tôt après, pour six mois seulement, & par quelques petits canaux. La liberté n'existoit plus, lorsque François II etablit son Bureau de *permissions particulieres* sur la prohibition générale. Or cette prohibition générale n'etoit point la liberté, & les permissions particulieres n'etoient que des priviléges, & les efforts de ce jeune Prince tendoient à donner une forme reglée au régime prohibitif, & ils furent *vains*, car au bout de l'année, il n'y eut point de Bureau ; & ils devoient aboutir là, car il etoit physiquement impossible que ce Bureau fît la balance de la production & de la consommation pour fixer le taux des traites extérieures, c'est-à-dire, qu'il devinât au juste, ce que tous les particuliers pouvoient avoir de grains, ce que le laboureur voudroit en femer, ce que toutes les bouches du Royaume en mangeroient, ce que le riche & le pauvre devoient en acheter, ce qui ſeroit dévoré par les inſectes, ce qui ſeroit perdu par negligence ou par des accidens naturels; en un mot, tout ce qu'il ſeroit inutile de garder, afin de fixer tous les ans les exportations à la meſure du *ſuperflu*. Les prohibitions ſub-siſterent, mais le privilege eut le champ libre juſqu'en 1569, que Charles IX le *cloua & ferma* le 8 Juin, à cauſe que les bleds de la récolte prochaine ne pouvoient être d'une bonne qualité, attendu les *grands froids, neiges, bruines & gelées*, & que les grains vieux etoient déjà ſi renchéris par les tranſports *ès pays etrangers*, que *la plûpart du Royaume* auroient eté pour tomber en *néceſſité*.

Ce n'eſt donc là qu'une alternative de permiſſions & de prohibitions, & c'eſt cette alternative que nous trouvons déſaſtreuſe, & c'eſt la liberté perpétuelle & illimitée de l'exportation & de l'importation qu'il nous paroît néceſſaire de reclamer & d'etablir.

,, Ce remede apporté trop tard, vu
,, l'epuiſement où l'exportation avoit ré-
,, duit le Royaume, ne pût prévenir la
,, diſette affreuſe de 1567, qui amena le
,, fameux Reglement, fruit de la ſageſſe

,, du Chancelier de l'Hôpital, & le modele
,, le plus accompli de ce que la prudence
,, humaine peut oppofer à ce genre de ca-
,, lamité ".

Ce remede produifit l'effet qu'il devoit
produire. Le bled (prix commun) etoit
en 1565 à 6 liv. 6 f. 9 den. (1) Il fut en
1566 à 10 liv. 7 f. 9 d. (prix commun.)
Dans ces circonftances, le Chancelier de
l'Hôpital publia fon Reglement de police,
trop loué par de célebres Magiftrats, pour
que j'ofe donner l'effor au fentiment que
cet ouvrage m'a infpiré, mais trop contraire au droit naturel & au bien public
pour que je puiffe me difpenfer d'oppofer
la démonftration à un fuffrage d'un fi
grand poids. Que dis-je? N'ai-je pas déjà
démontré combien il etoit injufte, dangereux & funefte d'interdire à la plus grande
partie de la nation le commerce des
grains, aux marchands les arrhemens &
les achats autour des villes, aux boulangers & autres la liberté d'acheter à toute
heure & telle quantité qu'ils voudroient,
à tous les vendeurs de grains la faculté
d'enchérir leur denrée, de la garder plus

Du fameux
Reglement du
Chancelier de
l'Hôpital.

(1) Le prix du marc d'argent etoit alors à 16 liv.
13 f. 9 den.

M iv

de trois marchés , de la débiter dans des greniers en tems de difette, &c? Eh bien! ces difpofitions forment la fubftance du titre I du Reglement de 1567, concernant la police des grains. Ne feroit-ce pas encore affez ? Expofons donc quelques nouveaux articles de cet etrange code : il eft tems que le public voye de fes propres yeux , qu'il fçache & qu'il juge (1). ·

Que penfer d'un Reglement par lequel on veut *retenir l'abondance*, en défendant toute traite extérieure fans Lettres-Patentes, que l'on n'*entend octroyer* qu'après que l'on fera *duement informé de la pénurie ou abondance des bleds* du Royaume ? Le fingulier moyen de maintenir l'abondance que d'empêcher le laboureur de bien vendre, c'eft-à-dire, de femer, jufqu'à ce qu'on fçache ce que l'on ne pourroit fçavoir exactement & affez-tôt que par une révélation furnaturelle ? Je voudrois qu'aujourd'hui le Gouvernement chargeât du foin de cette inftruction ceux qui la trouvent utile & poffible, fi la chofe fe

____

(1) Ce Reglement eft rapporté tout au long dans le Recueil de Fontanon , T. 1 , p. 805 & fuiv.

pouvoit fans injuftice & fans tyrannie ;
on verroit le fruit de leur travail. Nous
rapporterons bientôt de nouvelles tentatives pour acquérir cette connoiffance, &
leurs fuccès.

Que penfer d'un Reglement par lequel
il eft enjoint aux Officiers & Magiftrats
des villes d'avoir toujours en réferve dans
des greniers publics affez de grains pour
en nourrir les habitans au moins pendant
trois mois ? La belle précaution que d'aftreindre le peuple à dépenfer vingt fois &
cent fois plus, pour nourrir habituellement des charençons & des commis, qu'il
ne lui en coûteroit pour fe nourrir lui-
même de grains etrangers dans des tems
malheureux. Ils arriveront bientôt ces
tems malheureux, fi la municipalité ap-
provifionne les villes ; car je ne crois
pas qu'elle entende bien le commerce &
que le commerçant aime fa concurrence. Enfin , fi par l'article III du Reglement on permet & enjoint aux Officiers des villes de faire le commerce ,
il ne faut pas le leur défendre par l'article VI.

Que penfer d'un Reglement qui défend
aux fermiers de garder plus de deux ans

des bleds en greniers , pendant qu'il en resserre le débit & l'emmagasinement dans les bornes les plus etroites? Il faudra donc que le laboureur qui n'aura pas pu vendre, parce qu'on l'en aura empêché, donne ou jette son grain; il ne semera donc pas après de riches moissons; il y aura donc disette après l'abondance.

Que penser d'un Reglement qui charge les marchands d'amener des grains dans le marché public de la ville où ils ré-sideront, toutes les fois qu'il le leur sera ordonné, & d'en avoir toujours à cet ef-fet en greniers une quantité suffisante? Si cette obligation peut être raisonnablement & justement imposée, toute autre mesure pour prévenir la disette & garnir les mar-chés, est superflue; il n'y aura qu'à com-mander aux marchands d'apporter des grains. Il semble qu'avant que d'obliger ces gens-là à avoir toujours du bled à la disposition de la police, il falloit obliger la terre & même leurs greniers à en pro-duire autant que la police pourroit leur en demander.

Que penser d'un Reglement suivent al-quel les marchands forains font tenus d'a-mener eux-mêmes leurs bleds dans les villes ou de les y faire amener par *gens de leur famille ?* L'extrait de baptême du voiturier n'eſt-il pas bien important pour le conſommateur ? Et les villes ne feront-elles pas bien approviſionnées, lorſque les marchands ne pourront ni venir eux-mêmes ni envoyer leurs parens; & n'entre-prendra-t-on pas bien volontiers un commerce ſi favoriſé ?

Que penſer d'un Reglement qui permet aux vendeurs de grains de faire porter & decharger leurs ſacs, &c. par toutes ſortes de perſonnes, ſans que les officiers-por-teurs puiſſent *rien exiger d'eux*, & toutefois ſans *que l'on préjudicie* à leurs *offices ?* Il etoit de la prudence du Rédacteur de la loi d'indiquer le moyen de tranſporter à autrui les ſervices & les ſalaires de ces officiers ſans leur nuire.

Que penſer d'un Reglement qui taxe ou charge la police de taxer pain, vin, volaille, chandelles, foin, tuiles, fer, bois gros ou petits, juſqu'aux coterêts & à la bourée, gibier juſqu'aux *connils* de clapier, ſouliers à double ou à ſimple ſemelle, &c. & en outre les ſalaires de quantité d'ouvriers de différentes profeſſions ? Eſt-ce ainſi qu'un Roi, un Roi de France doit gouverner ſon Empire, roulant dans les places, les halles, les ports, les greniers, les caves, les cabarets, pour fixer des valeurs qu'il ne ſçauroit connoître? Eſt-il prudent & equitable de regler la *police générale du Royaume* par dès diſpoſitions qui, s'il eſt poſſible qu'elles conviennent en un tems & en un lieu, ne peuvent certainement convenir qu'à un ſeul lieu & au tems préſent? Eſt-il d'un gouvernement qui n'eſt point barbare, de livrer les genres de commerce les plus utiles à une police arbitraire qui, forcée d'opérer ſur des elémens incertains & variables, ſur des rapports inſuffiſans & fautifs, en un mot ſans connoiſſance de cauſe, ne peut, même en ſuppoſant tous ſes agens déſintéreſſés, que violer tour-à-tour les droits du propriétaire & du marchand, du vendeur & du conſommateur, & les opprimer tous enſemble? Et ſi ce régime etoit juſte, ſage & ſalutaire, que ſeroit-ce qu'un Réglement général qui abandonneroit tant d'autres objets importans de commerce à la concurrence des intérêts reſpectifs des acheteurs & des vendeurs, qui ſouffriroit que les uns ne cherchaſſent qu'à vendre au plus haut prix poſſible, &

les autres qu'à acheter au meilleur marché possible ? C'est-là tout le secret de la nature pour conserver les droits des uns & des autres. S'il etoit inefficace, il faudroit la main de Dieu, la main toute-puiffante de celui qui fçait tout, pour tenir la balance egale entr'eux.

Que penfer d'un Reglement par lequel *l'ufage ordinaire du vin eft interdit aux valets & mercenaires des laboureurs des champs, finon à quelques certains jours ou tems ?* Quoi ! des malheureux expofés à tant d'injures & de fouffrances, ces malheureux dont la fueur engraiffe & fertilife les terres, ces malheureux qui gagnent à peine leur vie en vous procurant l'abondance, vous les priverez d'une boiffon qui les nourriroit, répareroit leurs forces, adouciroit leurs peines, vous les condamnez à ne boire que de l'eau ! Que ne les condamnez-vous auffi à ne manger que du pain ? Le pourriez-vous fans tyrannie? Si vous ne le pouvez pas, vous n'avez donc pas pu fans tyrannie leur défendre le vin. Tout leur crime eft d'être pauvres, & leur malheur eft d'être utiles ; & vous & tout pouvoir humain, vous n'avez que des devoirs à remplir envers les pauvres

& les malheureux qui vous servent. Et de quel droit encore arrêtez-vous la consommation du vin avec lequel la terre paye une culture chere, la subsistance d'une portion de vos peuples,& une partie de vos impôts? Sçavez-vous que vous ne pouvez prohiber une vente sans faire un vol à un propriétaire, à la nation & à vous-même? Le tems est venu trop tard où les souverains ont appris que toute leur puissance gît à rendre la justice, que la justice est de rendre à chacun ce qui lui appartient, & que ce n'est pas rendre à chacun ce qui lui appartient que de lui en ôter le libre usage.

Que penser d'un Reglement par lequel les Officiers des Seigneurs des lieux sont autorisés à empêcher qu'on ne mette en vignes une terre labourée ci-devant, ou propre à être en prairie, & à pourvoir à ce que l'on tienne toujours en *blairie* au moins les deux tiers des terres de leur territoire? Si le gouvernement s'arroge le pouvoir de diriger la culture des terres, il faut les lui toutes abandonner, pour qu'il les cultive à sa façon; il n'y a plus de sûreté, plus de liberté, plus de propriété : aujourd'hui il arrache mes vignes parce qu'il trouve qu'il y en a trop; demain il arrachera mes moissons, s'il trouve qu'elles peuvent être trop abondantes. O ignorance, c'est toi qui renverses les Empires & qui désoles l'Univers ! Comment veut-on que le laboureur cultive le grain, quand on ne lui permet pas de le vendre de maniere à retirer ses avances ; & pourquoi veut-on l'empêcher de planter des vignes, si par ce moyen il place son argent à un plus gros intérêt ? Comment veut-on que le vigneron seme du bled dans sa terre, si elle s'y refuse, ou s'il n'a pas des fonds pour monter une charrue ; & pourquoi veut-on qu'il l'etablisse en prairie ou en *blairie*, s'il trouve plus de bénéfice à recueillir du vin, ou s'il n'a point de débouchés pour les autres denrées ? Vous voulez multiplier la denrée de premiere nécessité, le projet est louable ; mais pour y parvenir, vous cherchez à enfermer le labourage dans un cercle de prohibitions, c'est l'anéantir : la charrue pliera sous le faix de ses fruits surabondans & engorgés. Il n'y a que le débit avantageux & assuré de la denrée qui puisse en encourager, en perpétuer la culture, & ce moyen suffit, parce qu'il enrichit. Révoquez donc vos Reglemens, applaniſſez vos chemins, laiſſez vos ports, toujours ouverts, & vous aurez toute l'abondance de grains que votre terre peut produire.

Que penſer d'un Reglement qui etablit que les domeſtiques ou ſerviteurs ne pourront quitter leurs maîtres, que de leur conſentement ou pour cauſe raiſonnable ; qu'on ne pourra les recevoir dans d'autres maiſons, que ſur un témoignage favorable de leurs anciens maîtres ; que ceux qui avoient accoutumé de ſe louer à tems pour valets, ſeront tenus de ſervir l'année entiere ; enfin, *que tous ſerviteurs ou ſervantes ſe mariant durant leur ſervice, ſans le gré & congé de leurs maîtres ou maîtreſſes, perdront tous bienfaits qu'ils auroient pu eſpérer de leursdits maîtres ou maîtreſſes, ainſi que leurs gages, leſquels ſeront appliqués aux pauvres des lieux ?* Eſt-ce qu'entre perſonnes libres, les engagemens ne doivent pas être libres & réciproques ? Pourquoi le domeſtique n'auroit-il pas le pouvoir de quitter un maître, même ſans cauſe, ſi celui-ci a le pouvoir de le renvoyer, même ſans prétexte ? Pourquoi un particulier ne pour-

roit-il

roit-il pas prendre à son service qui bon lui semble sans aucune information & sans l'attache d'autrui ? Les risques ne sont-ils pas pour lui seul ? Quant au mariage auquel le libertinage est substitué par ce Reglement, est-ce que l'usage du droit naturel qu'a chaque homme de contracter cet engagement, peut être, en quelque maniere que ce soit, asservi à la volonté & au caprice d'un etranger & puni par la privation même d'un salaire légitime & nécessaire à ses besoins ? La domesticité seroit donc un esclavage passager, & il ne tiendroit qu'au Prince de rendre l'esclavage perpétuel ? Le Souverain auroit donc la propriété de la personne de ses sujets, s'il pouvoit en disposer de la sorte ? Le citoyen ne seroit donc libre que par la grace du Prince ? N'allons pas plus loin, tous les actes de la tyrannie seroient bientôt légitimés.

Que penser d'un Reglement qui statue que les Hôtelliers, Taverniers & Cabaretiers ne pourront recevoir aucun habitant des villes & villages de leur résidence, si ce n'est à la compagnie d'un voyageur; qu'ils fourniront pour toutes chairs, bœuf, mouton, veau, porc, suivant les tarifs;

N

que les paffans feront tenus de vivre *fui-*
vant l'Ordonnance du Roi , fans l'outre-
paffer ; que tous les fujets du Roi, les Princes
& les Ducs exceptés , ne pourront fe vê-
tir de drap ou de toile d'or ou d'argent,
& *ufer de pourfilleures* , *de broderies* ,
paffemens , *tortils* , *canetilles* , *recamures* ,
velours , *foie ou toiles barrées d'or ou*
d'argent , *foit en robes* , *fayes* , *pourpoints* ,
chauffes ou autres habillemens ; que l'ufage
des foies en robes ou autres vêtemens,
deffus ou deffous, fera interdit aux habitans des villes , à l'exception des perfonnes
d'un certain etat, mais que l'on pourra
feulement doubler d'un lez de foie les
devants des robes & de *trois doigts tout*
autour ; que les *Damoifelles ne pourront*
porter dorures en la tête , *finon la premiere*
année qu'elles feront mariées ; que les
femmes & autres de moyen etat ne pourront porter *des perles ni aucunes dorures*
qu'en patenoftres & en bracelets ; que les
Artifans, Manouvriers, Laquais ne fe
ferviront de foie même en *doublure de*
chauffes , & qu'ils ne porteront que des
foüliers de cuir & des chauffes de cent fous,
etoffe & façon ; que les ornemens des ha-
bits n'excéderont pas foixante fous tour-

ñois, &c. &c. &c. &c. ? Que fignifient ces petites & ridicules inftitutions Spartiates, faites en fonge fans connoiffance des principes de l'ordre & de la profpérité des etats , & jettées au hafard contre le luxe fans aucune idée du luxe?

Enfin ce fameux Reglement décéle, d'un bout à l'autre , un génie petit , minutieux, etroit , fans effor, fans fagacité, fans jufteffe, fans philofophie; qui rampe terre à terre & ne s'eleve jamais ; qui prend à l'aveugle les préjugés pour des vérités conftantes & fes bonnes intentions pour la juftice ; qui veut réformer un Empire comme une Communauté Religieufe , & tous les abus comme des fraudes ; qui ne voit dans un etat que des villes & les voit toutes dans la capitale ; qui ne trouve dans la nature qu'il ne confulte pas que défordre , & dans la fociété qu'il fletrit qu'un ordre factice ; qui n'imagine point que le prince ne puiffe pas juftement & efficacement tout ce qu'il veut , quand il a le bien en vue ; qui croit pieufement que dans la légiflation civile tout ce qui eft , eft bien, & que rien n'eft mal dans l'Etat que ce qui eft hors de la légiflation ; qui eft perfuadé que plus le

Génie de l'Auteur de ce Reglement.

Souverain gouverne , mieux le peuple eſt gouverné ; qui n'apperçoit dans un corps que les ſurfaces , & dans les grands objets que de petits rapports ; qui n'ayant point d'idée à lui , ne ſçait pour opérer de grandes choſes, que multiplier les petits moyens reçus, ſans en connoître la nature ; qui ne ſoupçonne jamais d'autre cauſe que ce qui touche immédiatement à l'effet ; enfin qui reglemente ſans ceſſe & ſans meſure pour reglementer , ſans ſçavoir s'il le peut, ſans examiner s'il le doit , ſans croire aux **droits** du citoyen , ſans avoir le fil des intérêts, ſans connoître l'economie du corps politique , ſans ſe défier de lui-même , ſans refléchir , en un mot pour reglementer (1).

(1) On ne juge ici que l'Auteur du Reglement de 1567. Le Chancelier de l'Hôpital ne mérite pas moins une place diſtinguée entre les bons citoyens , les grands Magiſtrats, les hommes illuſtres de la France. Ses erreurs furent de ſon ſiecle & ſes vertus de ſon cœur. Cet homme droit, pur, bon, je dirois preſque par eſſence, au milieu de la corruption , de la révolte & de l'anarchie , oſa défendre la patrie & même eſpérer de la ſauver par les loix , tant il croyoit à leur pouvoir ! Sans ceſſe dévoré du zele du bien public , quel bien n'eût-il pas fait dans des tems moins affreux , avec la connoiſſance des loix *de l'ordre naturel* , loix ſi analogues à ſon ame ,

Je me borne ; c'en est trop pour ceux à qui les loix sont si familieres qu'il suffit de les leur rappeller ; c'en est assez pour le public qui ne connoît ce Reglement etrange & incompréhensible que par le profond hommage que l'esprit reglementaire lui a rendu. A peine cette Ordonnance avoit-elle eté publiée, que le Conseil de Charles IX jugea nécessaire de l'etayer, quant au commerce des grains, d'un Edit en 23 articles, lequel fut donné au mois de Juin 1571. Le Roi, après avoir declaré que le pouvoir d'octroyer des congés pour les exportations, etoit un droit royal & domanial de la Couronne, (comme celui d'expédier des permissions de *travailler* sans doute) y annonçoit que dès le mois d'Août (que la chose fût possible ou non,) il seroit informé par ses Baillis & Sénéchaux ou leurs Lieutenans sur les procès-verbaux des Juges subalternes (tous supposés infaillibles & impeccables) de la quantité des grains ré-

Suite de l'histoire de l'exportation, pendant le règne du régime prohibitif, sous Charles IX.

au moyen desquelles il suffira de vouloir que les Empires soient florissans & les peuples heureux pour qu'ils le soient? Qu'on eleve une statue à cet homme si grand par ses vertus, j'irai brûler à ses pieds son Reglement & de l'encens.

pandus dans toutes les provinces (connus ou cachés,)* afin que ſur leur avis (bon ou mauvais, fidele ou non) on pût ouvrir pour *l'automne ſuivant*, une traite proportionnelle, ſans dégarnir le Royaume de ſa proviſion pour toute l'année (ſi Dieu le vouloit) traite dont le privilege excluſif devoit être adjugé, en tout ou en partie, au plus offrant & dernier enchériſſeur, *à un prix modéré & par-deſſus les anciens droits* (prix aſſez difficile à aſſortir avec ces conditions, & pour lequel la nation etoit vendue au monopole.) Enfin pour eviter les fraudes (ſi faire ſe pouvoit) on etabliſſoit un contrôleur général des traites, des bureaux, des lieux de paſſage, des receveurs, des commis, des gages, enfin une régie ſi merveilleuſement ordonnée, qu'elle fut abandonnée auſſi-tôt. Les partiſans [des] prohibitions ſçavent peut-être quels [furen]t les bons effets que produiſit cet [effort m]ortifié du Reglement de 1567 : je [n'en] ſçais ſeulement que le grain [renchérit] l'année ſuivante 1572, que l'année d'après 1573 il fut hors de prix, & qu'il ſe ſoutint au même taux en 1574. Pendant ces deux années, le prix moyen fut à 45 liv. de notre monnoie actuelle, &

toutefois l'on n'epargnoit certainement pas & les Ordonnances & les Arrêts & les Actes prohibitifs les plus foudroyans pour rappeller la bénigne abondance (1).

Trois ans après, c'est-à-dire, en 1577, Henri III fut obligé, en suivant les principes du tems, de renouveller le Reglement de 1567 tombé, en dix ans, dans une inexécution totale, quoique peut-être fort admiré. Le préambule de la nouvelle Ordonnance est remarquable. » Le Roi ayant fait son » Edit & Ordonnance sur le reglement » des monnoies... afin d'obvier au dé- » sordre & grande diminution de la ri-

Sous Henri III.

_____

(1) Dans les Lettres-Patentes du 20 Octobre 1573, *injonctions sont faites* aux Bourgeois (de Paris) *de se munir & pourvoir de bled, & sera procédé* (deux mois après) *contre les negligens par amendes arbitraires.* ... Seront avertis les Colleges & Corps Eccléfiastiques d'avoir des réserves de ces bleds, de ne pas se pourvoir aux marchés publics, *ains de casser & révoquer par les plus doux & légitimes moyens qu'ils pourront, les baux de leurs terres, qu'ils auront ci-devant arrentées à longues années, & à prix d'argent*, &c. &c. Le Parlement ajoute à ces Lettres-Patentes, par Arrêt du 28 Novembre 1573, que dorénavant tous baux à ferme des terres labourables feront faits à grains & non à prix d'argent, & que tous baux antérieurs faits à prix d'argent feront *réduits à grains*, &c. &c. ô justice! ô foi publique! ô humanité !

N iv

» chesse de ses sujets qu'apportoit avec soi
» le surhaussement de prix que le peuple
» s'est licencié de donner aux especes d'or
» & d'argent : par lequel il est notoire
» que la vente de toutes sortes de denrées,
» marchandises & ouvrages a eté aussi re-
» haussée ; & semblablement augmenté le
» salaire des personnes qui travaillent aux
» œuvres méchaniques, a estimé être re-
» quis d'y donner quelque bonne provi-
» sion ». N'est-ce pas le Ciel qui conserve
un Empire régi par un Conseil capable de
former un si etrange assortiment d'idées
& de l'eriger en principes pratiques d'administration ? Comment se peut-il qu'après
avoir lu cette inconcevable annonce, où
l'on croit que c'est le libre arbitre du
peuple qui met le taux aux especes, où
l'on ne veut pas que le prix des salaires
hausse avec celui des monnoies, &c. on ne
redoute point le Reglement auquel elle pré-
pare les esprits, qu'on l'adopte, qu'on
l'exalte & qu'on evoque son génie pour
lui confier de nouveau les rênes du Gouvernement ! Le premier article de l'Ordonnance concernant les grains, mérite aussi
d'être rapporté par sa tournure singuliere.
» Sa Majesté voulant pourvoir au fait des

» grains & qu'en demeurant son Royau-
» me suffisamment fourni, pour la nour-
» riture du peuple, les particuliers qui
» en ont quantité, en puissent tirer profit
» & commodité ; *comme c'est l'un des*
» *principaux moyens de faire venir argent*
» *des etrangers en la bourse de ses sujets,*
» *à inhibé & défendu, inhibe & defend*
» *à tous sesdits sujets, faire aucune traite*
» *de grains hors de ce Royaume* (sans
» congés, &c. &c.) ».

En 1586, le grain manqua; il se vendit,
prix moyen, plus de 50 liv. monnoie actuelle. En 1587, le commerce fut barré
par des Ordonnances & des Arrêts ri-
goureux; l'on défendit même le 19 Septembre les traites hors du Royaume, sous
peine de la vie; & sous les efforts de tant
de Reglemens le grain ne cessa de renchérir. Cette année & l'année suivante, le
prix haussa de quatre – vingt à cent &
quelques livres. En 1589, il fut vil. Deux
ans après il s'eleva de nouveau au-dessus
de quatre-vingt livres. Enfin en 1595,
Henri IV, en reconnoissant, dans son Edit
du 12 Mars, que les habitans du Royaume n'avoient pas besoin d'emprunter le
secours de leurs voisins, contraints tous
les jours d'en venir chercher sur nos

terres, défendit la fortie des grains à tous fes fujets, fous peine d'être punis comme criminels de leze-Majefté, craignant qu'après avoir langui fous l'affliction des guerres civiles, ils ne tombaffent dans une extrême difette. Ce Prince venoit alors de declarer la guerre à l'Efpagne. Cependant le prix moyen du bled fut cette année à environ 64 liv.

Cette hiftoire de l'exportation, que l'on oppofe à la liberté, démontre les dangers & les inconvéniens du régime prohibitif.

La vérité a voulu que l'hiftoire que l'on nous donnoit de l'exportation & de la liberté, foit devenue l'hiftoire lamentable des prohibitions & des reglemens : elle a tourné contre nos adverfaires les armes avec lefquelles ils nous attaquoient. Loin de la pallier ou de la diffimuler, nous avons rappellé l'Edit de Henri IV contre l'exportation, oublié par les défenfeurs du régime prohibitif. Nous ajouterons même que Sully etoit au Confeil lorfqu'il fut rendu ; il eft vrai qu'il le fut contre fon avis. Toute l'adreffe de l'innocence, quand elle eft obligée de fe défendre, eft de ne rien déguifer ou céler ; tout eft favorable à la bonne caufe, quand tout eft eclairci. Voyons fi le regne floriffant de Henri IV, fi l'adminiftration

Suite de l'hif- immortelle de Sully nous fera contraire.

» Si Henri IV, nous dit-on, permit en

» 1601 l'exportation, ce ne fut que pour
» un tems & fans abroger les reglemens
» capables d'arrêter les fraudes par la ter-
» reur des châtimens. Cette liberté, toute
» reftreinte qu'elle etoit par tant de
» tempéramens abolis de nos jours, ne
» put pas cependant fubfifter long-
» tems ».

Il eft vrai que Henri IV ne permit l'ex-portation par une loi authentique qu'en 1601, & pour un an. Mais déjà & vrai-femblament depuis que Sully avoit le manîment des finances, le Gouvernement avoit *relâché les défenfes* portées'antérieu-rement contre les traites extérieures : c'eft Henri IV qui l'attefte lui-même, dans fes Lettres Patentes du 26 Fevrier 1601. Mais après ce tems - là & lorfque l'expérience eut confirmé les avantages d'un commerce libre, le Gouvernement permit, favorifa, protégea, maintint, fans toutefois com-promettre la légiflation avec les préjugés, la liberté indéfinie du commerce tant in-térieur' qu'extérieur des grains ; tous les monumens hiftoriques en font foi. Qu'on ouvre les Mémoires de Sully, & l'on trou-vera que ce grand Miniftre qui ne defi-roit, pour vivifier l'Etat, que des labou-

reurs, des vignerons & des bergers, re-
gla conſtamment ſa conduite ſur le principe, que *ſans l'exportation des bleds, les
ſujets ſeroient bientôt ſans argent, & le Souverain ſans revenus* ; & l'on trouvera qu'il
reprimoit ſévérement les entrepriſes des
Officiers de Police contre toutes ſortes de
traites, quoiqu'ils y paruſſent autoriſés
par les diſpoſitions des Reglemens anciens.
Que l'on ouvre les auteurs du tems, &
l'on trouvera qu'alors la France attiroit à
elle l'argent de toute l'Europe par la vente
de ſes grains, de ſes vins, de ſon ſel, & de
ſon chanvre ; & l'on trouvera que dans le
dernier ſiecle & ſans doute avant le triomphe des prohibitions, nous etions ſi bien
en poſſeſſion de nourrir le Portugal, que
les Anglois n'accréditerent dans la ſuite
leurs bleds, qu'en les vendant ſous le nom
de bleds de Bretagne & de Bordeaux, nom
qu'ils conſervent encore aujourd'hui. Qu'on
ouvre les faſtes de l'Angleterre, l'on trouvera qu'au commencement du dix-ſeptieme ſiecle, tems où les prohibitions affa-
moient ce Royaume, les François en concurrence avec les Hollandois, fourniſſoient
les marchés Anglois ſi abondamment, que
les bleds nationaux y etoient habituelle-

ment au deſſous de leur valeur. Le Cheva-
lier Culpeper s'en plaignit amérement dans
un ecrit publié en 1621.

» A préſent, diſoit cet habile Obſerva-
» teur, que le bled & les autres denrées
» que la terre produit, ſont à vil prix,
» on abandonne la bêche & la charrue.
» Les pauvres gens trouvent peu à travail-
» ler, & les ſalaires ſont extrêmement
» bas. Si les propriétaires des terres trou-
» voient leur compte à amender leurs
» champs, il y auroit bientôt plus de
» monde occupé à les cultiver qu'il n'y
» en a aujourd'hui, & les ſalaires ſeroient
» plus forts. Tout homme qui auroit de
» la ſanté & des bras, ne ſeroit pauvre que
» par une extrême pareſſe.

Alors la France etoit floriſſante par ſon
agriculture. Pendant une vingtaine d'années que la police laiſſa le commerce tranquille & libre, elle jouit d'une heureuſe
abondance, ſans diſette & ſans cherté,
ſans ſuperflu & ſans non-valeur. Le grain
demeura, preſque ſans variations, à
un prix modéré de 7 à 9 liv. monnoie
du tems, 18 ou 21 liv. monnoie d'aujourd'hui. Tout etoit bien, tous etoient
heureux. La récolte de 1621 fut très-mé-

Retour au régime prohibitif & fes triftes effets , fous Louis XIII, &c.

diocre : cependant il y avoit beaucoup de bled des années précédentes ; mais cela n'empêcha point la police de Paris de renouveller des Reglemens entièrement oubliés. Le fignal des prohibitions etoit donné : dès lors l'équilibre des prix fut rompu; d'année en année, ils monterent & baifferent alternativement d'un cinquiéme , d'un quart , de moitié & au-delà ; la difette devint fréquente. En 1626 , on défendit, même fous peine de la vie, de tranfporter des grains hors du Royaume ou d'en emmagafiner dans l'intérieur. Par l'Edit de Janvier 1629 , Louis XIII prohiba *dorénavant* les traites de bled , jufqu'à ce qu'il fût inftruit des provifions qu'en avoient les Provinces , & annonça qu'il fe réfervoit toujours *le pouvoir de rompre à fon gré les baux qu'il pafferoit de ces traites.* La difette fuivit de près cet Edît. Enfin la contagion reglementaire s'etendit infenfiblement , jufqu'à ce qu'elle eût infecté tout le corps politique. Je dis la *contagion reglementaire* , parce que les Reglemens , loin d'être fecourables, furent toujours funeftes , comme nous acheverons de le démontrer ci-après. Nous avions à venger ici la liberté de l'exportation que

Conclufion de cet examen hiftorique, en faveur de la liberté.

l'on attaquoit par un siecle d'expériences ; nous avons rétabli & développé l'histoire , elle est vengée.

En vain nous oppose-t-on l'autorité ; nous ne la reconnoissons pas dans cette matiere. Nous publions hautement que les vrais principes de l'administration furent trop long-tems & trop généralement ignorés, les droits de la propriété méconnus , les loix fondamentales du commerce proscrites , les peuples foulés. Mais nous prétendons que l'on ne prescrit point contre la nature, l'humanité , la raison & la justice ; que quand on s'est ecarté de l'ordre primitif & inaltérable des sociétés , il faut tôt ou tard y revenir avec plus ou moins de précautions & de célérité , selon les obstacles que l'on rencontre , & sous peine d'une entiere destruction ; & que , quand même tous les peuples du monde auroient dévoué leurs terres à la stérilité , il faudroit féconder à perpétuité les vôtres par les moyens simples que la nature vous retrace dans l'essence même des choses. Eh ! qu'importe l'exemple de Grecs & des Romains ! Laissons-leur & leurs faux Dieux & leurs systêmes , adorons la Providence & reconnoissons l'ordre immuable

L'autorité des exemples contre la liberté n'est pas recevable dans cette matiere.

qu'elle a etabli pour la prospérité des Etats & le bonheur du genre humain. Que m'importe l'exemple, si la raison & l'expérience sont pour moi ? Mais toutefois pesons les autorités sur lesquelles on s'appuye.

« On a reconnu … que dans tous les „ siecles & chez toutes les nations poli-„ cées, dans la Grece, chez les Romains, „ sous l'Empire de Charlemagne , le „ commerce des grains n'avoit jamais eté „ indiscrétement livré à la cupidité sans „ bornes des trafiquans ».

Ce n'est pas ici le lieu ni de parcourir à grands frais tous les âges & tous les Etats , ni de comparer la cupidité des autres hommes avec celle des trafiquans , ni de remarquer que la liberté borneroit nécessairement la cupidité de ceux-ci, par la concurrence de leur cupidité même ou par l'affluence des intérêts particuliers tendant réciproquement à obtenir dans les ventes la préférence qui ne s'obtient que par le bon marché , les choses etant egales d'ailleurs. Bornons-nous aux exemples cités. On nous parle de la Grece ? De quelle République de la Grece ! D'Athènes ? Je ne serois point etonné que ce peuple marchand qui défendoit l'exportation de ses figues , eût dé-

fendu

fendu l'exportation de ses grains, si son territoire en avoit produit, mais il n'en recueilloit pas, du moins assez, pour craindre qu'on allât les vendre ailleurs. Quant aux grains apportés du dehors, comme c'etoit la République elle-même qui faisoit ce commerce par une foule innombrable d'Officiers de toute espece, il falloit toujours des Reglemens, & il n'y en avoit jamais assez à l'appui d'une mauvaise administration. Cependant les Athéniens suivoient quelques bonnes maximes, comme de ne lever sur les grains aucun droit, & d'en permettre indifféremment le commerce à tous les citoyens.

Parle-t-on de Sparte ? Cette communauté avoit un bon territoire ; mais elle jugeoit que l'agriculture etoit une œuvre servile & faite pour des *Helotes*, non pour des *hommes* ; & dans la crainte de s'enrichir, elle avoit défendu aux siens tout commerce & par conséquent le commerce des grains, & elle se nourrissoit de brouet noir ; mais nous voulons des richesses, & l'on veut que le peuple de Paris mange du pain blanc. Veut-on parler des autres Villes de la Grece ? Je n'ai pas toutes leurs loix présentes, & je ne les

O

chercherai pas, leur autorité n'est pas plus grave. Il est naturel de penser que de petits peuples toujours en guerre ou en dissension, travailloient à s'assurer de bonnes provisions de bled, pour ne pas s'affamer & se detruire eux-mêmes, en fournissant des armes ou des vivres à leurs ennemis. Nous convenons que quand un Etat est hors de l'ordre naturel, ce n'est que désordre.

On cite Rome : je ne vois pourtant pas que, dans ses beaux jours, elle ait jamais songé à faire le moindre reglement sur le commerce des grains : le mot *annona* lui etoit même inconnu. Il est vrai que lorsque le peuple fut corrompu par des largesses & détourné du labourage, lorsque l'on acheta par des distributions de bled la Magistrature & enfin l'Empire, lorsqu'on eut ménagé des disettes par des greniers publics, lorsque la République se fut accoutumée à nourrir une portion des habitans, lorsque la faim donna la loi dans les comices (1), lorsqu'on ne put

____

(1) *O quàm difficile est verba facere ad ventrem qui auribus caret*, dit un Sénateur dans **Plutarque**, vie de **Caton** l'ancien.

gouverner le peuple , les nobles & même les sénateurs qu'avec du pain & des spectacles (1) ; lorsque tout le commerce des grains fut entre les mains des Magistrats & des Empereurs , il y eut beaucoup de reglemens , beaucoup de friches, beaucoup de famines , beaucoup de désordres, beaucoup de séditions. L'exemple n'est pas séduisant , & c'est de cette source que découle notre police des grains !

Alors la Sicile & l'Egypte , ainsi que l'Espagne & une partie de l'Afrique , alimentoient le peuple Romain , & il ne paroît pas que le commerce y fût gêné. Il se faisoit tout les ans des exportations immenses de ces pays-là, & il ne paroît pas qu'on y craignît la disette. Le seul marais d'Alexandrie fournissoit à tous les habitans de Rome quatre mois de nourriture , sans parler de ce qu'on en tiroit pour la Grece & autres lieux ; outre cela , la ville payoit elle seule plus de tribut que toutes les Gaules ensemble. Aujourd'hui les prohibitions regnent dans

(1) *Duas tantùm res anxius optat,* anem & *Circenses,* Juv. Sat. IV.

tous ces pays, & l'on y eprouve des disettes. Le Grand Seigneur vient de défendre la sortie des grains hors de ses
Etats.

Reflexions sur
les Reglemens
de Charlema-
gne.

Passons à l'Empire de Charlemagne : je
trouve qu'en 805, après plusieurs années
de mauvaises récoltes & de disette continue, Charlemagne en exhortant ses sujets
à implorer la miséricorde de Dieu & à
distribuer des aumônes suivant leurs facultés, leur défend de vendre leurs denrées trop cher, *nimis carè*, & de les
transporter hors du Royaume *en la présente année, in presenti anno* (1). Dès
l'année 794, le grain avoit commencé à
manquer, après deux bonnes récoltes :
l'Empereur ayant consulté sur cet accident les Evêques assemblés à Francfort,
il declara dans un Capitulaire qu'il *etoit
reconnu que les Démons avoient dévoré les
grains, & que les airs avoient retenti de
reproches menaçans ; & qu'ainsi il falloit* porter à l'Eglise la dixme exacte
de ses fruits (2). La superstition & la

_____

(1) *Capitul. Reg. Franc. T. 2, P.* 435.

(2) *Et omnis homo ex suâ proprietate legitimam*

peur ne font pas de bonnes loix (1).

Quoiqu'il en soit, l'autorité de l'expérience renversera toujours celle de l'opinion : admirons moins & examinons davantage. Rome dans sa gloire & sous les Reglemens, avoit besoin de conquérir l'Univers pour procurer à ses habitans une subsistance précaire ; tandis que les Isles de la Méditerranée & les côtes d'Afrique jouissoient sans éclat d'une abondance eternelle par l'abondance même qu'elles répandoient sur une infinité de contrées : nous venons de le voir. Nous voyons de nos jours la République de Gênes, l'Isle de Malthe, plusieurs pays du Nord, les Etats Barbaresques, la Hol-

Effets de la liberté de l'exportation chez quelques peuples modernes.

decimam ad Ecclesiam conferat ; experimento enim didicimus in anno quo illa valida fames irrepsit, ebullire vacuas annonas à dæmonibus devoratas, & voces exprobrationis auditas. Capitul. Reg. T. 1, p. 267.

(1) Nous avons exposé ci-dessus dans une note, les variations du régime depuis Charlemagne jusqu'à François I, variations résultantes de l'ignorance des tems & des vices du gouvernement ou de l'administration, comme nous l'avons montré. On trouvera ci-dessous diverses Ordonnances du dernier siecle. Depuis 1710 jusqu'en 1764, il y a eu en 1716 permission d'exporter, en 1721 défense, en 1744 permission, en 1746 défense, &c.

lande, laisser les portes ouvertes à l'exportation, sans redouter & sans eprouver la disette dont se plaignent les nations voisines asservies aux prohibitions ; & la Hollande qui ne recueille que par les mains d'un commerce libre, avoit, suivant les notes publiées à Amsterdam, du froment à 20 liv. le septier de Paris, tandis que plusieurs de nos ports n'en avoient pas à 30 liv. & cette République leve un droit sur l'entrée des grains, & ils n'en payent point à la sortie. Les Colonies Angloises de l'Amérique Septentrionale ont la liberté d'exporter leurs grains, & leur agriculture y eleve un puissant Empire, & leur population y a doublé en vingt-cinq ans, & elles sont venues disputer & enlever à la Metropole plusieurs marchés de l'Europe. Dans le seizieme siecle, la France ne cessa de flotter entre les prohibitions & la liberté, entre l'abondance & la disette ; mais d'abord les Etats généraux de la Provence arracherent au Souverain la confirmation de la liberté d'exportation qu'ils avoient toujours conservée, *attendu*, disoient-ils, *que le pays ne pourroit avoir d'argent, si le commerce ne lui etoit ouvert avec les Génois, les*

Lombards, *les Efpagnols dont ils tiroient profit*; & alors les Provençaux craignoient fi peu la difette, & la cherté les effrayoit fi peu, qu'ils repouffoient les bleds etrangers & qu'ils fupplierent François I d'en interdire l'entrée jufqu'à ce que le prix des lieux maritimes fût à 40 liv. monnoie actuelle. Ce pays dont le labourage faifoit la richeffe dans ce tems-là, *s'epuife de nos jours pour acheter tous les ans le quatrieme & le cinquieme de fa fubfiftance* (1).

Enfin, au commencement du dix-feptieme fiécle, la France alimentoit l'Angleterre, & le territoire de la France fleuriffoit par la liberté, pendant que le territoire de l'Angleterre fe hériffoit de ronces en vertu des prohibitions. Lorfque les Reglemens eurent anathématifé dans le premier de ces Royaumes le commerce avec l'etranger le Royaume voifin fouffrit, la mifere le dépeupla, mais à la fin la néceffité deffilla les yeux de la nation, on excita la culture par la liberté du commerce; des moiffons abondantes commencerent à

Comparaifon de la France & de l'Angleterre fous les régimes oppofés.

_____

(1) Lettre du Parlem. de Prov. au Roi fur le commerce des grains, préfentée à Sa Majefté le 18 Décembre 1768.

O iv

sortir du sein de la terre, dès qu'il fut permis de porter les grains hors de l'enceinte du territoire ; on anima l'activité du commerce par des gratifications payables sur le champ aux exportateurs, & bientôt l'on fit dire aux Anglois : » Laif-
» fons aux autres nations l'inquiétude sur
» les moyens d'eviter la famine, & ces
» excessives & subites différences dans le
» prix des bleds toujours causées par la
» crainte plutôt que par la réalité de la
» disette... Au lieu de grands & nom-
» breux greniers de ressource & de pré-
» voyance, nous avons de vastes plaines
» ensemencées... Nos récoltes sont deve-
» nues sans bornes depuis que les labou-
» reurs ont été assurés du débit de leur
» denrée au-dedans & au-dehors. C'est-là
» une nouvelle mine plus précieuse &
» plus réelle que celles de l'Amérique«.

En effet, depuis ce tems-là l'Angleterre a constamment vendu jusqu'à ces dernieres années une partie de ses récoltes, elle a débité annuellement pour environ un million ou 1500 mille livres sterling de bled, sans se dégarnir ; elle a payé le grain un cinquieme, un quart, moitié moins que ce qu'il lui coûtoit auparavant, fait prouvé par des calculs authentiques (1). Elle n'a point effuyé de difette, & fi elle a eprouvé des chertés, elles ont eté incomparablement moindres qu'en France; en 1709 le bled n'etoit dans fes marchés qu'à 43 livres, lorfqu'il valoit 100 liv. dans les nôtres. Depuis qu'il nous a eté défendu de lui en vendre, nous avons eté contraints d'en acheter dans ce pays pour des fommes très-confidérables, pour dix à onze millions de livres en 1748, 1749 & 1750; pour 13 millions en une traite en 1740, &c. &c. &c. L'Angleterre vient de fe départir d'un principe confirmé par une expérience de plus de 80 ans, dans une violente crife où le peuple & fur-tout le peuple marchand, le peuple d'artifans, s'eft en quelque forte emparé dans fon défefpoir, du fceau de la légiflation, pour fe procurer, par les prohibi-

(1) Voy. l'Effai fur la police des grains par M. Herbert, à Berlin 1755, ainfi que le *Tableau de l'Agriculture Angloife, depuis la permiffion d'exporter les grains jufqu'au tems actuel,* publié à Londres en 1766, *& trois traités fur le commerce des grains, & les loix relatives à cet objet, avec un fupplément contenant différens papiers & calculs, qui tendent à expofer & à confirmer ce qui a eté dit dans les traités précédens.* A Londres, 1766, &c. &c.

tions & les reglemens, le pain que la hauſſe inconcevable des ſalaires & des ſubſiſtances, forcée par l'enormité des taxes & ſur-tout des droits accablans de l'acciſe, ne permettoient pas au propriétaire & au cultivateur de lui faire gagner. L'exportation a eté ſuſpendue à terme en 1766, elle l'a eté en 1767 & en 1768. Les défenſes de diſtiller les grains, les Ordonnances contre les monopoleurs & les uſuriers, les gênes effrayantes pour le commerce, les injonctions tyranniques au laboureur, en un mot, tout le code des anciens reglemens a eté renouvellé. Cependant, tandis que la police s'y replioit & tourmentoit pour multiplier la denrée, des marchands du nord paſſoient le long des côtes pour aller à trois cens lieues de là vendre en Italie le froment à 18 livres le ſeptier, les marchands de l'Amérique Angloiſe aimoient mieux aller ſecourir avec leur farine & leur bled, l'Eſpagne & le Portugal que leur Metropole, quoique l'exemption des droits ordinaires qui interdiſent l'importation, les invitât, ainſi que la cherté, à entrer dans les ports de la Grande-Bretagne; le commerce fuyoit une police tonnante, un peuple agité, le prohibitions. Le mal dure depuis plus de trois ans, il s'invétere. Malgré l'abondance de la derniere récolte, malgré le prix modéré du grain tombé au-deſſous de 25 l. de notre monnoie, malgré une diſtribution annuelle de plus de trois millions ſterling, en charités publiques, on ſemble craindre la diſette, le pauvre peut à peine lutter contre ſes beſoins, & tout retentit des cris de la miſere ou de la terreur.

Dira-t-on qu'il n'en eſt pas de la France comme de l'Angleterre, & que ſi la liberté eſt avantageuſe à l'une, elle peut être nuiſible à l'autre, par la raiſon que l'Angleterre, *environnée de mers*, eſt diſpoſée *à recevoir des ſecours de toutes parts*, & que le ſpéculateur qui pourra *être prévenu dans un port*, eſt *aſſuré de trouver un débouché dans les ports voiſins* ; au lieu que la France, n'ayant *point de mers dans ſon centre*, ſe trouvera exclue de la *prévoyance* des négocians, trop *ſages pour entreprendre d'y pénetrer* (1).

Sans compter le nombre des ports de

(1) Cette objection & les objections ſuivantes ont eté propoſées à l'Aſſemblée générale de Police, tenue en la Grand'Chambre du Palais, le 28 Novembre dernier.

l'un & de l'autre Royaume, il eſt evident que la France, un pied dans l'Océan & l'autre dans la Méditerranée, fait face, avec plus de 150 ports, tant au nord qu'au midi, à des pays fertiles en grains, & que par là, elle a des reſſources plus faciles que l'Angleterre & tout autre pays de l'Europe. Il n'eſt pas moins evident que quoique ſes provinces intérieures ſoient plus eloignées des ports que celles de l'Angleterre, l'importation, ſans voiturer ſes grains juſques-là, n'y répandra pas moins l'abondance par l'impulſion qu'elle donnera de la *circonférence vers le centre* au commerce des grains, forcés de proche en proche de reculer juſqu'à ce qu'une impulſion contraire les arrête ; ou s'il etoit impoſſible que l'importation garnît ces provinces, il ne ſeroit pas facile de les dégarnir par l'exportation, car l'une & l'autre ſont ſur la même route. Il n'eſt pas moins evident que la France offre au ſpéculateur autant de débouchés qu'en peut exiger quelque commerce que ce puiſſe être, & qu'avec une conſommation preſque double de celle de l'Angleterre elle attirera plutôt qu'elle les ſpéculations lorſqu'on en aſſurera la baſe.

Dira-t-on qu'il n'en eſt pas de la conſtitution & du génie de la France, comme
de la conſtitution & du génie de l'Angleterre, & que ſi l'on *abuſe dans cette*
Iſle de la liberté, le peuple ſçaura bien re-
primer les excès, tandis que ſi le particulier en abuſe ici, le Gouvernement ne
pourra peut-être pas apporter aſſez-tôt au
mal les remedes convenables ?

S'il etoit poſſible que le commerçant abusât de la liberté générale & indéfinie au point de donner l'allarme au Gouvernement, il eſt à croire qu'une puiſſance légiſlative, ſimple & toujours en exercice, pourroit refréner plutôt la cupidité
qu'une puiſſance légiſlative extrêmement
compliquée, ſouvent diviſée d'intérêts,
décompoſée, diſperſée & morte pendant
une partie de l'année : il eſt à croire qu'une
Monarchie eclairée & déſabuſée des preſti-
ges de la *marchandiſe* ne ſe défendroit pas
moins bien de la cupidité injuſte de ſes
marchands, qu'une République plongée
dans le fanatiſme du commerce, juſqu'à
prendre l'opulence de ſes négocians, pour
l'opulence de la nation, & abandonnée
à la faction marchande, juſqu'à lui tout
ſacrifier pour l'eclat vain & chimérique

qu’elle procure : il eſt à croire enfin qu’une légiſlation qui contrebalance la liberté de l’exportation par la liberté de l’importation illimitée, eſt d’un ordre plus proſpère, plus inaltérable, & plus ſocial qu’une légiſlation qui , en ecartant par des droits immodérés la concurrence etrangere , dévoue ſes peuples au monopole des marchands nationaux : enfin il eſt à croire que l’intérêt public n’etant jamais, ſoit par le droit ſoit par le fait , que le réſultat de tous les intérêts particuliers , il n’y a point de moyen plus juſte , plus efficace & plus infaillible de comprimer & de contenir l’intérêt particulier de chacun , que de lui oppoſer la force , la vigilance & l’activité des intérêts particuliers de tous : c’eſt là le produit de la liberté indéfinie; en prévenant les *abus* , elle ne laiſſe rien à reprimer.

Dira-t-on qu’il n’en eſt pas du caractere & des mœurs du François comme du caractère & des mœurs de l’Anglois, & que le commerçant Anglois, *lent & patriote, ſe contente d’un gain plus modéré , mais répété plus ſouvent , pliant & accommodant ſon intérêt perſonnel à l’intérêt commun*; au lieu que le commerçant François , *vif & indif-*

férent *sur le bien public , veut s'enrichir,* pour ainsi dire, *par une seule opération,* ne consultant que son avantage propre , & sacrifiant tout au desir immodéré d'élever sa fortune.

Je n'ai pas lieu d'avoir plus mauvaise opinion du commerçant François que du commerçant Anglois. Il est très juste qu'ils travaillent l'un & l'autre pour leur profit particulier comme tous ceux qui travaillent. Il est vraisemblable que l'un s'enrichira, s'il le peut , comme l'autre, par un coup de main. Il est certain qu'il y a en Angleterre beaucoup d'immenses fortunes acquises par le commerce & par de gros gains plus ou moins subits. Il ne paroît pas qu'en fait d'entreprises lucratives, la *vivacité Françoise* laisse la *lenteur Angloise* en arriere. Il est démontré que les marchands Britanniques pompent sans cesse & epuisent la richesse nationale. On ne voit dans le Gouvernement de la Grande-Bretagne qu'un conflit eternel de leurs intérêts & de l'intérêt public, ordinairement terminé par le sacrifice de la nation. On ne les trouve pas désintéressés dans le commerce des grains , où ils levent sur les peuples un tribut usuraire, tant par le haut prix qu'ils ont l'adreſſe de maintenir à la faveur de l'exclufion des etrangers , que par la gratification qu'ils parviennent fouvent à ſe conferver par des maneges d'une avide cupidité.

Dira - t - on qu'*il eſt univerſellement reconnu que l'Angleterre ne recueille uniquement que des grains , & que ſon abondance etant renfermée dans cette production , il convient d'en permettre , d'en exciter même la ſortie , d'une utilité,* d'ailleurs, *ſi ſenſible* pour la marine ; au lieu que les productions de la France *ſont variées à l'infini ,* que ſon ſuperflu en grains *ne peut être comparé à celui de l'Angleterre ,* & que *ſon ſuperflu le plus remarquable conſiſte dans la ſurabondance de ſes liqueurs dont la libre ſortie n'a jamais eprouvé* d'obſtacles , (1) *reſſource que l'on peut comparer au bénéfice de l'exportation des bleds d'Angleterre ?*

Seroit-ce donc un malheur & une degradation pour la France que de vendre en même tems des bleds & des vins à

(1) Les traites extérieures des vins ont eté quelquefois prohibées, du moins virtuellement par la défenſe générale d'exporter les denrées, & même explicitement , comme en 1559, &c.

d'environ

l'etranger ? Seroit-elle dans un etat floriffant, lorfqu'avec deux fois plus de ter-
rein que l'Angleterre, elle n'auroit qu'un
commerce egal au fien en productions du
fol ? La Grande-Bretagne n'auroit-elle
pas d'autres branches territoriales de commerce à favorifer, telles que les viandes
falées, le beurre, le fromage, les fruits,
le poiffon, les laines, les cuirs, l'etaim,
le plomb, le charbon de terre, &c. ? Et
fi elle favorife, finon uniquement, du
moins principalement, la culture & le
commerce des grains, parce que c'eft la
plus utile des cultures & le meilleur des
commerces, *il ne faut pas adopter fa conduite !* Quand il feroit vrai que nous
euffions moins de grains à vendre au dehors que les Anglois, que nos récoltes
ordinaires ne fuffent pas deux ou trois
fois plus confidérables que les leurs, &
qu'avec une confommation à peu-près
double de la leur, il ne nous reftât pas
un excédent au moins deux fois auffi fort,
ne feroit-il pas encore bon d'encourager
la culture de la production la plus néceffaire, en lui procurant une haute valeur
vénale, & de rétablir nos moiffons fur le
pied où elles furent autrefois ? Quant à la

P

marine, le Gouvernement de France pense comme celui d'Angleterre, qu'il est important de multiplier nos vaisseaux marchands.

L'exportation convient donc à la France autant & plus qu'à aucun autre Etat de l'Europe. Avançons & examinons si elle lui auroit eté nuisible, comme les partisans des prohibitions le supposent. Nous auroit-elle enlevé une partie de notre nécessaire depuis l'année 1764 ? Auroit-elle eté assez forte pour élever les grains à un prix excessif & plonger le Royaume ou quelques Provinces dans la disette ? Cette importante question doit-être résolue par les faits & les calculs. Je fonderai les faits sur les titres & les témoignages que l'histoire est forcée de reconnoître. J'etablirai les calculs sur des bases que les spéculateurs les plus timides ont constamment adoptées. On m'opposera des doutes, des possibilités, des conjectures, des suppositions, je les detruirai d'abord, quoiqu'elles ne soient pas dans l'ordre des preuves; je les admettrai ensuite, afin de pousser nos plus opiniâtres adversaires jusques dans les derniers retranchemens du pyrrhonisme. Si je ne parlois que pour des

Magiſtrats, je m'epargnerois une partie de ce travail ; leur ſagacité & leur droiture rameneront bientôt au vrai leur religion ſurpriſe par leur ſenſibilité ou prévenue par les anciennes loix.

Il n'y a point d'autre voie pour trouver, du moins par approximation, la ſomme des grains exportés depuis 1764, que de faire le relevé exact des regiſtres des Bureaux établis aux débouchés ſoit de *mer*, ſoit de *terre*, pour la perception des droits à lever ſur cette denrée. S'il etoit un moyen d'avoir des etats plus certains, on l'auroit indiqué, on l'auroit employé, on nous l'auroit oppoſé. C'eſt ſur de pareils regiſtres que les politiques & les gouvernemens, ont, dans tous les tems & dans tous les lieux, fondé leurs ſpéculations & leurs opérations economiques. L'hiſtoire n'a point de garant plus authentique des eſtimations qu'elle rapporte de la finance & du commerce des nations. L'intérêt particulier tient ces regiſtres, il eſt ſouverainement utile au gouvernement de s'aſſurer de leur fidélité, on n'a point de raiſons ſolides de les inculper de faux ; ainſi nous croyons pouvoir préſenter les relevés ſuivans des exportations & des

Moyen unique de connoître la quantité des grains exportés.

P ij

importations , faits avec la plus ſcrupu-
leuſe exactitude , comme des titres ſur
leſquels l'eſprit déſintéreſſé aſſied un jugement que de vagues allégations confirment , loin de l'ebranler. Nos tables em-
braſſeront les traites par terre comme par
mer,ce qui ne permettra plus à nos adverſaires de mettre en avant les *quantités
inconnues* des exportations par terre. Elles
commenceront au mois d'Octobre 1764,
deux mois après la premiere publication
de l'Edit , ſans pour cela retrancher deux
mois d'exportations ; car la loi n'a pas
eté auſſi-tôt enregiſtrée & exécutée dans
tout le Royaume ; & d'ailleurs il eſt très-
ſimple d'imaginer que pour un commerce
entierement nouveau , il a fallu au moins
autant de tems au marchand pour faire
ſes informations , ſes ſpéculations , ſes
achats , ſes tranſports intérieurs , ſes em-
barquemens , qu'il en a fallu aux Fermiers Généraux pour dreſſer leur régie à
laquelle le marchand n'auroit vraiſemblablement pas echappé, même avant qu'elle
eût acquis ſa forme complette. **Ces** etats ne
s'etendent point juſqu'au moment préſent,
parce que l'exportation eſt généralement
ou preſque généralement arrêtée , & que

fi elle continue, comme on l'a affuré, à Bayonne, à Bordeaux, à la Rochelle, les traites par trois ou quatre ports ne font que des filets infenfibles, qui vraifemblablement s'ecoulent, du moins en partie & peut-être en totalité, foit dans nos colonies, foit dans les provinces difetteufes du Royaume; car pour fecourir nos colonies & nos provinces, il faut qu'il y ait des ports ouverts, & ces fecours ne font pas exportation. Cependant pour ne pas engager une conteftation fur un objet de nulle importance dans notre caufe, nous fuppoferons, fi l'on veut, que dans le dernier quartier de l'année 1768, l'exportation a atteint le terme moyen des quartiers précédens, quoiqu'elle ait dû diminuer & même ceffer prefqu'entierement à raifon de l'augmentation des prix, & de la clôture prefque générale des ports. Enfin, nous défalquerons de la fomme des exportations celle des importations concomitantes, parce que le vuide réel, caufé par la liberté du commerce, n'eft que de l'excédent des exportations fur les importations (1).

(1) Ces Etats feront placés à la fin de l'ouvrage.

Il réfulte de ces etats que l'exportation, déduction faite de l'importation, a eté en 1765 de fix à fept cents mille feptiers, en 1766 de quatre à cinq cents mille, en 1767 de cinq à fix cents mille, & en 1768 de deux à trois cents mille, en prenant pour le dernier quartier, le tiers des trois quartiers précédens, quoiqu'elle ait eté alors prefqu'entierement fufpendue. Ainfi en quatre années, il n'eft pas forti, à beaucoup près, du Royaume deux millions de feptiers de grains, ou cinq cens mille feptiers par an, c'eft-à-dire, la quatre-vingt ou quatre-vingt-dixieme partie d'une récolte commune, eftimée au plus bas taux à quarante ou quarante cinq millions de feptiers ; c'eft-à-dire, la vingtieme partie de l'excédent des années ordinaires, en fuppofant avec les calculateurs qui s'oppoferent le plus ardemment à l'exporta- tion, l'excédent à un dixieme de la ré- colte ; c'eft-à-dire enfin, cinq ou fix jours au plus de la fubfiftance totale du Royau- me. Il eft à remarquer qu'en 1768 on n'a pas exporté plus de la cent quatre-ving- tieme partie d'une année moyenne, plus de la quatre-vingt-dixieme partie d'une demi-récolte, ou de deux jours ou deux jours & demi de la subsistance totale de la nation.

On a dit que ces etats avoient eté argués & convaincus de faux par le commerce : où & comment ? Il ne s'agit pas de prétendre, il faut prouver : mais supposons que ces etats soient réellement fautifs & incomplets, & qu'il se soit furtivement echappé une grande quantité de bleds par les lieux où les bureaux ne les contenoient pas. Je dirai d'abord que ces traites clandestines, quelquefois très considérables sous le regne des prohibitions, ne peuvent être que très-rares, sous la protection de la liberté ; parce que les droits sur l'exportation sont trop modiques pour que le commerce, cherchant à les frauder, s'engage dans des voies détournées qui accumulent les frais , & s'expose aux risques qu'une matiere de si gros volume ne peut manquer de courir Je dirai en second lieu qu'il en auroit eté de l'importation comme de l'exportation, & qu'il faudroit encore déduire les transports secrets des bleds etrangers du tarif des transports extérieurs du bled national. Enfin je demanderai à quel taux l'on veut fixer la quantité de ces traites ? A un

Vérité des Etats donnés ci dessous.

P iv

quart , au tiers , à la moitié des exportations connues ? Je les ſuppoſerai egales ou même plus fortes , ſi on le ſouhaite ; & après avoir prouvé qu'elles n'auroient pas eté nuiſibles , je démontrerai qu'elles auroient eté très-utiles.

Quelque ſup. poſition que l'on faſſe, l'exportation n'a pu être nuiſible.

Notre ſuppoſition ſera donc que la ſomme totale des grains ſortis du Royaume a eté dans les trois premieres années d'environ trois millions de ſeptiers, & en 1768 d'environ cinq cens mille (1). Ces trois millions, cinq cens mille ſeptiers, ne font pas la vingtieme ou la trentieme partie des grains des années antérieures à l'exportation, amoncelés dans les greniers. Depuis 1758 , les récoltes avoient eté abondantes preſque ſans interruption, de maniere qu'à la fin de l'année 1760, ſuivant un témoignage non ſuſpect rendu à l'Aſſemblée générale de police, on trouva par un récenſement auſſi exact qu'il fut poſſible de le faire, *deux grands tiers*

____

(1) Il eſt bon de remarquer que l'achat d'un million de ſeptiers de grains exige, à 20 liv. ſeulement le ſeptier, un fonds de 20 millions de livres , & qu'il faut pour tranſporter ce million de ſeptiers environ 600 bâtimens. Ajoutez à cela les frais de tranſport.

de récoltes de bleds vieux, outre la récolte de l'année (1). En 1763, la moisson fut immense, ce qui donnoit au moins deux années de nourriture entiere à la nation. Ainsi lorsqu'on a commencé à ouvrir les ports, il existoit, la consommation de 1764 prélevée, une provision de grains pour deux années, ou à prendre toujours, suivant ma méthode, le terme le plus bas possible, une année & demie, une année du moins, sur quoi l'on aura vendu dans quatre ans à l'etranger la subsistance na-

(1) MM. les Députés du Commerce, consultés en 1764 par le gouvernement sur l'opportunité ou l'inopportunité du tems pour l'exportation, ainsi que sur ses avantages ou désavantages, &c. répondirent qu'*à juger de la quantité de grains que la France renfermoit, par le prix auquel ils s'y vendoient depuis long-tems, on ne pouvoit douter qu'il n'y en eût une très-grande abondance.* Le Bureau de la Ville de Paris répondit à la même question, que *les tems où l'exportation des grains pouvoit être permise & favorisée avec plus d'avantage & le moins d'inconvéniens, etoient, sans difficulté, les tems d'abondance; qu'une suite de dix à douze récoltes, dont les moindres avoient eté d'une année commune, ainsi que le bas prix qui s'etoit soutenu depuis plusieurs années, faisoient présumer avec raison que le Royaume devoit être surchargé de grains, & que par conséquent il ne pouvoit y avoir un tems plus favorable, pour ouvrir les débouchés à cette surabondance.* (Rapport fait au Conseil du Roi).

tionale de dix ou quinze jours; trois ou quatre millions ſur quarante ou quatrevingt millions de ſeptiers & au-delà.

En 1765, on n'a exporté que des bleds vieux & à demi gâtés que l'on a trouvés de mauvaiſe qualité en Italie, en Portugal & en Eſpagne. La récolte de 1764 eſt reſtée toute entiere avec une immenſe réſerve des années précédentes. De façon que les grains etoient encore en 1766 en non-valeur dans le Bourbonnois, le Nivernois & autres lieux méditerranés. Nous avons eu depuis une récolte ordinaire qui a donné un excédent d'un dixieme audelà des beſoins dela nation. Enfin en 1768, on n'a preſque rien exporté, & on prétendra que l'exportation aura *cauſé la diſette & fait craindre la famine!*

Une vente de deux millions de ſeptiers de grains aura valu à l'etat cinquante millions en argent, à 25 liv. le ſeptier: une vente double lui auroit valu le double. Le laboureur aura employé chaque année en amélioration de culture des ſommes proportionnées au prix des ventes au-dehors; la reproduction relative en grains aura donc eté beaucoup plus forte que la conſommation etrangere, dans le cours naturel des choses. Il résulte de là que dans l'hypothese même la plus défavorable, suivant l'opinion de nos adversaires, les produits directs de l'exportation auront au moins rempli les vuides qu'elle auroit faits. Ce n'est pas assez : l'exportation a fait hausser le prix des grains au profit du cultivateur, & par conséquent au profit de la culture, & par conséquent au profit de la reproduction ; & si le prix a augmenté seulement d'un dixieme pour la premiere main, les avances de la culture auront dû augmenter à proportion, & la reproduction générale aura dû être proportionnellement plus forte qu'elle ne l'auroit eté sans ce bénéfice, puisque la terre rend au moins le double de ce qu'on lui confie. Il résulte de là que l'exportation a réellement plus donné qu'elle n'a ôté dans des tems malheureux, & que dans tous les cas possibles, elle donnera plus & infiniment plus qu'elle n'ôtera.

Je supprime les calculs, il me suffit de rendre la vérité palpable. Chacun sent que la vente d'un septier de grain doit procurer la reproduction de plus d'un septier, & que la non-vente d'un septier de grain en souftrait au contraire plus d'un

L'exportation aura au contraire d'autant plus profité à l'Etat, qu'elle aura plus fait sortir de bled; & elle aura toujours nécessairement cet effet.

septier à la reproduction. Chacun sent
egalement que le bon prix des ventes augmente les avances de la culture, tandis
que leur bas prix les diminue, & que la reproduction est en raison des avances. Or
l'exportation a fait vendre ce qui n'auroit
pas eté vendu, & elle a fait bien vendre
ce qui n'auroit pas eté bien vendu ; ce
qu'elle a fait, elle le fera, puisque c'est son
effet nécessaire. Donc l'exportation a con-
tribué & contribuera toujours nécessairement à entretenir & à augmenter l'abondance future. Donc depuis l'année 1764,
l'exportation a procuré, chaque année,
des récoltes plus fortes. Donc il a mieux
valu, donc il vaudra toujours mieux vendre
ses grains que de les garder, parce que les
greniers ne les multiplient pas & souvent
même ne les conservent pas, au lieu que
la culture les conserve toujours en les re-
produisant, & les multiplie. Garder ses
grains, c'est enfouir son argent & frustrer
des hommes de leur subsistance ; vendre
ses grains, c'est placer son argent à gros
intérêt & nourrir des hommes.

D'autres ecrivains calculeront les rapports des avances procurées par l'exportation avec la multiplication des denrées,

l'augmentation progreſſive des récoltes ſubſéquentes par chaque augmentation annuelle des avances, l'utilité de la circulation de plus de 50 millions verſés dans l'Etat par le commerce, le bénéfice du haut prix de nos ventes faites au midi, comparé avec le moindre prix de nos achats faits au nord ; les avantages du mouvement donné à la denrée intérieure par l'exportation ainſi que par l'importation qu'elle a excitée d'autant plus fortement qu'elle a elle-même été plus active & plus libre ; les effets de l'encouragement des anciennes cultures dont une partie auroit été infailliblement abandonnée ſans l'ouverture des débouchés ; les produits des defrichemens, leſquels n'ont pu être opérés que dans l'eſpérance & ſur la promeſſe de la liberté des ventes extérieures, &c. &c. Il ſuffit ici de réunir quelques rayons de la vérité pour donner l'evidence, & il demeure démontré que l'exportation, même ſuivant les ſuppoſitions gratuites de nos adverſaires, a toujours été trop foible pour nous ôter le néceſſaire d'une récolte à l'autre, & que plus elle aura été forte, plus elle aura été ſuivie de récoltes abondantes.

Dira-t-on encore que ce ne ſont là que de vaines ſpéculations ? Quoi ! quand on démontre qu'une cauſe produit néceſſairement un tel effet, l'on ne pourra pas conclure que ſi la cauſe exiſte , l'effet exiſte auſſi ! Il ne ſeroit pas vrai dans la pratique , que la vente d'une denrée attire de l'argent, que l'argent dans les mains du cultivateur améliore la culture , que l'amélioration de la culture augmente la reproduction des ſubſiſtances, que la multiplication des ſubſiſtances procure l'aiſance & le bonheur à la nation ! Sont-ce là des ſpéculations vai-nes ? N'eſt-ce pas là l'hiſtoire des Etats depuis l'origine de l'agriculture juſqu'à ſa décadence ? La renaiſſance de la culture dans toutes les provinces du Royaume eſt-elle un fait, un fait connu & avoué de la nation entiere , un fait à jamais conſacré dans nos faſtes par les dépoſitions d'une foule de Compagnies reſpectables & eclai-rées , rendues entre les mains du Légiſla-teur ! Les adverſaires de la liberté in-définie diſent eux − mêmes qu'ils con-noiſſent telle province intérieure , où il y a eu un *quart de bled ſemé en ſus des années antérieures à l'exporta-*

tion (1). On compte plus de 50000 arpens de terre defrichés en Provence depuis ce tems-là. La Provence, le Languedoc, la Guyenne, le Dauphiné, la Picardie, & d'autres Provinces atteſtent par leur expérience l'utilité de l'exportation ; elles demandent, comme tous les cultivateurs & tous les propriétaires inſtruits du Royaume, même de la Normandie & des autres lieux aſſervis aux prohibitions, elles demandent au Roi une liberté fixe, immuable & illimitée, ou du moins ſans reſtrictions nouvelles. Eſt - ce dans les villes où la liberté n'exiſta jamais ; eſt-ce dans les cantons où l'exportation n'a eté que momentanée, qu'il faut chercher l'expérience & compter les ſuffrages ?

La Ville de Paris n'a jamais eté délivrée du joug des Reglemens, la Ville de Rouen tient depuis plus de deux ans ſon port dans la chaîne : eſt-ce là que l'on aura vivement reſſenti les bienfaits de l'exportation ? Eſt - ce là qu'on en jugera auſſi ſainement que dans les pays libres ? C'eſt là qu'on s'en plaint, ailleurs on lui attribue le ſalut des peuples.

Quelques Villes n'ont pu reſſentir les bons effets de l'exportation, faute de liberté.

(1) Voy. l'*Examen du livre intitulé*, Principes ſur la liberté du commerce des grains.

Témoignage des Etats du Languedoc en faveur de l'exportation.

« L'exportation ſeule , diſent au Roi
„ les Etats de Languedoc (1) , l'exporta-
„ tion ſeule a mis le Languedoc en etat de
„ ſupporter ſes charges. Si cette exporta-
„ tion etoit défendue , le zele de vos peu-
„ ples ſeroit le même ; mais une impoſſibi-
„ lité réelle arrêteroit leurs efforts ; la
„ ſuſpenſion même ſeroit capable de les
„ jetter dans le découragement. Quand
„ elle eſt l'effet de la loi , l'eſpérance d'en
„ voir la fin les conſole : ſi elle devenoit un
„ acte de votre volonté ſuprême , ils crain-
„ droient qu'on ne fût parvenu à jetter
„ de l'incertitude dans vos conſeils. . . Au
„ lieu de nouvelles loix prohibitives , dai-
„ gnez rendre celle de l'exportation plus
„ facile & plus générale. . . On invoque ,
„ Sire , contre cette loi les vœux d'une
„ partie de vos ſujets accoutumés au luxe

(1) *Très-humbles & très-reſpectueuſes ſupplications
des Etats de la Province de Languedoc au Roi* , ſur le
commerce des grains ; Décembre 1768. Voy. auſſi
la lettre du Parlement de Touloufe (du 22 Décembre dernier) au Roi , pour le remercier de l'Edit qui
permet l'exportation des grains , & lui demander
l'ampliation de cette loi. Nous en citerons ci-deſſous
les principaux traits ; elle préſente le contraſte le plus
frappant de la ſituation du Languedoc & d'une partie de la Guyenne ſous les deux régimes.

&

„ & à l'aifance des villes , l'expérience de
„ quelques mois , avant lefquels l'exporta-
„ tion avoit déjà ceffé , l'excès de la cherté
„ dans la Capitale où les Reglemens an-
„ ciens font exécutés; & nous invoquons,
„ Sire , en faveur de cette même loi , le
„ vœu de tous les propriétaires , celui de
„ toutes lesprovinces , celui de la nature
„ même , qui défend de faire injuftice aux
„ uns pour être utile & fecourable aux au-
„ tres. Nous en appellons à l'expérience
„ publique , à l'aifance répandue dans tou-
„ tes les conditions , à l'augmentation de
„ la culture , aux defrichemens multi-
„ pliés , au renouvellement qui s'eft fait
„ dans votre Royaume , depuis que la loi
„ de l'exportation a eté publiée ».

Il y a deux ans que cette refpectable
Affemblée des Repréfentans, non de quelques corps d'une ville en prohibitions ,
mais d'une grande province jouiffant de la
liberté du commerce , tenoit , après les
plus mures délibérations , le même langage , en fuppliant le Roi d'ôter les reftrictions qui la gênoient encore. Cependant les grains ont eté dans cette province
à un prix très-haut ; cependant
elle eft voifine des pays qui font dans un

besoin presque habituel ; cependant elle a beaucoup vendu & n'a presque rien acheté. Ses ventes lui avoient procuré des moyens de payer le bled plus cher , & ces moyens ont circulé dans les mains du peuple par l'augmentation sensible & du travail & du prix des salaires.

Témoignage du Parlement d'Aix.

La Provence a peu de grains , l'exportation lui cause même une sorte de préjudice par la plus-value de la denrée qu'elle est obligée d'acheter en partie : & toutefois le Parlement d'Aix a rendu, en faveur de l'exportation , des témoignages d'autant plus puissans , que ces considérations locales y sont plus opposées. » La liberté » de l'exportation des grains , accordée au » Royaume par une loi solemnelle , ayant » ranimé la culture dans toutes les Provinces , a dit cette respectable Compa- » gnie , (1) il y avoit lieu de croire » qu'on ne chercheroit plus à obscurcir » des vérités démontrées par le raison- » nement & par l'expérience. Cependant » l'ancien préjugé n'est pas totalement » detruit : la cupidité l'entretient dans

(1) Lettre de M. de la Tour, premier Président du Parlement d'Aix, à M. le Contrôleur général, du 8 Juillet 1768.

» l'efpoir de ramener le monopole ; elle
» profite de tous les evénemens pour
» exciter des murmures ; elle les fait naî-
» tre , & ce qu'il y a de fâcheux , c'eft
» que des perfonnes bien intentionnées fe
» laiffent féduire & qu'on trouve le fecret
» d'intéreffer la vertu & l'humanité mê-
» me , à la deftruction d'un des plus
» grands biens que la légiflation ait pu
» procurer à l'humanité ». Elle ajoute (1)
en réponfe aux objections d'une autre
Compagnie ; » il n'y a point de plaintes
» à former contre l'exportation . . . fous
» les aufpices des nouvelles loix , nous
» avons affifté nos voifins , qui ont payé
» nos fecours , nous avons eprouvé une
» cherté trop grande, mais... exceffive nulle
» part. Le cultivateur a profité du bon
» prix , il a augmenté fon travail ; quel-
» ques particuliers ont fouffert , aucune
» Province n'a eté accablée , le corps de
» l'etat a gagné par les fommes qui
» font entrées dans le Royaume , &
» encore plus par l'augmentation de la
» culture.

(1) Lettre du Parlement de Provence au Roi fur le commerce des grains , préfentée au Roi le 18 Décembre 1768.

Q ij

Je conviendrai, de bonne foi, que je ne sçaurois répondre à une objection proposée dans un ecrit publié sous le titre, peut-être faux, mais toujours respectable de *Remontrances* ; je ne la comprends pas, quelque peine que j'aie prise pour en découvrir le sens. » On s'efforce, est-il dit, „ d'accréditer l'opinion que les récoltes ont „ eté même au dessous du médiocre, & „ que les saisons ont influé sur les va- „ leurs : la vérité est qu'il y avoit abon- „ dance dans ce Royaume, puisque l'on „ crut devoir exporter : le motif originai- „ re fut la nécessité de venir au secours „ des laboureurs accablés sous le poids de „ leurs grains. La justification actuelle sur „ l'effet de l'exportation, est la durée des „ mauvaises récoltes ; la conséquence doit „ donc être, qu'il y a eu au moins défaut „ de prévoyance, exportation excessive, „ & qu'il est indispensable d'y mettre des „ bornes etroites, parce que l'indéfini ne „ peut exister parmi nous sans entraîner „ les plus grands abus ».

Voudroit-on dire que nous avons toujours eu de bonnes récoltes depuis 1764 ? Cela ne se peut pas, la nation en corps démentiroit cette assertion.

Voudroit-on dire que *les faifons n'in-fluent pas fur les valeurs* ou prix ? Cela ne fe peut pas , ce feroit dire qu'elle n'influent pas fur les récoltes.

Voudroit-on dire qu'avant l'Edit d'exportation, le *laboureur* n'etoit pas *accablé fous le poids de fes grains?* Cela ne fe peut pas , il n'y a qu'à fe rappeller entre mille témoignages irrécufables rendus alors , celui du Parlement de Rouen.

Voudroit - on dire qu'il ne falloit pas permettre l'exportation, quoique le laboureur ne pût pas , fans le fecours de l'exportation , continuer fa culture ? Cela ne fe peut pas , il faut, pour vivre , femer & recueillir.

Voudroit-on dire que la durée des mauvaifes récoltes , eft une fuite de l'exportation dont on prétend qu'elle conftate *l'excès?* L'exportation ne fait pas les mauvaifes faifons , & par la promotion de la culture , elle concourt à procurer de meilleures récoltes.

Voudroit-on dire que plufieurs récoltes ayant eté fucceffivement mauvaifes , l'exportation n'a pas pu avoir lieu, fans dégarnir le Royaume du néceffaire? Ce feroit vouloir prouver que l'exportation a

eté onéreufe & malfaifante, par la fup-
pofition gratuite qu'elle a dû l'être.

Voudroit-on dire qu'il falloit prévoir
l'intempérie fi conftante des faifons, pour
garder encore les grains accumulés pendant
plufieurs années ? On ne prédit pas les
variations des récoltes comme les révolutions de la lune.

Voudroit-on dire qu'il auroit fallu, à
tout hazard, les moiffons pouvant n'être
pas abondantes, fe réferver les vieux
grains plutôt que de les vendre au dehors? Une pareille *prévoyance* interdiroit
à jamais l'exportation, elle auroit ôté au
laboureur le moyen de femer, elle nous
auroit laiffé des grains vieux & mauvais,
fans moyens d'acheter, au lieu de bleds
nouveaux que la liberté nous a procurés,
avec le moyen de les payer.

Voudroit - on dire que l'*indéfini* etant
abufif, l'exportation a eté *exceffive* & *illimitée* ? Le taux prohibitif la limitoit, elle
s'eft arrêtée de toutes parts, elle fera toujours néceffairement limitée par la nature
des chofes, par l'impoffibilité de vendre
avec profit nos grains à l'etranger, quand
ils font chers.

Voudroit-on dire que la liberté indéfinie entraîneroit néceffairement parmi nous des exportations fans bornes? Il n'y a point de cupidité, qui porte un marchand, *même en France*, à aller vendre aux etrangers des grains, fans bénéfice & même au-deffous du prix qu'ils lui couteroient rendus dans leurs ports.

Voudroit-on dire qu'il conviendroit de *définir* ou *fixer* la quantité des grains *exportables*, afin de ne pas être expofé aux *abus* de l'*indéfini* ? Pour faire cette opération fuivant les idées de l'Auteur, il faudroit non-feulement fçavoir ce qu'il doit y avoir de grains employés, confommés, perdus dans l'année ; mais encore *prévoir* quel feroit le défaut des récoltes prochaines, pour y fuppléer par des réferves proportionnées ; quelles pourroient être les importations, pour diftraire de là une quantité relative, &c, &c, &c. Il faudroit donc demander à Dieu le don de prophétie qu'il ne nous accorderoit pas, & qu'il ne pourroit nous accorder que pour nous punir, par la détérioration de la culture, d'avoir méconnu fes Loix que la nature nous enfeigne.

Réfumons & concluons. L'exportation a fait refleurir les campagnes & rehauffer les moiſſons, elle n'a donc pas produit la diſette.

L'exportation a multiplié d'un côté les ſubſiſtances, & de l'autre les moyèns de les payer, elle n'a donc pas engendré la miſere.

L'exportation a ceſſé, lorſque le grain a été à 30 l. le ſeptier, & même au-deſſous : elle n'a donc pu en faire monter le prix au-deſſus de 40, elle n'a donc pas cauſé la cherté dont on ſe plaint.

L'exportation ſoutient, comme il eſt prouvé par des relevés exacts, le prix commun au-deſſous de 25 liv. en Hollande & à 23 livres en Angleterre avec la gratification, laquelle doit en porter le taux à trois livres au-deſſus du prix naturel : pourquoi auroit-elle en France un autre effet ? Et ſi elle n'a point d'autre effet en France, elle n'y fera donc point, à proprement parler, renchérir le grain, puiſque le prix commun des cinquante premieres années de ce ſiecle a été au deſſus de 20 livres.

L'exportation n'a point eté nuiſible, elle a eté au contraire très-avantageuſe, le taux prohibitif etant à 30 liv. pourquoi donc vouloir baiſſer ce taux à 24 liv. ſuivant le vœu de la plûpart des membres de l'Aſſemblée de Police ? Ce ſeroit l'interdire entierement & sans objet, ce seroit donner les clefs des ports aux monopoleurs, car ces monopoleurs ont eu l'adresse de hausser les grains jusqu'au taux de 30 liv.

L'exportation ne nous a rien ôté, puisque tout ce qu'elle a pris a eté abondamment remplacé par l'augmentation de la culture : elle ne nous ôte rien, puisqu'elle est suspendue de toutes parts. Il ne faut donc pas envoyer *des Commissaires* dans la province pour juger s'il n'est pas à propos de l'arrêter, sur-tout quand la voix publique, les instructions particulieres, & le rapport ou l'aveu de la plûpart des membres de l'Assemblée de Police, nous annoncent l'abondance (1). Il vaut mieux que le Gouvernement donne des aumônes aux pauvres invalides, & du travail aux pauvres valides, suivant l'offre

(1) **Le Bureau** de la Ville de Paris consulté en 1764 sur ces objets, exposa qu'on ne pouvoit se dispenser de s'en rapporter (à cet egard) aux renseignemens envoyés par MM. les Intendans, *quoique fournis à MM. les Intendans par les Subdélégués, & pris par ceux-ci des syndics ou fermiers, souvent peu instruits ou intéressés à ne pas les donner exacts ; mais qu'il n'etoit aucune voie convenable de s'en procurer de plus assurés.*

Le baissement du prix des grains justifie aujourd'hui ce que nous avions ecrit sur l'abondance, & dément une prédiction faite par nos adversaires.

faite dans cette Aſſemblée par M. le Lieutenant Général de Police, que de payer
une inutile & terrible inquiſition. Je dis
que cette inquiſition ſeroit terrible & inutile, parce qu'il faudroit qu'elle fût générale pour donner des lumieres ſuffiſantes,
& qu'une inquiſition générale ſeroit une
guerre declarée contre toute la nation,
contre le commerce, contre l'agriculture,
contre la liberté perſonnelle ; & que cette
guerre ne ſeroit pas près d'être terminée,
lorſque le tems de la nouvelle moiſſon arriveroit ; & que quand elle auroit arraché
le ſecret de toutes les familles, il faudroit
une inquiſition nouvelle pour connoître
la population & les facultés de chacun &
d'autres myſteres. Jamais commiſſion n'en
apprendra plus que l'opinion commune des
campagnes, & il ne faut point de commiſſion pour s'inſtruire de l'opinion publique.

L'exportation a diminué à meſure que
le grain a renchéri, elle s'eſt arrêtée d'elle-
même, en Picardie, ſuivant le rapport de
la Chambre de commerce (1) aſſemblée le 8
Août dernier, lorſque le bled a eté au-
deſſus de 24 liv. la ſomme du poids de

______

(1) Cette Chambre eclairée a opiné que la liberté
de l'exportation devoit être indéfinie. C'eſt ici le vœu
d'une Province du Nord.

300 livres; quoique la liberté exiftât jufqu'à 37 liv. 10 fols, equivalent du prix
de 30 liv. le feptier de Paris; la prohibition eft donc inutile, & il faut conclure
de là que le bled exporté par les ports où
le prix approchoit du taux prohibitif,
avoit eté acheté, non dans ces ports, mais
dans d'autres marchés où il etoit à un prix
fort inférieur.

L'exportation n'a pas pu enlever des
grains achetés dix ecus & même au-deffous; car les Hollandois (1) offrent du bled
dans tous les tems à 25 l. par-tout où ils n'ont
pas à craindre d'être rançonnés, pillés,
arrêtés, gênés; des grains chargés de droits
de fortie hors du Royaume & d'entrée dans
les pays etrangers, de frais de tranfports,
de dépenfes de féjour, d'avaries & autres
pertes, ne pourroient être vendus avec
profit dans les lieux de leur deftination;
plus le bled feroit cher dans ces pays,
& plus l'affluence des marchands etrangers
feroit grande, & plus les marchands nationaux fe hâteroient de baiffer les prix &

______

(1) Il y a quelque tems qu'un Marchand de cette
nation offrit, dit-on, autant de grains qu'on en voudroit, à 24 l. & même au-deffous, pourvu que tous
les pouvoirs qu'il croyoit avoir à craindre lui en ga-
rantiffent la fûreté & la pleine liberté.

de prévenir leurs ventes; la concurrence etrangere, la crainte feule de cette
concurrence a dans tous les tems, opéré
une diminution prompte & notable, d'un
dixieme, d'un cinquieme, d'un tiers, de
moitié dans les prix , révolution ordinaire très - connue des marchands ; car
la récolte ayant manqué en 1764 en Angleterre, & le grain etant monté rapidement à un taux extrême , on n'eut qu'à
femer des bruits d'importation pour le faire
auffi-tôt baiffer prefqu'au prix commun ,
& l'on n'eut qu'à fupprimer les droits
d'entrée, pour qu'en moins de dix jours,
c'eft-à-dire, avant que cette nouvelle eût
pu exciter les fpéculations de l'etranger,
le prix tombât de 31 liv. 12 fols à 24 liv.
14 fols. Donc la prohibition ne fert qu'à
enfermer la difette & la cherté dans les
ports, & peut-être en même tems la furabondance & la non-valeur dans les marchés intérieurs du Royaume; donc la prohibition ne fert que le monopole; donc il
faut la fupprimer.

L'exportation eft malheureufement arrêtée de toutes parts par la loi même qui l'a
permife; il ne faudroit donc pas une nouvelle loi pour l'interdire, quand même
cette fufpenfion feroit néceffaire. Les

provinces investies de prohibitions se plaignent de ce qu'il y a encore quelques ports ouverts. Les esclaves volontaires ne devroient pas se plaindre de ce qu'il y a des hommes libres, & il n'est pas juste que celui qui ne veut pas gagner sa vie, empêche les autres de la gagner. Chacun est libre, pour jouir de ses droits & profiter de ses avantages. Les habitans des pays clos pensent-ils que la liberté conduise la denrée vers les ports ouverts? Qu'ils demandent donc au Gouvernement que leurs ports se rouvrent, ou du moins que le baissement du prix au-dessous de 30 livres, releve de lui-même l'exportation sans formalité, comme sa crue, jusqu'à 30 l. la suspend sans intervention du Gouvernement ou de la Police; que les ports soient accessibles de tous côtés, & la denrée va venir avec affluence, puisqu'elle ne cherche que le besoin & le bon prix. Il ne faut pas faire du mal aux uns pour faire du bien aux autres: l'autorité, même avec des vues de bienfaisance, ne seroit alors qu'une tyrannie roulante. L'erreur porte toujours un caractere de reprobation, elle nous rend ennemis des autres & souvent de nous-mêmes.

L'exportation a eté permise ou défen-

Observation sur le taux prohibitif.

due, fuivant le prix des ports ; or ces prix
ne pouvoient fervir de bouffole, parce
qu'il eft très-poffible que l'exportateur,
s'il trouve à vendre plus cher au-dehors,
ce qu'il a acheté cher, entretienne, pour
continuer fes traites, le bon marché dans
fon port, tandis que le haut prix fera dans
l'intérieur ; & le monopoleur fera de fon
côté la manœuvre contraire dans un cas
contraire ; c'eft-à-dire, que l'exportation
pourroit être indifféremment permife lorfque le grain feroit fort cher, & défendue
lorfqu'il feroit fans valeur. Il faudroit
donc etablir un prix de proportion pour
tous les marchés du Royaume, comme la
Chambre des Vacations de Rouen l'a demandé, ce qui fufpendroit de toutes parts
la circulation intérieure, non-feulement
de province à province, mais encore d'une
ville & d'un bourg à l'autre ; ou prendre
pour taux prohibitif le prix commun de
tous les marchés au lieu du prix des ports,
comme un Magiftrat refpectable l'a propofé dans l'Affemblée de Police, ce qui
auroit mieux valu, car l'exportation n'auroit eté arrêtée nulle part ; mais ce qui auroit, entr'autres inconvéniens, celui de
ruiner de tems à autre les propriétaires
des cantons où le grain feroit à vil prix,

sans empêcher que de tems à autre le grain ne fût à un prix exorbitant dans des provinces entieres. Il n'y a donc point de regle sûre & utile pour fixer les prohibitions; les prohibitions seront donc toujours hazardées & dangereuses ; il faut donc supprimer toute prohibition.

L'exportation a eté foible depuis 1764; elle ne sera donc jamais onéreuse & funeste; car elle s'est faite dans les conjonctures les plus critiques qu'il soit possible de rassembler; grande cherté en Italie & même en Sicile; besoin en Espagne & en Portugal; récoltes médiocres dans le Nord; inaction ou lenteur dans le commerce de l'Amérique Septentrionale ; exportation arrêtée & importation permise en Angleterre; & au milieu de tant de nécessités & avec si peu de concurrens, sur quatre récoltes, nous en avons eu deux mauvaises, & la meilleure n'a eté qu'une récolte ordinaire. *Observation sur l'etat de l'Europe, dans ces dernieres années.*

On a dit dernierement que l'exportation pourroit être plus dangereuse cette année qu'elle ne l'a eté dans les années précédentes, à cause de la cherté du grain en Angleterre, de son prix excessif en Portugal, & enfin des troubles de Pologne. Je remarquerai d'abord en général *Observation sur l'etat actuel de l'Europe.*

qu'il n'est point ou presque point d'année
où la récolte ne manque dans quelque
Royaume ; mais un Royaume n'est à l'e-
gard de l'Europe qu'une petite province
à l'egard d'un Royaume entier, avec cette
différence, que souvent la même cause qui
est nuisible à un pays, est favorable à un
autre : ainsi les accidens sont ordinairement compensés, & la balance des récoltes
générales est, à peu de chose près, annuellement la même. Quant à la quantité actuelle des grains de l'Europe, il
est certain que la récolte a eté abondante
en Angleterre, & que depuis la moisson
le bled est descendu même au-dessous
du prix commun, comme on peut le
voir dans les Gazettes du commerce, &
que le 6 Janvier il n'etoit qu'à 23 liv. 4
sols 6 den. En Portugal, la récolte a eté
très-médiocre, sans être absolument mauvaise. Si le Reglement par lequel l'Hôtel-
de-Ville a ordonné que l'on fermât les magasins & que les grains fussent portés au gre-
nier général pour y être vendus exclusive-
ment à tous autres endroits, a eté exécuté,
les prix ont pu s'elever assez haut, mais il
n'est pas vraisemblable qu'ils soient à 55 l.
comme on l'avance, ou qu'ils s'y mantien-
nent;car les Anglois, obligés par un traité

de

de fournir le Portugal de grains, n'auroient
pas manqué de profiter de cette cherté ; les
Hollandois qui ont dans leurs greniers des
provisions pour trois ans, n'auroient pas
renoncé au bénéfice d'une pareille vente ;
& les négocians de Marseille n'auroient
pas eté embarrassés, comme on assure qu'ils
l'ont eté, de cent-vingt mille charges de
bled qu'ils avoient dans leur port, où on
les a vendus tous les jours au rabais. Enfin il ne faut pas croire que les troubles de
Pologne arrêteront entierement les exportations du Nord. Le débit des grains est
absolument nécessaire à ces peuples ; plusieurs sont en paix ; leurs mers sont libres.
S'ils craignent de choisir Dantzick pour
le dépôt de leur denrée, il y a apparence
qu'il en passera directement une partie au
midi. Il y a eu des guerres générales dans
le Nord, la sortie des grains a même eté
défendue à Dantzick en 1757, & il ne
paroît pas qu'aucun canton de l'Europe
en ait souffert, ni par une exportation
excessive, ni par défaut d'importation.
Pour calmer les inquiétudes que cette con-
sidération peut exciter, il n'y a qu'à jetter
les yeux sur les prix de Hollande, dont

R

la ville de Dantzick eſt le principal gre-
nier ; il n'y a qu'à remarquer qu'outre
l'abondance qui regne en Angleterre,
l'Italie qu'il a fallu précédemment appro-
viſionner, a recueilli une ſi grande quantité de bled, qu'elle n'a pas craint de
r'ouvrir tous ſes ports, malgré les dernieres diſettes ; il n'y a qu'à obſerver que
la paix générale de l'Europe avec la Barbarie nous donne la facilité de ſuppléer
par des achats dans cette contrée au défaut des traites du Nord ; il n'y a qu'à ſe
rappeller enfin que toutes les exportations
du Nord réunies enſemble ne ſurpaſſent
certainement pas l'excédent d'une récolte
ordinaire de la France, à qui la Providence
ſemble promettre, cette année, de ſi
abondantes moiſſons. Il paroîtra ſans doute
un jour bien etrange que ce Royaume qui
peut, même avec une culture degradée,
faire ſeul du centre de l'Europe tout le
commerce que fait tout le Nord raſſem-
blé, & qui pourroit, avec une culture floriſſante, faire ſeul le commerce de l'Europe entiere, héſite s'il tiendra ſes ports
ouverts, & craigne de s'affamer s'il prend
une légere part à un commerce auquel

tant de nations de l'Europe & une portion de l'Afrique & de l'Amérique con-courent.

Enfin nous acheverons de diffiper toutes les craintes, par la connoiffance des faits les plus intéreffans que M. l'Abbé Baudeau, Prevôt Mitré de Widzynisky, a communiqués à M. le Marquis de Mi-rabeau, dans une lettre datée de Grodno, le 16 Février 1769, concernant les grains de Pologne. Ce *célebre* Economifte qui n'a point *fait de triftes adieux à fa patrie*, & qui n'a point *abjuré les fentimens de citoyen*, mais qui a combattu, avec tant de zele & de diftinction, les erreurs funeftes à fa *patrie* jufqu'au moment où il a eté obligé de s'en eloigner, & qui, dans fa patrie nouvelle, laquelle a récompenfé d'avance les fervices qu'elle attend de fes lumieres & de fon ardeur à faire le bien, s'eft d'abord entierement livré au foin de procu-rer à fes anciens concitoyens les foulage-mens, les fecours & le calme dont ils font mal-heureufement privés par des erreurs cruelles & des terreurs paniques; ce célebre Econo-mifte ecrit de Pologne :

» J'ai ecrit & recrit pour les grains.

R ij

» Quiconque veut *du beau froment* à *vingt*
» *livres* le ſeptier de Paris, du poids de
» 240 livres, poids net, quitte de tout,
» même du droit de ſund, & n'ayant plus
» rien à payer que le port par mer, de
» Dantzick ou Koniſgberg en France,
» n'a qu'à ecrire de ma part à M. de Rot-
» tembourg, négocians à Dantzick, &
» à MM. Eſpanhiac & fils, négocians à
» Koniſgberg en Pruſſe, on eſt ſûr d'en
» avoir tant qu'on voudra pour ce prix.
» J'ai arrangé tout pour cela, tant avec
» ces deux négocians-là, qu'avec les prin-
» cipaux Seigneurs, grands propriétaires
» de Pologne & de Lithuanie. Voilà une
» bonne réponſe aux frayeurs de nos ci-
» tadins. Si j'avois eté ici plutôt, vous
» auriez actuellement ce même froment-
» là dans toute la France, & il n'auroit
» pas coûté plus de *quinze* ou *ſeize* livres.
» Il y a ici du grain qui ſe perdra, ou
» qui ſe boira en mauvaiſe bierre, ou
» mauvaiſe eau-de-vie, *plus qu'il n'en fau-*
» *droit pour nourrir trois ans le Royaume*
» *de France.* Les propriétaires ne deman-
» dent pas mieux que de nous le
» donner en echange de nos ſels, vins,

» eaux - de - vie , huiles , &c. &c. ».

» Dites ceci, je vous prie , à tout le monde de ma part «.

Suivant des témoignages certains & multipliés des négocians du Havre-de-grace & de Dunkerque , le prix moyen du fret de Dantzick & de Koniſgberg , eſt de 40 ſous par ſeptier de Paris, de 44 ſous en ajoutant un dixieme pour leſ *avaries* & *chapeau* ; prix qui peut varier d'un neuvieme plus haut ou plus bas , ſuivant la concurrence des navires. Ainſi en eſtimant le fret de 40 à 50 ſous par ſeptier , on peut avoir au Havre (& il en eſt de même pour Rouen) le beau froment du Nord à 22 liv. 10 ſous. En le vendant 24 liv. à Rouen & 25 à Paris , on retireroit encore un profit conſidérable.

Donc nous pouvons tirer des bleds du Nord , donc nous pouvons en tirer une grande quantité , donc nous pouvons en tirer à un prix qui n'eſt pas cher ; donc nous gagnerons beaucoup à vendre nos grains en Portugal , s'il les paye 45 liv. le ſeptier ; donc en nous enrichiſſant, nous ne nous affamerons pas ; donc nous n'avons acheté le grain très-cher que parce que l'on a rebuté les commerçans qui au-

roient pu nous en apporter à bon marché ; donc il faut ranimer le commerce
par la liberté la plus pleine & la plus
affurée ; donc il faut ouvrir tous nos ports
& les tenir eternellement ouverts ; donc
l'inftruction fuffit pour diffiper les craintes,
donc elle eft néceffaire pour diffiper l'erreur ; donc, &c.

Obfervation fur les expor- tations habi- tuelles des pays à grains. Si malgré toutes les obfervations précédentes, on craignoit encore que l'ex-
portation ne pût être à l'avenir fuivie de
la difette, lors même que notre culture
fera ranimée, quoiqu'on ne l'ait ni eprouvé ni craint en Angleterre pendant qua-
tre-vingts ans, & dans un tems où nous
aimions mieux laiffer gâter nos bleds, que
de les vendre en concurrence avec cette
nation, il n'y a qu'à parcourir rapidement le tableau des exportations annuelles
des pays à grains. Leur totalité ne peut
être eftimée, fans exagération, au-deffus
de dix à douze millions de feptiers. Cette
eftimation fondée fur des relevés s'accorde
parfaitement avec celle des befoins des
peuples qui ne fe fuffifent pas à eux-mêmes ; puifqu'il eft conftant que l'Efpagne,
le Portugal, la Hollande, la Suiffe & les
endroits de l'Italie qu'il faut en partie ap-

provisionner, n'ont guere plus de dix-
huit millions d'habitans, & qu'ils recueillent, les uns dans les autres, plus des
deux tiers de leur subsistance; & dans la
plupart de ces lieux, on s'occupe aujour-
d'hui efficacement du soin de ranimer la
culture. Parmi les Etats qui concourent
à la fourniture de ces pays, le port de
Dantzick donne de six à neuf millions de
septiers de grains de Pologne & d'autres
Royaumes du Nord; il s'en ecoule une
quantité considérable du Brandebourg,
du Holstein & autres terres très-fertiles
par Hambourg, de la Prusse par Konisg-
berg, de la Poméranie par Stettin, de la
Livonie par Pernau, de la Courlande par
Libau, de la Russie par Nerva, Riga,
Rethel, &c. Il est vrai que la plus grande
partie de ces grains se rend ordinairement
à Dantzick. L'Angleterre contribue à ce
commerce pour plus d'un million de septiers. L'Amérique Septentrionale qui n'a
fait, pour ainsi dire, qu'y préluder, sera
bientôt en etat, par sa marche agricole
& economique, de suffire elle seule à
presque toutes les demandes de l'Europe.
On a tiré d'Alger jusqu'à trois cent mille
septiers de grains & au-de-là, par le seul

Baftion de France & lieux dépendans, fans parler des autres côtes de la Barbarie. Au milieu de tant de concurrens qui ont du grain à meilleur marché, ou qui naviguent à beaucoup moins de frais que nous, il eft très-difficile, pour ne pas dire impoffible, que le rameau que nous faifirons de ce commerce nous enleve plus d'un million de feptiers de grains, médiocre partie de l'excédent de nos récoltes ordinaires en culture degradée. On n'en doutera pas, fi l'on prend la peine de confidérer que l'Angleterre n'y a pas une plus grande part, quoiqu'elle gratifie fes commerçans d'un ecu par feptier exporté, que leur navigation foit en général beaucoup moins couteufe que la nôtre, & que fa marine marchande foit immenfe. Donc la liberté la plus illimitée ne produira jamais qu'une exportation très-limitée dans tous les cas poffibles. Il eft bon de fçavoir ces faits, ils font affez propres à diffiper les terreurs paniques. Il eft vrai que quand on aime à craindre, on peut appréhender une famine générale en Europe, & même en Afrique & en Amérique. Dans ce cas-là, les grains feront part-tout très-chers & inexportables ; il faudra que par-tout le peuple périsse. Mais le Ciel ne nous traite pas ainsi ; s'il refuse aux uns sa rosée , il la répand sur les autres, afin d'entretenir, ce semble, entr'eux une communication fraternelle de secours , secours eternellement utiles à tous ; car il place toujours la récompense dans le bienfait. Mais il défend le crime , & c'en est un que d'enfouir & livrer à la pourriture la subsistance de plusieurs millions d'hommes ; mais il ne défend que le crime , & ce n'en est pas un que de disposer , par un commerce libre & equitable , d'un bien sur lequel nul n'a des droits que le propriétaire.

Enfin l'exportation a sauvé les peuples , elle a sauvé ce peuple ingrat qui allume contr'elle le zele de ses respectables protecteurs. Que l'on se rappelle l'allarmante obstruction, que le régime prohibitif avoit causée, lorsque la Providence inspira les nouvelles loix. Où nous auroit conduits ce régime ? Quel est le cultivateur qui auroit osé tracer un seul sillon, lorsqu'il voyoit ses greniers près de s'ecrouler sur sa tête sous le poids immense de ses grains qu'il avoit pendant long-

Enfin l'exportation nous a préservés des disettes les plus affreuses.

tems accumulés pour ſa ruine ? Quel eſt le laboureur qui auroit pu payer à la terre le prix de ſa fécondité future, lorſqu'il ne lui etoit pas permis de faire un meilleur emploi de ſa denrée que d'en nourrir des animaux ? Pendant que le bras enervé du cultivateur auroit ſollicité languiſſamment de foibles moiſſons, la pourriture, les inſectes & les beſtiaux auroient conſumé le néceſſaire des familles agricoles & d'une miſérable population, ce *néceſſaire* qu'un langage erroné appelle *ſuperflu*. Enfin deux ou trois années de ſtérilité ſeroient ſurvenues, un régime exterminateur nous auroit frappés de mort ; la ſource des ſubſiſtances & de tous les biens auroit eté tarie, le ſouverain n'auroit plus reçu d'impôts, le propriétaire auroit eté ſans revenus. Vos villes & vos arts auroient-ils eu des richeſſes pour ſe nourrir ? Qu'ils ſe nourriſſent donc de leurs richeſſes, puiſqu'on veut anéantir, pour leur proſpérité, celles du laboureur ! Mais ces vaines chimeres ſe diſſipent après de mauvaiſes récoltes ; il n'y a plus de ſalaires à prendre ſur la maſſe des productions de la terre, la déſolation des campagnes eſt l'abomination de la déſolation des villes, un peuple entier périra ou de faim ou sur l'echaffaut . . . . . Béni soit le Législateur sage & bienfaisant qui nous a préservés de ces horreurs, en restituant au cultivateur le prix de ses denrées par la liberté de ses ventes, & en l'encourageant par la promesse que les fruits légitimes de ses dépenses & de ses travaux ne lui seroient jamais ravis! Adorons & conservons à jamais les loix précieuses qui ont commencé à rendre l'Etat à l'ordre naturel, au travail la récompense, à la propriété ses droits, à la culture la vigueur, à l'industrie des ressources, à la nation la vie & la prospérité.

V I.

Des effets respectifs de la liberté & des prohibitions, ou des nouvelles loix & de l'ancien régime.

T ELS sont les malheurs que le régime prohibitif eût engendrés & que la liberté naissante a prévenus, sur-tout dans les lieux où la police n'a pas restreint son

La liberté a adouci les maux causés par l'intempérie des saisons.

action. La liberté n'a pu ecarter les intempéries du tems, mais elle en a amorti les coups ; elle n'a pu empêcher les chertés provenant des mauvaises récoltes, mais elle en a modéré la rigueur. Le mal a eté moins sensible, par-tout où le commerce a pu deployer sa bienfaisance. Les grains ont eté à un prix presqu'aussi haut en Languedoc qu'en Normandie, mais le peuple du Languedoc n'en a point souffert, parce que l'exportation avoit attiré des richesses dans la Province & que la police n'y a pas favorisé l'engorgement des subsistances. Au contraire, dans l'Anjou, le Poitou & le Maine, le bled a eté, dans le même tems, à bas prix, à 15 liv. le septier, & le peuple y est tombé dans une misere excessive, parce que dans les entraves des Reglemens le propriétaire n'ayant pu vendre sa denrée, n'a pas eu le moyen de salarier les ouvriers.

Preuve de fait, témoignage des Parlemens de Provence & de Dauphiné.

Dans la Provence, après deux *mauvaises récoltes, les campagnes d'Arles & de Tarascon, greniers* de la Province, *ont à peine produit cette année* (1768) *le double de la semence, & le prix du bled a diminué, & quoiqu'il soit encore au-dessus des prix de Paris, la sensation n'en est* pas *vive , parce que le Gouvernement ne s'eſt jamais occupé du ſoin de lui procurer le pain à bon marché* (1).

En Dauphiné „ la terre frappée de ſté-
„ rilité pendant trois ans conſécutifs ,
„ préſentoit la perſpective la plus effrayan-
„ te . . . . cependant tous les marchés de
„ cette Province ont toujours eté abon-
„ damment pourvus de grains , qui ſe
„ ſont ſoutenus à *un prix inférieur à ce-*
„ *lui où on les avoit vus ſous le regne des*
„ *prohibitions & des permiſſions particu-*
„ *lieres , dans des années où les récoltes*
„ *n'avoient pas eté ſi mauvaiſes* , & pendant
„ leſquelles l'eſpece même ou manquoit ,
„ dès la premiere année , ou etoit d'une
„ rareté qui equivaut à une véritable diſet-
„ te (2)„. Là on s'eſt abandonné au cours naturel & libre du commerce : mais à Rouen au contraire & dans le reſſort , on n'a ceſſé de reglementer , d'obſtruer la circulation, d'implorer des ſecours, de redouter la fa-mine & de hauſſer les prix. A Paris & dans

Les Reglemens ont a gravé les mêmes maux : Preu-ve de fait.

(1) Lettre du Parlement de Provence au Roi, du 18 Décembre.

(2) Arrêté du Parlement de Dauphiné , du 12 Iuillet 1768.

les environs , il a fallu que le Roi fût le pourvoyeur des Peuples , la *cherté* y a continué *au milieu de l'abondance* atteſtée par les Magiſtrats & reconnue par toute l'Aſſemblée tenue au Palais. ,, Same-,, di dernier , diſoit à cette Aſſemblée ,, M. le Lieutenant de Police , il eſt ,, reſté plus de cent ſoixante muids ,, de bleds , & près de deux mille ſacs ,, de ſarines après la vente (à la halle ,, de Paris) les quantités y ſont en tout ,, genre , au point que nous nous ſom-,, mes vûs obligés de faire couvrir l'inté-,, rieur de la halle , pour metre à l'abri ,, de l'intempérie de la ſaiſon , les denrées ,, de toutes eſpéces qui ne peuvent plus ,, être contenues ſous les arcades ; plus ,, heureux ſur ce point que nous ne l'e-,, tions aux epoques du ſiecle dernier , où ,, pareilles aſſemblées ont eté tenues ,,. Comment concilier l'abondance & la cherté , ſi ce n'eſt par le défaut de concurrence ? Et la concurrence pourquoi manque-t-elle , ſi ce n'eſt par le défaut de liberté ?

Dans les Provinces où prédomine encore l'ancien régime , les grains ont eté plus rares & plus chers & la cherté a eté

plus conſtante & plus intolérable. Puiſque le mal exiſte encore, les Reglemens,
les Ordonnances, les précautions & les
ſoins de la police n'y ont donc pas remé-
dié. Puiſque le mal s'eſt aigri à meſure
que la Police a montré plus d'inquiétude & deployé plus de rigueur, ſes opérations ont donc eu des effets contraires à
ſon vœu. Puiſque le mal n'eſt que là,
quoique le cours naturel des evénemens
n'ait pas eté plus favorable en pluſieurs
autres lieux, l'eſprit reglementaire l'a
donc ou produit ou aggravé.

Etoit-ce en effet attirer ou repouſſer
les grains, que de ne préſenter au Commerce que des fléaux ? Etoit-ce inviter
les propriétaires & les Marchands, à
fermer ou à ouvrir leurs greniers & leurs
magaſins, que de les menacer d'en briſer
les portes, que de diſpoſer de la denrée
contre leur gré, que de ſacrifier leur fortune aux beſoins & aux paſſions d'une populace ? Etoit-ce animer ou arrêter la circulation que d'entourer chaque territoire
de barrieres ſemblables à des digues que
l'on oppoſe à des torrens dévaſtateurs ?
Etoit-ce renverſer ou ſoutenir le monopole, que de former autour de lui des en-

ceintes impénetrables à la concurrence? Etoit-ce diſſiper ou fomenter les frayeurs populaires, que de les partager & de les eriger en Reglemens ? Etoit – ce femer pour l'avenir l'abondance ou la mifere que de porter fur les moiſſons une main defpotique ? Etoit-ce appaifer ou irriter la faim du pauvre , que de le fruſtrer des bienfaits de la concurrence & de tarir la fource des charités ? Etoit-ce groſſir ou diminuer la maſſe des falaires des ouvriers , que de reſtreindre les dépenfes des riches & d'empêcher la multiplication des richeſſes ? Etoit-ce enfin eteindre ou exciter le feu que d'entretenir l'efprit de haine , d'injuſtice & d'ufurpation ?

Les intentions les plus pures ne changent pas la nature de l'action ; on a voulu le bien, & l'on a fait le mal. Aſſez heureux pour ne pas croire que l'homme foit malfaifant fans intérêt, & que des hommes fpécialement dévoués au bien public foient malfaifants même par intérêt, je m'abandonne fans crainte à la vivacité du fentiment que j'ai de la vérité , qu'il eſt fi néceſſaire de préfenter dans toute fon energie. Je n'offenferai pas , car je ne veux point

point offenfer. Tout ce que je dis prouve feulement que le zele eft fujet à erreur; le zele eft toujours refpectable, mais l'erreur ne mérite point de grace, quand elle eft funefte. Je le répéterai donc hardiment, la police, quand elle s'empare du timon du commerce, ecrafe les peuples; je ne me lafferai pas de le prouver par les faits & par des témoignages irrécufables.

On a vu la férie des prohibitions fuc-ceffivement lancées fur le commerce dans la province de Normandie. A peine la po-lice fe fut-elle faifie d'un magafin de grains marchands, que les fpéculateurs qui fe li-vroient à ce trafic, révoquerent les ordres qu'ils avoient donnés à leurs correfpondans d'acheter des bleds pour ce canton. Un Arrêt eft rendu pour regler la marche du commerce. Ses *fuites ne tardent pas à faire connoître les dangers de pareilles difpofi-tions.* Auffi-tôt *plufieurs marchés de la Province fe trouvent dégarnis,* & cette ra-reté occafionne une augmentation confidé-rable dans le prix de la denrée (1). On

Effets des Re-
glemens dans
la Province de
Normandie en
particulier.

(1) Arrêt du Confeil d'Etat du Roi du 15 Août 1768, qui ordonne l'exécution de la Declaration de 1763, & de l'Edit de 1764 dans la Province de Normandie.

S

perfévere dans des *fyftémes démentis par l'expérience*, & le mal empire. Les Magiftrats difoient au Roi au mois d'Octobre dernier : « Que l'on vifite les campa-
„ gnes ; *que l'on* parcoure dans nos Villes
„ les dépôts de la mifere humaine , *on*
„ frémira des fpectacles qui fe préfente-
„ ront de toutes parts. Ici c'eft une foule
„ d'artifans réduits à l'inaction ou à l'im-
„ poffibilité de fuffire avec leur travail aux
„ befoins urgents de familles qui périffent
„ de faim , parce qu'elles ne peuvent at-
„ teindre au prix exceffif des denrées. Là
„ ce font des villages défolés par des ma-
„ ladies epidémiques caufées par la mau-
„ vaife qualité des grains auxquels le
„ défaut de moyens ne peut en fubftituer
„ de meilleurs , &c. &c. (1).

„ Le renchériffement fi prodigieux des
„ objets de premier befoin , doit nécef-
„ fairement opérer un retranchement de
„ pareille fomme dans les dépenfes de
„ feconde néceffité. Cette diminution ne
„ peut manquer de produire un vuide
„ dans le débit des marchandifes & des
„ ouvrages de toute efpece qui font à

______

(1) Lettre du 15 Octobre.

» l'ufage d'un peuple aifé. Le Greffe de la
» Jurifdiction confulaire de cette capitale
» fournit la preuve de ce que nous avan-
» çons. Les Bilans multipliés qui y font
» dépofés, annoncent que les Faillites
» n'ont eté provoquées que par la ceffa-
» tion du débit, & que la ceffation du
» débit n'a d'autre caufe que le prix
» exceffif des grains & la cherté du pain;
» les manufactures en effet qui ne fubfif-
» tent que par le débit, doivent né-
» ceffairement effuyer une diminution
» proportionelle dans la main-d'œuvre :
» l'induftrie devient oifive, & le peuple
» tourmenté par le prix exorbitant des
» denrées néceffaires à la vie, eprouve
» un fecond & plus terrible fléau dans la
» ceffation des travaux. L'artifan réduit
» alors à l'impuiffance totale de fubvenir
» aux frais de fa nourriture, n'a d'autre
» reffource que de vendre à vil prix le
» peu de meubles qu'il avoit acquis à la
» fueur de fon front, & d'aller, en men-
» diant, demander à l'etranger pour prix
» de fon talent & de fon induftrie, le
» pain que fa patrie lui refufe (1).

(1) Remontrances du 29 Octobre. Il feroit facile

Quel contraſte de ce tableau d'une Province où il n'y a depuis long-tems ni exportation , ni liberté, avec le tableau des Provinces où l'exportation a eté en vigueur & où la liberté ſe maintient dans tout ſon crédit ! L'un & l'autre nous ſont tracés par les mains de leurs Magiſtrats. S'il pouvoit y avoir encore quelques doutes ſur la cauſe de la diſette & de la cherté dont les tribunaux gémiſſent , & dont les peuples ſouffrent en Normandie, un fait les diſſipera.

de démontrer que des cauſes abſolument etrangeres au commerce des grains ont dû néceſſairement jetter une grande partie du peuple de la haute Normandie dans la plus affreuſe miſere. On ſçait , par exemple , que l'uſage des Indiennes & des toiles d'Orange a ruiné les manufactures de ſiamoiſes & autres etoffés de coton , communes aux environs de Rouen. L'induſtrie a donc manqué de ſalaires , lorſque ces etoffes ont ceſſé d'avoir du débit ; & quel que ſoit le prix des grains , il faut qu'elle ſouffre juſqu'à ce qu'elle préſente des ſervices agréables au Public. Les ouvriers qui fabriquoient autrefois ces etoffes auroient trouvé des reſſources dans la baſſe Normandie où la culture leur offre du travail, s'ils avoient voulu reprendre la bêche. La partie ſupérieure de la Province eſt punie d'avoir negligé la culture des champs, pour s'adonner à des travaux précaires ; tandis que la partie inférieure recueille le fruit de ſon attachement conſtant aux travaux productifs, & là un cri unanime reclame la liberté.

Le cinq Novembre dernier, le Parlement rend un Arrêt par lequel il ordonne la vente à jour & prix marqués, des bleds ou farines arrivant dans le port de Rouen, sans destination particuliere. La nouvelle en est bientôt répandue dans les places de commerce, & aussi-tôt les commerçans des autres Provinces contremandent leurs commissions de grains, avec l'explosion naturelle de la vive sensation que les Reglemens produisent dans le commerce; aussi-tôt un commerçant de Nantes, organe de ses confreres, en instruit son correspondant à Rouen par une lettre du 15 Novembre dont voici l'extrait :

» Je pense comme vous, Monsieur, que
» vous pourrez avoir des momens de crise
» d'ici au mois de Mai. Ces crises pour-
» ront être augmentées par les gênes que
» l'on aura à craindre de la part du Par-
» lement. Celles qui se trouvent dans
» l'Arrêt qui a eté affiché le huit, suffisent
» pour me déterminer à arrêter les expé-
» ditions de grains que je projettois pour
» votre Province, & à donner des or-
» dres pour empêcher l'exécution de
» celles que j'avois recommandées au-

» dehors & qui ne ſe trouvent point
» achevées. C'eſt trop d'avoir à lutter
» dans ce moment contre les riſques &
» contre les entraves de l'autorité ».

Ce texte a-t-il beſoin de Commentaire?

La cauſe de la diſette, du monopole, du renchériſſement des grains, eſt-elle encore equivoque? Au mois d'Octobre dernier, on a eprouvé à Dourdan combien la ſurveillance publique, ou plutôt une ſimple apparence d'inſpection, troubloit & renverſoit le cours naturel du commerce au detriment des conſommateurs. Deux Inſpecteurs de police ſont envoyés de Paris dans ce canton pour des objets abſolument etrangers au commerce des grains; ils ne paroiſſent point dans le marché, mais leur arrivée n'eſt point ſecrette; l'on apprend que ſur la route ils ont parlé de bleds, de reglemens, de défenſes aux marchands d'acheter dans le lieu de leur réſidence, aux laboureurs d'acheter des ſemences ſans vendre une quantité egale à leurs achats, à tous poſſeſſeurs de grains de vendre ſur montre, &c. &c. &c. Ce bruit excite une fermentation, & auſſi-tôt le bled hauſſe de trois livres par ſeptier. Les Officiers du Bailage en ont porté leurs plaintes à M. le Lieutenant-Général de police.

Le 11 du même mois, les Officiers de police de Montargis avoient rendu contre la liberté du commerce, l'Ordonnance dont nous avons déjà parlé ; le 22 le peuple apprend qu'il y a fur la route de Fontainebleau des voitures chargées de grains, il s'ameute, une troupe de plus de 300 perfonnes fe met à leur pourfuite. On les arrête & on les ramene à Montargis. Le voiturier fe voit traduit comme un voleur public, devant le Juge du lieu, fes chevaux font mis en fourriere, fon grain eft dechargé au minage. Sentence intervient par laquelle il eft ordonné que le bled fera vendu par un Huiffier au marché, & l'argent mis en dépôt pour être remis au voiturier, dans le cas feulement où il juftifieroit qu'il avoit acheté ces grains en Auvergne, comme il l'affuroit, ou confifqué (on ne fçait à quel titre) dans le cas où il ne produiroit pas les certificats prefcrits. Enfin, défenfe au peuple d'*arrêter aucune voiture paffante fans être efcorté d'un Huiffier,* c'eft-à-dire, de difpofer du bien d'autrui, fans s'envelopper du manteau de la Juftice. La populace mécontente de ce qu'on ne lui livroit pas les grains, menaça hautement de se révolter, & elle n'attendoit qu'un signal. Cependant des ordres supérieurs arrivent au secours du voiturier. Avec l'appui de la Maréchaussée, il part ; mais quelques habitans l'ont prévenu, ils vont attrouper ceux des villages de Châlette & de Cepoy. On se met en embuscade, le voiturier paroît, on l'arrête, il s'enfuit & l'on pille ses grains. C'est ainsi que les Reglemens ont suscité le brigandage contre le commerce, & le commerce est tombé, & les villes ont langui, & la cherté a désolé les peuples, & l'on a eté menacé des horreurs de la famine.

Effets des craintes des Magistrats sur le peuple.

Deux jours avant ces evénemens, c'est-à-dire, le 20 Octobre, la Chambre des Vacations du Parlement de Paris avoit arrêté des Remontrances *sur la néceffité d'examiner fans délai la nouvelle administration*, à laquelle on attribuoit *la cherté progreffive du pain*, *portée au-deffus des facultés du peuple*. Le grain & le pain effuyerent de nouveaux renchériffemens, quoique la moiffon eût promis un prix plus modéré. La capitale etoit dans une agitation fourde. Les craintes des Magistrats font effroi pour le peuple, & l'effroi des peuples devient la terreur du Gouvernement. La crainte du mal, disoit dans l'Assemblée de Police tenue en 1694, M. de Lamoignon, Avocat Général, cité par M. le Premier Président dans la derniere Assemblée, » la crainte du mal est souvent » plus dangereuse que le mal même, sur- » tout dans ce qui regarde les affaires pu- » bliques. Les peuples se gouvernent tou- » jours par l'opinion, & lorsque l'effroi » s'empare des esprits, quelles suites n'en » doit-on pas craindre? Je ne dis pas qu'il » faille demeurer dans l'inaction, mais je » crois que l'action doit être réservée à » ceux qui nous conduisent, & leur plus » grande application doit être de ne rien » faire qui puisse répandre dans le public » l'epouvante & la terreur ». M. l'Avocat Général a dit dans la même Assemblée : » lorsque les Magistrats paroissent epou- » vantés de la grandeur du mal, l'effet » subit de leurs craintes est de se commu- » niquer; l'impulsion se fait sentir aux » extrêmités, la commotion devient gé- » nérale ; & que n'aurions-nous pas à re- » douter, si la terreur gagnant de proche » en proche, le laboureur venoit à fermer

» fes greniers, ou par la frayeur de la di-
» fette ou par l'efpoir d'un gain plus
» confidérable ; fi chaque particulier en
» etat de faire quelques avances, formoit
» dans fa propre maifon une provifion
» particuliere & proportionnée à fa fub-
» fiftance & à celle de fa famille ? Quelle
» reffource aurions-nous pour un peuple
» immenfe qui fe plaint, mais qui eft nour-
» ri convenablement , s'il veut renoncer
» à la fauffe délicateffe de manger du pain
» blanc, & à qui nous n'aurions bientôt
» plus d'alimens à préfenter ? Jugeons de
» l'avenir par le paffé; cette confidération
» fuffit pour effrayer , &c. &c. ».

Pénetré de ces vérités importantes, le
Parlement , dans fes premieres féances, a
mérité la reconnoiffance de tous les citoyens, & par le zele avec lequel il a em-
braffé l'intérêt des peuples, & par la prudence avec laquelle il leur a dérobé fa follicitude. Loin de précipiter fes démarches
dans ces circonftances délicates, cette fage
& refpectable Compagnie n'a pas même
voulu, après les plus mûres délibérations
& les difcuffions les plus profondes, s'er
rapporter à fes lumieres, ou plutôt prononcer fur les opinions partagées de fe

nembres. Sur ces entrefaites, les esprits
e sont calmés, le prix des grains a diminué, l'abondance s'est manifestée par les
bienfaits d'un Prince aussi cher à ses
peuples que ses peuples lui sont chers, &
par les soins des dignes Administrateurs à
qui il a confié le salut de ses enfans & l'e-
xercice de sa bienfaisance. Alors le Parlement qui a vu le danger eloigné, a jugé
à propos de convoquer une Assemblée générale de Police, sans l'avoir annoncée,
& avec aussi peu d'eclat que la chose le
comportoit, pour prendre les avis & recueillir les suffrages des corps & communautés de la capitale, sur les moyens de
remédier aux maux présens & de nous en
préserver à l'avenir. Je le dirai avec douleur, l'esprit de *l'ancienne administration*
a prévalu dans cette Assemblée; on a exalté
le régime qui excitoit, il y a quatre ans,
les plaintes de tous les Parlemens & les
cris de toute la nation, le régime qui avoit
ruiné la culture, detruit les revenus particuliers & publics, dépeuplé & degradé
le Royaume, & ouvert de toutes parts les
gouffres de la misere; le régime qui avoit
divisé la nation en peuples ennemis, pros-
crit le commerce, frappé l'Etat de di-

fettes périodiques,& conftamment aggravé ces maux affreux par les foins mêmes qu'il employoit pour les guérir après les avoir engendrés.

Oui, toutes les fois que la police a etendu fa main pour ramener de force l'abondance, les fubfiftances fe font fletries & la difette a augmenté ; toutes les fois qu'elle a deployé contre la cherté, la vertu des Reglemens & des prohibitions, le feu a eté dans les marchés, les grains ont renchéri. Où en ferions-nous donc fi l'abondance des grains n'avoit pas eté affez apparente, fi la diminution des prix n'avoit pas eté d'un augure affez favorable pour faire préjuger l'inutilité de ces violentes mefures que le génie prohibitif fuggere ? Où en ferions-nous, fi nous etions retombés fous l'ancienne légiflation ? *Jugeons de l'avenir par le paffé.* Connoiffons tous les maux dont nous avons eté menacés, pour rendre graces au Ciel de nous en avoir garantis. Développons toute l'influence de la Police Reglementaire dans les tems calamiteux, pour achever d'entraîner la nation aux pieds du Monarque qui veut l'en préferver à jamais. On a pu en preffentir les effets par la légere idée que nous avons donnée des difettes du feizieme fiecle. Dans le fiecle fuivant, la police fut beaucoup plus vigilante, plus agiffante, plus foudroyante, & les difettes furent beaucoup plus fréquentes, les chertés plus exorbitantes, les peuples plus malheureux. Sur quatre-vingt-huit ans que les majorités des regnes de Louis XIII & de Louis XIV durerent, il y eut plus de trente ans de chertés portées jufqu'à 80, 90, 100 francs & au-delà, chertés que l'on attribuoit alors & que l'on attribue encore à l'oubli des anciennes loix & que l'on voyoit croître fans ceffe à l'ombre de ces loix mêmes, fans ceffe renouvellées & fortifiées des plus terribles fanctions par le concours uniforme de toutes les autorités. Un Magiftrat auffi diftingué par fes lumieres que par fon zèle, a préfenté à fa Compagnie & à l'Affemblée de Police, un tableau frappant de ces vérités faluaires. Son précieux travail nous fervira de guide dans le précis hiftorique de ces ems malheureux. Aux faits extraits du Traité de la Police du Commiffaire la Mare, nous rapporterons une colonne des prix fucceffifs des grains, tirés de l'Effai fur les Monnoies de M. Dupré de S. Maur. Il

feroit à fouhaiter qu'au lieu des prix du
marché de Rofoy (1), nous euſſions pu
préfenter ceux de Paris; ils nous auroient
eté certainement plus favorables, comme
on s'en convaincra par la comparaifon des
deux prix dans les cas où ceux de Paris
font connus. Notre objet n'en fera pas
moins rempli, puifque l'on aura un thermometre affez exact des variations pro-
duites par les opérations de la Police.

Difette de 1621.

En 1621, la récolte, comme nous l'avons obfervé ailleurs, fut mé-
diocre, le Châtelet re-
cueillit auſſi-tôt dans les
anciens Reglemens, les
injonctions & les défenfes
faites aux marchands, aux
forains, aux boulangers,

Prix du feptier de bled mefure de Paris, vendu à Rofoy, réduits à notre monnoie actuelle. (a)

1621. 2 Oct. 29 l. 6 f. 8 d

(1) *Rofoy*, petite Ville de Brie, à douze lieues
de Paris, eft un des marchés qui fervent à l'approvifionnement de la Capitale. Les grains doivent donc
en être habituellement à un prix beaucoup plus bas
qu'à Paris.

(a) Les prix font les prix communs de trois mois.
M. Dupré de S. Maur avertit que quand il n'a pu
trouver le prix du premier marché, il a pris le premier marché fuivant, le plus prochain.

&c. & par une Sentence du 8 Janvier, dont ses officiers poursuivirent l'exécution, il les renouvela. La Mare dit que *le bled revint à un prix raisonnable*, cependant il enchérit à Rosoy & il se soutint l'année suivante (1623) à peu-près au même taux de 28 à 29 liv. prix excessif alors.

Sur la fin de l'année 1625, on crut sentir les commencemens d'une disette ; le bled augmenta considérablement. Pour arrêter les progrès du mal, le Roi défendit en 1626 les traites hors du Royaume par des Lettres Patentes du 29 Mai : le mal s'aigrit au point que l'on craignît une grande famine & nécessité dans le Royaume s'il n'y

Prix du septier de bled, mesure de Paris, réduits à notre monnoie actuelle.

1622. 8 Janv. 26 l. 3 s. 7 d.

2 Av. & le reste du quartier. 28 l. 9 s.

2 Juillet. 29 l.

1 Octobre. 27 l. 15 s.

1625 4 Oct. 45 l. 18 s. 6 d. Disette de 1625.

1626 3 Janv. 59 l. 1 s.

4 Avril 72 l. 14 s. 6 d.

ctoit promptement pourvu (1). L'on tint pour cet effet, tant au Palais qu'au Châtelet, plusieurs assemblées de Police dont le dernier résultat fut un Arrêt qui défendit les traites foraines & même les magasins, sous peine de la vie. La cherté continua, & elle se soutint pendant toute l'année suivante.

Prix du septier de bled mesure de Paris, réduits à notre monnoie actuelle.

1626 4 Juil. 92 l. 5 s. 8 d.

3 Oct. 57 l. 19 s.

Disette de 1629 & suiv.

En 1629 le Royaume ayant souffert par la Guerre, les Parlemens de Normandie & de Bretagne défendirent les transport de grains hors du territoire de leur Jurisdiction : les Marchands se jetterent aussitôt dans la Beauce, la Brie,

(1) Préambule de l'Arrêt du Parlement du 1 Décembre 1626, qui défend les traites foraines & les magasins de bled sous peine de la vie.

la Picardie & autres Provinces voisines de la Capitale. Le grain haussa jusqu'à 24 liv. (1) (58 l. 13 s. 4 d.) le septier à Paris. Le 26 Juillet & le 2 Août, la Police s'assembla & il fut arrêté que le Roi seroit très humblement supplié de prohiber les traites, d'envoyer des commissaires à Noyon & à Soissons pour en amener des bleds, d'etendre les défenses d'acheter à 12 lieues &c. (2). Le 10 Décembre , on distribua des Commissaires à la hal-

Prix du septier de bled mesure de Paris réduits à notre monnoie actuelle.

1630 6 Avril 22 l.

10 Août 19 l. 2 s. 7 d.

5 Oct. 33 l. 13 s. 1 d.

***

(1) La Mare ne dit point à quelle epoque. Il ne paroît pas qu'il ait passé à Rosoy. 50 liv. 10 sols.

(2) » Le sieur de la Courta dit qu'il est né- » cessaire de laisser la liberté publique ».

» Le sieur Piquet a dit que la liberté doit être » observée . . .

» Le sieur de Saint Genis a dit qu'il n'étoit à pro- » pos d'assujettir les Marchands d'en faire magasin, » ni de dire noms, surnoms » &c. *Procès Verbal de l'Assemblée.*

T

le & ſur les ports , pour
maintenir la police des
grains ; deux jours après ,
le Châtelet s'aſſembla de
nouveau (1). Les Boulan-
gers mandés aſſurerent
que depuis quinze jours
les Marchands vendoient
dix-neuf livres de mau-
vais bled qu'ils avoient
voulu donner à ſept.

La miſere croiſſoit ,
la tranquillité publique
etoit troublée par des

Prix du ſeptier de bled meſure de Paris , réduits à notre monnoie actuelle.

1631 4 Janv. 50 l. 11 ſ.

5 Avril 49 l. 2 ſ.

(1) ,, Le ſieur de Saintot a dit qu'il voit que
,, nous avons plus d'appréhenſion que nous n'au-
,, rons de mal , qu'il y a plus de bled en France
,, qu'il ne nous en faut pour paſſer l'année & que les
,. Marchands qui en font trafic , n'ont garde d'en
,, *tranſporter hors du Royaume , vu la cherté qui y*
,, *regne à préſent.*

,, Le ſieur Langlois a dit qu'il eſt bien certain
,, qu'il y a plus de bled qu'il ne nous en faut.

,, M. le Procureur du Roi a dit que , ſi on eût
,, donné quelque taux au bled , il ſe fût monté
,, à davantage qu'il n'eſt à préſent & ne croit pas
,, que nous en ayons ſi grande néceſſité , comme l'on
,, croit , parce qu'il y en a une grande quantité à nos
,, ports . . . Mais qu'il y a monopole entre les
,, Marchands qui les font amener bateau à bateau
,, &c. ,, *Procès Verbal de l'Aſſemblée.*

troupes de vagabonds ; les vols, les aſſaſſinats ſe multiplioient. Le 13 Decembre, on tint au Palais, en la Chambre de Saint Louis, une Aſſemblée générale de Police. M. le Lieutenant Civil fit lecture d'une lettre d'un Marchand de Soiſſons qui *ſe faiſoit fort d'amener quinze mille muids de bled à Paris, en cas que la vente fût libre.* On ne s'attacha point à cette offre, & l'on ne refléchit pas ſur la condition. M. le Prevôt des Marchands declara que le bled etoit augmenté de prix, que l'on arrêtoit les grains en route, que l'on voloit les Marchands, & que c'etoient des monopoleurs qui gagnoient quarante ecus ſur chaque muid de bled. Le muid etoit monté de quarante

Prix du ſeptier de bled meſure de paris, réduits à notre monnoie actuelle.

1631 5 Juil. 46 l. 19 ſ.

4 Oct. 44 l. 12 ſ.

1632 3 Janv. 38 l. 1 ſ.

3 Avril 33 l. 13 ſ.

ecus au-deffus de quatre-vingt. La force alla vexer les propriétaires. On envoya dans la Province des Commiffaires qui firent ouvrir les greniers & les magafins, & charger des voitures & des bateaux de grains pour Paris. Cet envoi diminua, fans doute, momentanément la cherté, mais ceffa-t-elle en effet, ainfi que la difette, comme le dit fans détail le Commiffaire la Mare? A Rofoy où le grain avoit toujours eté à plus bas prix, qu'à Paris, elle s'accrût & fe maintint jufqu'en 1633; il eft certain que l'année fuivante, les Boulangers de Paris haufferent confidérablement le prix de leur pain, & la Police le taxa le 18 Juillet. L'année précédente, on avoit opiné

Prix du feptier de bled mefure de Paris, réduits à notre monnoie actuelle.

1632 3 Juil. 44 l. 12 f.

2 Oct. 35 l. 9 f.

1633 28 l. 16 f.

au Châtelet qu'il falloit fixer le prix du pain à deux sols la livre, relativement au prix du bled; vers le tems de la moisson on le mit à vingt deniers. C'est un sixiéme à ôter du prix de 1632; ainsi le bled sera descendu, vers la récolte, de 24 à 20 l. c'est-à-dire de 58 à 50 l. environ, monnoie actuelle. Donc la cherté ne cessa pas.

En 1643, la *nécessité fut grande*; mais tout ce que nous en sçavons, c'est qu'on en attribua la cause aux transports que les marchands faisoient hors du Royaume, & aux amas qu'ils en formoient dans l'intérieur; qu'en conséquence l'exportation fût défendue sous peine de la vie & l'emmagasinage prohibé par un

T iij

Arrêt du Conseil du 2 Octobre ; & que cependant la difette ou la cherté continua le refte de l'année & l'année fuivante.

1643 3 Oct. 38 l. 13 f. 11 d.

1644 2 Janv. 34 l. 2 f.

2 Avril. 36 l. 8 f. 3 d.

2 Juil. 35 l. 5 f.

Difette de 1649 & fuiv.

En 1649, la récolte fut moindre que les années précédentes , & l'on crut que la difette etoit à craindre. Auffi-tôt le Confeil rendit un Arrêt , le 4 Septembre, pour défendre les traites à l'etranger fous peine de mort, & regler le commerce de Province à Province. On tint auffi au Palais une Affemblée générale de Police , dont j'ignore le réfultat (1). Cependant la difette & la cherté fe maintinrent pendant trois ans confécutifs , ou juf-

1649 3 Juil. 31 l. 14 f. 11 d.

2 Oct. 56 l. 17 f. 5 d.

1650 8 Janv. 52 l. 5 f. 2 d.

2 Avril. 53 l. 8 f. 9 d.

2 Juil 56 l. 17 f. 5 d.

1 Oct. 38 l. 13 f. 11 d.

1651 7 Janv. 39 l. 15 f.

1 Avril 45 l. 8 f. 11 d.

(1) Il en eft fait mention dans le Procès Verbal de l'Affemblée de 1662.

qu'en 1653. On n'exportoit pas & l'on ne femoit pas. On reglementoit le commerce & l'on s'affamoit.

Les traites au-dehors avoient tant eté prohibées fous peine de la vie, qu'on n'eut pas le courage de leur imputer les chertés & les difettes fubféquentes. On s'en prit aux magafins & l'on voulut que l'excédent des récoltes ne fût ni vendu à l'etranger, ni emmagafiné dans le Royaume; comme fi l'on avoit formé le deffein exprès de detruire le commerce, de réduire le laboureur à la mendicité, & de laiffer les Villes fans fubfiftance. N'importe, il falloit fe plaindre; on cria *au monopole*, & ce n'etoit pas fans raifon,

Prix du feptier de bled mefure de Paris, réduits à notre monnoie actuelle.

1 Juil. 50 l. 2 d.
7 Oct. 63 l. 2. f. 4 d.

1652 6 Janv. 52 l. 5. f. 2 d.
6 Avril. 57 l. 7 f. 6 d.
6 Juil. 45 l. 8 f. 11 d.
5 Oct. 36 l. 8 f. 11 d.

Cherté de 1659.

1659 4 Janv. 31 l. 10 f. 11 d.

5 Avril. 31 l. 10 f. 11 d.

5 Juil. 28 l. 6 f.

T iv

puifque les permiffions particulieres, exclufives de la concurrence, le produifoient. On févit contre les Marchands & l'on eut tort, puifqu'ils etoient conftitués monopoleurs par les Reglemens. En 1659, les bleds furent fort chers, quoiqu'ils ne fuffent pas rares ; mais cette cherté ne fit que préparer de terribles explofions de Police.

En 1660, les bleds furent niélés dans quelques Provinces ; accident local qu'une immenfe quantité de vieux grains ramaffés en plufieurs années & même depuis fix, fept & huit ans, jufques dans la Capitale, devoit rendre infenfible (1). Cependant, à la faveur de

Prix du feptier de bled mefure de Paris, réduits à notre monnoie actuelle.

1659 4 Oct. 25 l. 10 f.

Difette de 1660 & fuiv.

1660 3 Janv. 28 l. 6 f.

(1) Voyez, le Traité de la Police T. 2. tit. XIV. C. XV, & la Sentence du Châtelet du 29 Juillet 1660, & celle du 26 Novembre contre des Marchands.

cette conjoncture, les Marchands eurent, dit-on, l'adresse d'effrayer la Nation & de hausser excessivement le prix des grains ; en effet, en très peu de tems, le bled qui ne coûtoit au mois de Juin que 13 liv. 10 sols (25 l. 10 sols) monta jusqu'à 34 liv. (65 liv 10 sols). Alors la Police se leve, elle tombe sur deux Marchands dont l'un vendoit sur les ports du bled qu'il avoit acheté de l'autre. Le Procureur du Roi remontre que ladite *vente de bled est un monopole fait par les Marchands, à dessein de regrater & survendre les bleds* (1). Ils sont mis à l'amende, & leur grain est livré à 11 l. le septier. La même Sen-

Prix du septier de bled mesure de Paris, réduits à notre monnoie actuelle.

1660 3 Avril 26 l. 1 f. 4 d.

3 Juil. 29 l. 7 f. 5 d

(1) Sentence du Châtelet du 29 Juillet; un de ses motifs, c'est que les Marchands débitoient dans leurs greniers à grand prix.

tence profcrit les maga-
fins, ordonne des recher-
ches, prononce des pei-
nes de mort.

Le bled marchand s'ar-
rête alors fur les rivieres
affluentes, au lieu de fe
précipiter vers la capi-
tale où il ne pouvoit ar-
river en abondance fans
courir de grands rifques;
c'eft un crime. On ap-
prend qu'il y a fur un
port de la Marne, du
grain *chargé depuis hui-
taine en Champagne pour
Paris*; c'eft un monopole.
Des Commiffaires vont,
une Ordonnance à la
main (1), les enlever, &
l'on fait le procès aux
marchands (2). L'inquifi-
tion parut fi falutaire que
le Parlement, par Arrêt
du 16 Octobre, autorifa

Prix du feptier de bled
mefure de Paris, réduits à
notre monnoie actuelle.

1660. 2 Oct. 48 l. 11 f.

______

(1) Du 6 Octobre.

(2) Sentence du Châtelet du 8 Octobre.

les Commissaires à conti-
nuer & à etendre leurs informations, leurs visites,
leurs saisies, & leurs violences. Pendant ces opé-
rations, le bled restoit ou
plutôt montoit à 65 liv.
10 sols le septier (1). Les
expéditions inquisitoria-
les sévérement exercées
à vingt lieues à la ronde,
aboutirent à la découver-
te d'environ neuf mille
muids de bled saisissable,
la subsistance d'environ
trois semaines pour la capitale. Lorsqu'il fut question de les faire partir,
on ne trouva point assez
de bateaux & d'hommes ;
la navigation etoit même
très-difficile, à cause que
les eaux etoient fort basses.
Ces obstacles avoient bien
pu arrêter les marchands,

Prix du septier de bled
mesure de Paris, réduits à
notre monnoie actuelle.

______

(1) Il paroît par les *Variations des prix* recueillies
par M. Dupré de S. Maur qu'il fut encore plus cher
d'environ *un ecu*.

comme ils arrêterent les inquiſiteurs. Il ne fut guere poſſible d'amener à Paris les grains ſaiſis, en moins de quinze jours. A meſure qu'ils arrive-rent, le prix des halles baiſſa, par l'effet naturel de l'augmentation des quantités, juſqu'à 23 liv. (44-10); il hauſſa ſans doute bientôt, puiſque le 26 Novembre le Châte-let renvoya de nouveau les Commiſſaires à la pourſuite des bleds, par une Sentence enflée de Reglemens contre les ma-gaſins, les greniers, les ſociétés, la liberté des ventes & des achats, &c; & le 23 Décembre, le Parlement, ſéant au Châ-telet, leur ordonna d'ap-porter toutes les diligen-ces néceſſaires pour l'exé-cution de tous les Arrêts de la Cour & du Châtelet sur la police des grains, & de faire ensorte que des bleds & autres provisions nécessaires à la vie fussent apportés à Paris, tant par mer que par terre (1). Il n'y avoit pourtant point de disette, puisque les Commissaires avoient certifié qu'il y avoit assez de bled *pour les Provinces & pour Paris, ce qui etoit bien prouvé; & qu'il ne s'agissoit plus, pour rétablir l'abondance, que de les mettre en mouvement*, dit La Mare. Mais qui pouvoit être assez hardi pour affronter une police aussi despotique, & braver les ava-

(1) *Les usuriers & les monopoleurs* (c'est ainsi que l'on appelloit les marchands) pour entretenir la disette, employerent, dit La Mare, » entr'autres moyens, » celui de faire saisir, pour raison de taxes & de » solidités, les grains venant à Paris, mais cette » ressource leur fut ôtée par des Arrêts du Conseil » du 10 Décembre 1660, du 20 Janvier 1661, » &c.

nies du peuple acharné contre le commerce ? Paris fut donc approviſionné par des Commiſſaires.

Sur ces entrefaites, il s'éleva un conflit de juriſdiction entre le Châtelet d'une part, & les Prevôt des marchands & Echevins de l'autre, ſur la police des grains. Le Parlement, en fixant les limites des deux tribunaux, rappella & confirma tous les Reglemens connus; dans ſon Arrêt du 19 Août 1661. Le bled etoit alors à 38 liv. (74). L'Hôtel de Ville détacha auſſi-tôt des Echevins pour aller chercher & amener des proviſions. Ils trouverent par-tout une forte réſiſtance. En Champagne, en Picardie & autres provinces, les Officiers de police, auſſi ja-

Prix du ſeptier de bled meſure de Paris, réduits à notre monnoie actuelle.

1661. 8 Janv. 49 l. 17. ſ. 4 d.

2 Avril. 46 l. 7 ſ. 6 d.

2 Juin. 45 l. 6 ſ.

4 Oct. 58 l. 19 ſ. 2 d.

loux qu'on l'etoit ailleurs
de pourvoir leur reſſort,
arrêterent les grains achetés pour Paris, & lutte-
rent vigoureuſement con-
tre l'autorité ſupérieure.
Le Conſeil & le Parle-
ment lancerent en vain
arrêts ſur arrêts (1) pour
abattre les barrieres par
leſquelles la police, par-
tout ſaiſie d'effroi & ar-
mée de Reglemens com-
me dans la capitale, ſuſ-
pendoit toute circulation.
En vain le Conſeil re-
connoiſſant par un aveu
tacite le vice des Regle-
mens qui exigeoient tant
de formalités pour que
l'on pût entrer dans le
commerce, recourut à *la
liberté* pour faciliter les
approviſionnemens, en
ordonnant qu'*il fût loiſible*

Prix du ſeptier de bled meſure de Paris, réduits à notre monnoie actuelle.

1662 7 Janv. 55 l. 10 ſ. 8 d.

(1) Arrêts du 30 Août, du 2 & du 7 Septembre, du 16 Novembre 1661 ; du 4 Février & du 16 Mai 1662.

à tous les ſujets & autres de faire tranſporter leurs grains , ſoit de leur crû ou par achat, d'une Province à une autre, & notamment en la ville de Paris, ſans que les achats & tranſports puſſent être empêchés ni retardés en aucune maniere (1). *Pendant tous ces mouvemens, dit Lamare, la diſette augmenta & la cherté à proportion* ; le prix du bled fut porté au-deſſus de 90 liv. le ſeptier, & le pain à 15 ſols la livre, monnoie actuelle (2).

Prix du ſeptier de bled meſure de Paris, réduits à notre monnoie actuelle.

Le Roi avoit fait acheter du bled à Dantzick & ailleurs ; la proviſion arrive. Dans une Aſſemblée

1662. 2 Av. 66 l. 17 ſ.

(1) Arrêt du 2 Décembre 1661.
(2) On remarquera que les prix furent toujours plus bas à Roſoy où la police ne s'en occupoit pas directement. Il paroît que le marché le plus cher n'y fut qu'à 77 liv. 1 ſou 4 den.

tenue

tenue chez M. le Chancelier le 12 Avril, on délibéra sur sa distribution & sur la visite des greniers des Communautés. Le bled du Roi fut mis à 26 liv. & aussi-tôt celui des marchands tomba à 40 liv. (77 l.). On baissa le bled du Roi à 20 liv. les marchands diminuerent le leur à proportion. Cependant la mauvaise nourriture & l'extrême nécessité avoient engendré des maladies, on craignoit peste & famine. Il y eut par ordre du Roi, le 21 Avril 1662, au Palais, une Assemblée générale de Police, dont le résultat fut, par rapport aux grains, qu'il ne falloit mettre *le prix à ceux qui seroient apportés à vendre par les particuliers, afin que la ville en fût suffisamment pourvue, ce qui*

Prix du septier de bled, mesure de Paris, réduits à notre monnoie actuelle.

V

arriveroit infailliblement, puisque l'on dit ordinairement que cherté foisonne ; mais aussi qu'il arriveroit ensuite que les marchands se trouveroient obligés d'en diminuer le prix, du moins qu'il n'augmenteroit plus, quand ils verroient que le Roi feroit débiter ses bleds au prix de l'achat (1). Le lendemain, le Lieutenant de Police rendit une Ordonnance dont l'objet principal etoit de permettre à toutes sortes de personnes de cuire & vendre du pain. Cependant les boulangers vendirent encore le *pain le plus bis* environ huit sols la livre, monnoie actuelle ; le Roi en fit distribuer aux Tui-

Prix du septier de bled, mesure de Paris, réduits à notre monnoie actuelle.

1662. 1 Juil. 77 l. 1 f. 4 d.

______

(1) Extrait du procès verbal de l'Assemblée, résumé des avis, par M. le Premier Président de Lamoignon.

leries à moitié prix (1) ou environ. Le Parlement rendit encore des Arrêts (2), fpécialement pour défendre les achats fur pied. La Police fe laffa, mais le mal ne ceffa point. Le grain revint l'année fuivante à 56 liv. Les traites de bleds etrangers achetés par le Roi, le ramenerent à 30 liv. Une légere concurrence rétablit ainfi l'ordre, & la terre, qui jufqu'alors avoit, pendant quatre années & fous le poids des Reglemens, paru ftérile, donna en 1664 une abondante moiffon.

Prix du feptier de bled, mefure de Paris, réduits à notre monnoie actuelle.

1 Oct. 53 l. 5 f. 4 d.

1663. 6 Janv. 40 l. 16 f.
9 Av. 36 l. 5 f. 4 d.
7 Juil. 33 l. 9 f.

6 Oct. 45 l. 6 f.

1664. 5 Janv. 36 l. 5 f. 4 d.
7 Av. 36 l. 5 f. 4 d.
5 Juil. 34 l.
4 Oct. 22 l. 13 f. 4 d.

Depuis ce tems-là jufqu'en 1679, les récoltes furent fi bonnes & les grains à un prix fi modique, que le Roi jugea néceffaire d'en permettre l'exportation à termes

Suite de l'Hiftoire des difettes du dernier fiecle.

(1) Ordonnance de Police du 9 Mai.
(2) Le 26 Mai & le 13 Juillet 1662.

V ij

limités, tantôt par-tout le Royaume, tantôt par certaines provinces; tantôt avec exemption de la totalité ou d'une partie des droits, tantôt ſous la charge de les payer (1) : elle ne fut entierement ſuſpendue que pendant quelques mois, en 1675, à cauſe de la guerre (2). En 1679, le grain renchérit conſidérablement, & les traites au-dehors furent défendues ſans reſtrictions (3). En 1684, la récolte fut mauvaiſe; & quoiqu'il y eût une grande quantité de vieux grains, les manœuvres du monopole, dit-on, annoncerent la diſette & porterent le bled à près de 60 liv. La Police ne s'en mêla pas, ce ſemble, mais l'arrivée de quelques bateaux de grains etrangers, achetés par le Gouvernement & amenés ſous des noms de mar-

(1) Arrêts du Conſeil des 20 Mai & 27 Septembre 1669, 21 Fevrier, 30 Mai & 31 Décembre 1671, 2 Avril, 21 Mai, 2 Juin, 26 Octobre, 6 Novembre 1672, 25 Avril, 13 Mai, 23 Septembre 1673, 19 Avril, 4 Septembre 1674, 31 Décembre 1675, 11 Avril 1676, 6 Juillet, 6 Octobre 1677, 14 & 27 Mai, 4 Juin 1678, 7 Janvier 1679.

(2) Arrêt du 6 Juillet 1675.

(3) Arrêt du 16 Mai 1679.

chands forains, rétablit bientôt l'abondance & le jufte prix (1).

En 1692, après plu-
fieurs riches moiffons, la
récolte manque dans quel-
ques provinces, & dès-
lors le bled monte à 40
& 50 livres, malgré la
très-grande abondance
des provifions emmaga-
finées (2) : *le commerce
etoit entre les mains d'un
petit nombre de mar-
chands.* Aux premieres
allarmes, l'autorité s'ef-
fraye, elle défend au mois
de Septembre de tranf-
porter des grains hors du
Royaume (3); elle or-

Prix du feptier de bled, Difette de
mefure de Paris, réduits à 1692 & fuiv.
notre monnoie actuelle.

1692. 5 Juil. 22 l. 10 f.
4 Oct. 24 l. 16 f.

(1) Le 13 Avril 1685, le Roi ordonna des travaux publics en faveur des pauvres; fa Declaration
eft citée dans un Arrêt du Parlement du 29 Mai
1693.

(2) Un Arrêt du Confeil du 5 Septembre 1693,
commence par ces mots; *le Roi etant informé qu'encore que la récolte de l'année 1692 ait eté très-abondante, & qu'il en refte encore quantité dans les greniers,* &c.

(3) Arrêt du 13 Septembre.

V iij

donne au mois de Novembre une aſſemblée générale. Il eſt réſolu que l'on obligera les laboureurs & les marchands à verſer leurs grains dans les lieux publics, que l'on pourvoira à la ſubſiſtance des pauvres, & que l'on veillera à la ſûreté de la ville & ſur-tout à celle des boulangers & des marchés (1). Les pauvres affamés s'ameutent, ils enlevent le pain d'un boulanger, ils pillent le marché de la Place Maubert; ces malheureux courent au carcan, au fouet, aux galeres, à la potence (2).

Le 8 Janvier 1693,

Prix du ſeptier de bled, meſure de Paris, réduits à notre monnoie actuelle.

1693 3 Janv. 31 l. 6 ſ. 8. d.

(1) Procès verbal de l'Aſſemblée générale de Police, tenue au Palais le 20 Novembre 1692.

(2) Arrêt du 18 Décembre, qui condamne deux particuliers à être pendus, & d'autres aux galeres, &c. pour le pillage de la Place Maubert.

le Parlement défend les amas de bled & les achats avant la récolte ; le 16 Mai, le Conseil se plaint de l'*augmentation du prix*, dans un Arrêt par lequel il ordonne que l'on visitera tous les magasins du Royaume pour lever des etats des grains. Le 22 du même mois, le Parlement rend deux Arrêts, pour enjoindre aux Officiers de Police des marchés voisins d'informer M. le Procureur général de ce qui concerne les ventes, & pour continuer ses itératives défenses de faire des amas, de s'attrouper tumultuairement, d'arrêter les voitures, d'acheter avant la récolte, avec ordre de *garnir les marchés*, pour que les *pauvres* puissent se nourrir *à un prix raisonnable.* Le lendemain

Prix du septier de bled, mesure de Paris, réduits à notre monnoie actuelle.

4 Av. 35 l. 10 s. 2. d.

un particulier eſt pendu pour avoir excité une emotion populaire , & pillé la maiſon d'un boulanger.

La miſere s'aggrave, & la mendicité ſe multiplie. Le 29 Mai , le Parlement ordonne qu'il ſera ouvert des atteliers publics , où le pauvre valide recevra ſa nourriture pour prix de ſon travail. Le 8 Juillet , il ordonne à tous les mendians de ſe retirer dans leurs demeures ordinaires , pour y être employés à la moiſſon. Le 21 & le 27 du même mois , il ordonne aux laboureurs , aux marchands , aux boulangers , de garnir les marchés de grains & de pain. Dès-lors les marchés ne ſont plus fournis comme à l'ordinaire ; le *boulanger ne peut même*

Prix du ſeptier de bled , meſure de Paris , réduits à notre monnoie actuelle.

1693. 4 Juil. 36 l. 10 d.

trouver de grains pour sa consommation journaliere; & les grains montent à un prix excessif (1). Cependant la récolte rapporte beaucoup au-delà de ce qui est nécessaire pour la subsistance du Royaume, il reste même encore quantité de grains de 1692 (2).

Le Conseil nomme des Commissaires, pour *aviser aux moyens de procurer l'abondance* (3). Le Roi ordonne des visites & declarations par tout le Royaume, avec injonction à toutes personnes de porter la moitié de leurs grains aux marchés publics (4). Tout est sans effet, puisque le 30 du

Prix du septier de bled, mesure de Paris, réduits à notre monnoie actuelle.

(1) Arrêt du Conseil du 5 Septembre 1693.
(2) Ibid.
(3) Ibid.
(4) Declaration du 5 Septembre.

même mois on cherche à s'inſtruire du montant de la récolte par les dixmes (1).

Prix du ſeptier de bled, meſure de Paris, réduits à notre monnoie actuelle.

Le pain etoit depuis quelque tems plus cher qu'il ne devoit l'être par rapport au prix du bled : pour rétablir la proportion, on ordonne des eſſais, ils n'ont pas lieu, parce que le prix du bled *varie ſans ceſſe* (2), car il augmentoit ſans ceſſe.

Pour faciliter la circulation & la conſervation de la denrée, le Roi avoit créé de nouveaux Commiſſaires facteurs, & défendu de braſſer & diſtiller des grains (3). Il décharge le commerce de toutes ſortes de droits

----

(1) Lettre du 30 Septembre ecrite de la part du Roi à M. l'Archevêque.

(2) Arrêt du 25 Septembre 1693.

(3) Edit du mois de Juin.

d'entrées , octrois, péa-
ges & autres apparte-
nans, soit à Sa Majesté,
soit à des particuliers (1).
Il ordonne la liberté la
plus entiere des transf-
ports de province à pro-
vince , & sur-tout pour
Paris (2) , & prohibe les
traites hors du royaume,
sous peine des galeres, &
enfin de la vie (3). On
prétend que malgré les
défenses & les peines ci-
devant portées , il s'etoit
fait dans les ports de Bretagne & de Poitou plu-
sieurs cargaisons pour
l'etranger; tant la police
intérieure paroissoit re-
doutable ! Le grain fuit

Prix du septier de bled ,
mesure de Paris , réduits à
notre monnoie actuelle.

(1) Arrêt du Conseil du 2 Septembre, suivi de plusieurs Arrêts de même espece , tant en 1693
qu'en 1694 ; l'exemption fut etendue sur les légumes.

(2) Ibid, & Arrêt du 15 Septembre.

(3) Ordon. du 9 & du 24 Septembre.

ou renchérit (1) , & les libéralités du gouvernement gliſſent ſur l'indigence , & la police vigilante & terrible menace en vain de la mort les ſéditieux.

Au milieu de l'exorbitante cherté des grains , le laboureur eſt miſérable ; il eſt ſi accablé , ſoit par la vexation , ſoit par la crainte , qu'il a réſolu de ne point enſemencer ſes terres. Il faut que le Roi lui enjoigne de ſemer , ſous peine d'en voir paſſer la culture & tous les fruits en d'autres mains.

Le pain ſe vend de huit à neuf & dix ſols la li-

Prix du ſeptier de bled, meſure de Paris, réduits à notre monnoie actuelle.

1693 3 Oct. 61. f. d.

(1) Arrêt de la Chambre des vacations du 25 Septembre , ſur les attroupemens & les violences faites aux Boulangers. » Il y eſt dit que pluſieurs per- » ſonnes ne veulent pas conſidérer que *le bled eſt* » *toujours plus cher* juſqu'à ce que les ſemailles » ſoient faites ».

vre, & l'on s'efforce en vain d'en arrêter l'aug-mentation. Le Roi en fait diftribuer cent mille livres pefant, chaque jour, au-deffous de la moitié du prix courant (1). Cette charité attire les pauvres de la province; leur concours eft fi grand que l'hôpital général eft bientôt furchargé. Le Parlement cherche à les eloigner par l'appareil des fupplices, & de pourvoir ailleurs à leur fubfiftance par des aumônes où des contributions des riches (2). On s'apperçoit que le pain du Roi eft ravi, dans la foule, aux néceffiteux, par des perfonnes aifées ou moins miférables; l'on recon-

Prix du feptier de bled mefure de Paris, réduits à notre monnoie actuelle.

(1) Ordon. du 19 Octobre. Arrêt du Parlement du 29 du même mois.

(2) Arrêts de la Chambre des vacations du 20 Octobre & du 13 Novembre.

noît encore que le pain ne suffit point à l'homme & sur-tout aux infirmes; & ces distributions en denrées sont converties en aumônes en argent, pour la somme de *six vingts mille livres par semaine* (1): la capitale est encore inondée de mendians qu'elle s'efforce inutilement de renvoyer dans la province (2). Par un dénombrement que les Commissaires en firent, le 4 Mars 1694, il s'en trouve plus de quatre mille, & il est entré à l'Hôtel-Dieu, pendant l'année, près de 40000 malades, sur lesquels il en est mort cinq à six mille. Les campagnes sont dé-

Prix du septier de bled mesure de Paris, réduits à notre monnoie actuelle.

1694 2 Janv. 57 l. 14 f. 9 d.

2 Avril. 61 14 7

______

(1) Arrêt du Conseil du 4 Novembre, on augmente aussi les sommes destinées à la nourriture des prisonniers. Arrêts de la Cour du Parlement & de la Cour des Aydes, des 13 & 27 Novembre.

(2) Arrêt du Parlement du 1 Décembre.

peuplées, les travaux y demeurent fufpendus , faute de manœuvres (ou de richeſſes pour les payer); on y rejette une foule de malheureux dont la ville regorge (1), & la faim va chercher une chétive nourriture dans le lait des epis naiſſans : il faut auſſi-tôt pourvoir à la conſervation de la moiſſon future , l'unique eſpérance des peuples (2).

Le Ciel regarde enfin ce malheureux Royaume d'un œil de pitié. « Il y » avoit long-tems qu'il » ne s'etoit préſenté une » récolte d'une ſi belle » eſpérance que celle qui » etoit ſur terre ». Les la- boureurs &tous les culti- vateurs dans l'indigence

Prix du feptier de bled meſure de Paris , réduit à notre monnoie actuelle.

(1) Arrêt du Parlement du 26 Mai 1694.
(2) Arrêt du Parlement du 28 Mai.

vendoient aux marchands leurs grains en verd & ſur pied (1). Cette reſſource leur eſt ôtée par une Declaration (2) qui renouvelle les défenſes des achats & arrhemens avant la récolte, ſous peine de mille livres d'amende contre chacun des contrevenans, de confiſcation & même de punition corporelle en cas de récidive. Tous les marchés antérieurs de ce genre ſont declarés nuls. Ainſi le laboureur qui *s'eſt endetté*, qui n'a *point d'argent*, qui eſt obligé *de s'acquitter*, qui *n'a pas de quoi vivre*, qui *ne peut pas faire ſa moiſſon*, ne

Prix du ſeptier de bled meſure de Paris, réduits à notre monnoie actuelle.

(1) Des fermiers ou laboureurs, dit La Mare, dont les entrepriſes n'etoient pas ſi conſidérables, & qui *n'avoient eu des bleds que pour vivre & ſemer, s'etoient endettés & avoient beſoin d'argent, & pour s'acquitter, & pour faire leur moiſſon.*

(2) Declaration du 22 Juin.

s'acquittera

s'acquittera pas, s'endettera de plus en plus, ne moissonnera pas, ne semera pas, ne vivra pas.

La plus florissante moisson annonce le retour de l'abondance; il n'y *a plus de dangers à craindre; cependant le prix du bled augmente d'un jour à l'autre;* à la halle & sur les ports, il monte jusqu'à 57 liv. le septier (89 liv.), & dans les marchés des environs, à plus de 20 lieues à la ronde, à 54 ou 55 liv. (85 liv. 9 s.). L'on craint encore que les arrhemens ne produisent une disette artificielle. Le Roi commet (1) le Prevôt de Paris ou son Lieutenant-Général de police, pour procéder extraordinairement contre les auteurs & com-

Prix du septier de bled mesure de Paris, réduits à notre monnoie actuelle.

1694 3 Juill. 85 l. 13. 6 d.

______

(1) Ordon. du 27 Juin.

X

plices des *monopoles, en-*
lévemens , malverſations
ſur le fait des bleds, ainſi
que contre *les auteurs &*
complices des bruits & des
diſcours ſéditieux répan-
dus pour cauſer une aug-
mentation dans les prix
des grains & du pain.
Enfin le Châtelet en-
voye (1) des Commiſſai-
res dans la province pour
informer des abus , ou-
vrir des magaſins , &
charger des grains pour
Paris : ces Officiers trouvent beaucoup de bled.
La Mare dit que par leurs
diligences , c'eſt-à-dire ,
les viſites des greniers ,
les envois, les empriſon-
nemens & les procédu-
res , le prix du bled di-
minua, dix jours après ,
d'un tiers & ſucceſſive-
ment de près des trois

Prix du ſeptier de bled
meſure de Paris , réduits à
notre monnoie actuelle.

____

(1) Commiſſion du 10 Juillet.

quarts. Il oublie, dans l'engoûment où il eſt de ſa commiſſion, l'extrême abondance de la récolte; & malgré cela, quoi qu'il en diſe, la cherté paroît s'être ſoutenue encore pendant plus de ſix mois. Ainſi finit par les ſeuls bienfaits de la providence cette affreuſe déſolation, dans laquelle cet ecrivain juge qu'en prenant toutes les meſures poſſibles pour ſauver le peuple par la rigueur & la violence, *on ne força pas trop la liberté du commerce, le ſeul apas, dit-il, qui attire l'abondance.*

> Prix du ſeptier de bled meſure de Paris, réduits à notre monnoie actuelle.
> 1694 2 Oct. 39 l. 2 ſ. 3 d.
>
> 1695 8 Janv. 28   17   4

O tems! ô Reglemens. Je me laſſe de tranſcrire l'hiſtoire de l'erreur, elle eſt ſi triſte & ſi dechirante! Mais puis-je employer de meilleures armes contre des gens de bien, prévenus par leur ſenſibilité, que de ſoulever leur ſenſibilité même contre leurs

> Reflexion ſur ces diſettes & ſur les Reglemens.

préjugés, par le récit lamentable des maux qu'ils cauſerent autrefois ?

Ils ont vu le peuple mourant de faim au milieu de l'abondance (1), le laboureur ruiné par la cherté même de ſa denrée, la terre déteſtée par celui qui la féconde, la miſere familiariſée avec les ſupplices, les campagnes & les villes ſe rejettant ſans ceſſe les unes ſur les autres la faim & le déſeſpoir, l'equilibre naturel de l'ordre entierement rompu dans la balance des Reglemens & ſous la main de fer qui en tient le fléau, la Police réduite par l'epuiſement de ſes reſſources & la vanité de ſes efforts à aiguiſer ſans ceſſe des traits

(1) La Mare dit dans le Chapitre XVII, qu'en 1698 » on trouva de toutes parts chez de riches » laboureurs, des bleds de l'année 1693 qu'ils » avoient laiſſé gâter, pour n'avoir pas voulu les » donner à 50 liv. le ſeptier, qu'ils le vendoient » alors dans leurs provinces ». On ne comprenoit pas dans ce tems-là que la cherté interdit les ventes ; que quand le bled eſt à 90 livres, c'eſt certainement l'acheteur qui manque au vendeur, plutôt que le vendeur à l'acheteur ; & que ſi la concurrence n'eſt pas animée par le haut prix, il faut néceſſairement qu'une cauſe violente, ſupérieure en force à l'intérêt particulier, ait porté les riſques à courir dans le commerce fort au-delà des gros profits qu'il offre à recueillir.

toujours emouſſés ou toujours funeſtes, le Gouvernement ne recueillant d'autre prix de ſa follicitude & de ſa bienfaiſance que la douleur de voir des malheureux accablés par ſes ſoins & empoiſonnés par ſes préſens. Ils n'ont vu que des maux, & ils ont vu leurs loix toujours en action & pour ainſi dire, en courroux.

Dira-t-on encore que, dès qu'on a remis ces loix en vigueur, on a rappellé l'abondance & le bon marché, & que ces diſettes factices & ces exceſſives chertés ne ſont ſurvenues que par leur inexécution (1)? Cette hiſtoire de plus de 60 ans (& la ſuite y répond) eſt un combat eternel des Reglemens contre les ſubſiſtances qui, anéanties ou diſſipées par leur rigoureuſe activité, ne renaiſſent & ne circulent que par l'effet de la concurrence ou par la faveur du Ciel. Ce grand ſiecle du régime prohibitif ſeroit un ſiecle d'abondance & de proſpérité, ſi la police etoit ſalutaire; & c'eſt un ſiecle marqué au moins

______

(1) On lit encore dans les remontrances du 18 Mars, que le *relâchement dans l'exécution des Reglemens* (dans le tems de cherté) *fit naître le mal qui ceſſa,* ajoute-t-on, *dès qu'on rendit une nouvelle vie à ces mêmes Reglemens :* & l'on en appelle à *l'hiſtoire!*

de dix en dix ans par des chertés & des difettes les plus exorbitantes & les plus opiniâtres. Les Réquifitoires, les Declarations, les Arrêts ne ceffent, à la vérité, d'attribuer des maux toujours renaiffans, à des abus, ou qui n'exiftoient pas ou dont ils dechargeoient les loix : c'eft une erreur, ce n'eft qu'une erreur. Mais le Souverain & tant de grands Miniftres & tant de Magiftrats fi recommandables par leurs vertus & par leur zele, auroient-ils laiffé tomber les Reglemens, après avoir fi fréquemment eprouvé les prétendus dangers de leur inobfervation & l'utilité prétendue de leur exécution ? Les auroient-ils laiffé tomber dans le mepris & l'oubli un inftant après qu'ils auroient eu, par eux, relevé le Royaume & fauvé la Nation ? Ce feroit un crime; qui ofera les en accufer ? On feroit confondu par les preuves eclatantes qu'ils viennent de donner de leur ardeur pour le bien public. S'il etoit vrai que ces regles fuffent méconnues, dès que l'ordre etoit etabli, qu'etoient-ce donc que ces loix que perfonne ne vouloit exécuter ni faire exécuter ? Se flatteroit-on, fi on les rappelloit, qu'elles fuffent mieux obfervées à l'a-

Il eft evident que ces maux furent les fruits des Reglemens mêmes, & non les fuites de leur inexécution.

venir ? Le moindre inconvénient des vaines loix, c'est d'être la honte de la législation & le fléau des loix utiles. Ne dissimulons pourtant pas que quelques-uns de ces Reglemens furent dans tous les tems negligés & violés ; tels etoient les défenses faites, en faveur de la famine, de garder les bleds plus de deux ans & d'en former des magasins : défenses equivalentes à l'ordre de femer le bled dans les rivieres & de renoncer au commerce & à la culture. Les Magiftrats jugerent qu'il feroit auffi injufte qu'inhumain de traîner fans ceffe les laboureurs aux marchés pour y débiter des grains qu'il etoit phyfiquement impoffible qu'ils débitaffent ; on les conferva donc pour la difette prochaine, que l'on trouva préférable à la famine.

Pourfuivons & abrégeons. En 1698 (le relâche eft court) la difette, comme à l'ordinaire, fut dans le Royaume avec l'abondance, après la récolte. En peu de tems, le bled monta à 45 liv. le feptier, monnoie ac-

Prix du feptier de bled, mefure de Paris, réduits à notre monnoie actuelle.

1698. 4 Oct. 33 l. 10 f. 6 d.

Suite de l'Hiftoire des difettes du dernier fiecle.

Difette de 1698 & 99.

X iv

tuelle, &, difoit-on, par l'artifice de *gens peu af-fectionnés au bien public & fort paffionnés au con-traire pour leur profit.* L'on ne crut pas, ajoute la Mare »qu'il fût nécef- » faire en cette occafion » d'un grand nombre de » nouveaux Reglemens » pour rompre ce mono- » pole. Il y en avoit eu » affez dans les années » précédentes ». L'on prit le parti de rechercher les *prévaricateurs* & de déployer contre eux la févérité des loix, afin de les *ramener à leur devoir & de contenir les autres dans les bornes d'un com-merce légitime.* Des Com-miffaires, munis de pou-voirs fuffifans, parcou-rurent différentes pro-vinces (1) & par-tout ils

Prix du feptier de bled, mefure de Paris, réduits à notre monnoie actuelle.

1699. 3 Janv. 42 l. 16 f. 9 d.

(1) Arrêt du Parlement, du 16 Décembre 1768. Commiffion de M. le Lieutenant Civil, du 19 du même mois.

trouvèrent *une grande quantité de bled*, des particuliers coupables d'avoir eu assez de prévoyance pour amasser des provisions dans les années antérieures ; *des usuriers qui vendoient les grains beaucoup plus cher qu'ils ne les avoient achetés* ; *des laboureurs qui ayant leurs granges remplies, ne se hâtoient pas de battre leurs gerbes* ; des fermiers ou des marchands qui n'apportoient pas aux marchés ou qui en remportoient leurs grains, lorsque la vente ne leur en paroissoit pas bonne ; des bleds gâtés, des arrhemens, des achats sur pied & d'autres *crimes pareils*, en un mot, des bichets, des boisseaux & des muids répandus çà & là chez des particuliers en différentes pro-

Prix du septier de bled, mesure de Paris, réduits à notre monnoie actuelle.

1699. 4 Av. 41 l. 18 s. 9 d.

4 Juil. 41 l. 18 s.

vinces, & faisissables, suivant la lettre des Reglemens. Il nous suffira de rapporter une des *contraventions criminelles* découvertes par le Commissaire La Mare ; c'est la vente que des tuteurs solidaires avoient faite de grains sur pied appartenans à leurs mineurs, *par adjudication du Bailliage de Brétencourt :* le marché fut declaré nul, & le marchand qui avoit acheté, condamné à 1500 l. d'amende.

On voit par les prix du marché de Rosoy les progrès & la durée de la cherté. La Mare dit que les » provinces qui etoient » *demeurées libres* four- » nirent suffisamment de » grains pour la subsis- » tance de leurs habitans » & pour les provisions » de la ville de Paris ».

Prix du septier de bled, mesure de Paris, réduits à notre monnoie actuelle.

3 Oct. 40 l. 19 s. 6 d.

1700. 2 Janv. 41 l. 10 s. 6 d.
3 Av. 38 l. 17 s.   d.
3 Juil. 35 l. 11 s. 8 d.
2 Oct. 37 l. 8 s.

1701. 8 Janv. 24 l. 19 s.   d

La liberté nourrit donc des eſclaves !

Prix du ſeptier de bled, meſure de Paris , réduits à notre monnoie actuelle.

Quel etoit alors l'etat de la culture ? Quelle etoit, ſous ces loix & dans ces circonſtances, la ſituation du laboureur ? Des témoins inſtruits & irrécuſables dépoſoient, dans ces epoques malheureuſes, de terribles vérités contre le régime prohibitif. Leur témoignage unanime confondra les vagues eloges prodigués à la funeſte adminiſtration dont nous retraçons l'hiſtoire. Il ne s'agit point ici de *parti*, de *raiſonnement*, de *ſyſtême*, il s'agit de faits atteſtés, ſans aucun concert & ſans autre intérêt que celui du bien public, par MM. les Intendans des Provinces, au Gouvernement jaloux de voir dans leurs mémoires le tableau fidele du Royaume : que l'on detruiſe cette autorité ! (1)

Deſtruction de la culture par les Reglemens , cauſes des diſettes.

» Un des plus grands inconvéniens auxquels les peuples de la Comté ſoient ſujets, » diſoit en 1698 immédiatement

Témoignages rendus par MM. les Intendans , ſur l'etat de la culture & le défaut de liberté.

<hr>

(1) Tous les témoignages ſuivans ſont tirés des Mémoires de MM. les Intendans, recueillis par M. le Comte de Boulainvilliers, t. 1. *Paſſim*, & rapportés dans l'*Eſſai ſur la Police des Grains*, par M. Heubert. pag. 136 & ſuiv.

avant la difette M. l'Intendant de Bourgogne, „ eft la *non-valeur des bleds, qui*
„ *ne vient que du manque de débit & de*
„ *confommation.* Les Suiffes & les Géné-
„ vois font les feuls qui puiffent faire ce
„ commerce, ils ne le font toutefois qu'a-
„ vec la permiffion de la Cour; ce qui en-
„ gage de toute néceffité les vendeurs &
„ les acheteurs à une contrainte d'autant
„ plus préjudiciable qu'elle n'eft fondée
„ fur aucune jufte raifon „.

„ Le commerce du bled, ecrivoit dans
le même tems M. l'Intendant d'Alface,
„ qui etoit autrefois fort grand avec la
„ Suiffe, eft réduit à une très-petite quan-
„ tité. Si la paix rétablit l'*ancienne liberté*,
„ ce fera certainement un fort grand
„ avantage pour la province, parce que
„ *faute de débit & de confommation fuffi-*
„ *fante, les grains font à vil prix* „.

„ Il abondoit autrefois à Rouen, difoit
en 1697 M. l'Intendant de cette ville,
„ beaucoup d'etrangers, au grand avan-
„ tage du commerce, les villes du Havre
„ & de Honfleur y prenoient part & fur
„ tout à celui des grains, dont le pays de
„ Caux produit plus qu'il n'en peut con-
„ fommer. Mais tout le commerce femble

„ fe perdre par l'abattement des peuples
„ qui ne font aucune confommation, &
„ par la non-valeur du bled qui eft telle
„ que le laboureur n'eft pas rembourfé de
„ fes frais ».

„ Le commerce des bleds du Bourbon-
„ nois, difoit M. l'Intendant de Moulins
„ en 1698, eft très-confidérable quand le
„ grain a du débit; *mais il eft ordinaire-*
„ *ment à un fi bas prix, que le laboureur*
„ *ne peut tirer les frais de fon travail ».*

Donc il n'y avoit prefque plus de *com-*
merce, parce qu'il n'y avoit point de *li-*
berté ; donc il n'y avoit point de *confom-*
mation (faute de revenu) lorfque les bleds
etoient en *non-valeur ;* donc les *peuples*
tomboient dans la mifere, à mefure que
le laboureur s'appauvriffoit ; donc le régime prohibitif nuifoit au laboureur, aux
peuples, à la confommation, au commerce, à la valeur vénale, à la reproduction, à l'impôt, à l'Etat, au genre humain ; donc il eft barbare.

„ Huit années d'abondantes récoltes qui
„ fuivirent la difette dont il vient d'être
„ parlé, remplirent de bleds & d'autres
„ grains de toutes efpeces, les granges &
„ les greniers des laboureurs. Les plus

,, riches habitans des provinces dont les
,, principaux revenus conſiſtent en bled,
,, en firent des magaſins, ce qui fit tom-
,, ber le bled à un très-vil prix. Il arriva
,, dans cette conjonĉture *ce que l'on a ſou-*
,, *vent expérimenté,* que *les laboureurs ne*
,, *trouvant plus dans ce bas prix de quoi*
,, *ſoutenir leurs dépenſes,* prodiguent leurs
,, grains en nourriture de beſtiaux pour
,, s'indemniſer, par le prix qu'ils en tirent,
,, de la perte qu'ils font ſur leurs grains;
,, pluſieurs même moins forts ou moins
,, ménagers, *abandonnent la culture de la*
,, *plûpart des terres. Il s'enſuit de là qu'un*
,, *pareil evénement eſt toujours un pronoſ-*
,, *tic preſqu'infaillible d'une prochaine di-*
,, *ſette; la France en fit en effet une triſte*
,, *expérience dans cette année* 1709 ,,. Ainſi
parle le Commiſſaire La Mare (1). Que nos
adverſaires commentent ce texte.

,, Une longue ſuite de
,, récoltes abondantes,
,, qu'il avoit plû à Dieu
,, d'accorder à notre

(1) Supplément du 2 volume du Traité de la Police, au titre XIV. th. XVII.

Prix du septier de bled mesure de Paris, réduits à notre monnoie actuelle.

» Royaume, lit-on dans
» le préambule de la De-
» claration du 27 Avril
» 1709, y avoit fait def-
» cendre les bleds à un fi
» bas prix que les labou-
» reurs & les fermiers ne
» fe plaignoient que *de la*
» *trop grande quantité de*
» *grains dont ils etoient*
» *embarraffés ;* ainfi nous
» avions lieu d'efpérer
» que quoique la récolte
» de l'année derniere *n'eût*
» *pas eté auffi favorable*
» *que celles des années pré-*
» *cédentes,* & malgré l'in-
» quiétude où l'on eft
» dans plufieurs provin-
» ces de l'evénement de
» la récolte prochaine,
» *nous n'aurions point à*
» *craindre qu'une cherté*
» *exceffive fuccédât en un*
» *moment à une abondan-*
» *ce onéreufe ;* nous ap-
» prenons néanmoins de

,, tous côtés, que le prix
,, des bleds eſt conſidéra-
,, blement augmenté, &
,, nous ſommes informés
,, en même tems que cette
,, augmentation ſubite
,, doit être attribuée, *non*
,, *pas au défaut de grains,*
,, *dont nous ne pouvons*
,, *douter qu'il ne reſte une*
,, *très — grande quantité*
,, *dans le Royaume,* mais
,, à l'avidité de ceux qui,
,, voulant profiter de la
,, miſere publique, ou
,, *impatiens de ſe-dédom-*
,, *mager de la perte qu'ils*
,, *croyoient avoir faite par*
,, *le bon marché où ils ont*
,, *vu le grain, pendant*
,, *pluſieurs années conſé-*
,, *cutives,* le reſſerrent
,, avec ſoin, pour atten-
,, dre que la rareté appa-
,, rente du bled l'ait fait
,, monter à un prix en-
,, core plus haut que ce-

Prix du ſeptier de bled
meſure de Paris, réduits à
notre monnoie actuelle.

1709 6 Avril. 57 l. 14 ſ. 8 d.

lui

„ lui auquel il est à pré-
„ sent... A ces causes
„ &c. „.

Le Roi ordonne que chaque particulier donnera une declaration exacte de la quantité de grains dont il est pourvu, en même tems il décharge les grains de tous droits, défend d'en empêcher la circulation, les souftrait aux faisies, & *permet aux propriétaires & fermiers des terres endommagées par les gelées & les pluies de les refemer en orge;* claufe bien finguliere! le propriétaire & le fermier du champ ne pourroient-ils le cultiver que par la permiffion & au gré du gouvernement!

Le Code des Reglemens avoit déjà eté repréfenté aux yeux de la nation, par un Arrêt du

Prix du feptier de bled mefure de Paris, réduits à notre monnoie actuelle.

Hiftoire de cette difette.

Y

Parlement du 19 Avril. Leurs difpofitions furent encore fouvent rappellées en détail dans des declarations, & des arrêts dont il feroit fuperflu d'expofer la teneur. Le 7 Juin, le Parlement réduifit le pain à deux efpeces, le blanc & le bis, pour en diminuer la confommation ; & le 8 , il affecta des taxes à la fubfiftance des pauvres dans les provinces : le 9, le Roi nomma des Commiffaires pour vifiter les magafins & vérifier les declarations (1) ; le 11 il créa , par des Lettres-patentes à l'effet de juger les contraventions aux Reglemens & les malverfations dans le commerce , une Chambre dont le pouvoir fut fixé

Prix du feptier de blod mefure de Paris , réduits à notre monnoie actuelle.

(1) Le 10 Juillet, on en nomma de nouveaux.

ainsi que les fonctions des Commissaires dans une autre Declaration du 15.
Par une Declaration du 11 Juin, la culture des terres que les propriétaires ou fermiers ne voudroient pas labourer & ensemencer, avoit eté adjugée à celui qui se présenteroit pour suppléer à leur défaut, sans aucune réserve en faveur du droit de propriété ou de fermage, & sans egard à la misere des maîtres ou cultivateurs naturels du champ. Il fut aussi reglé que les dixmes, champarts, arrérages de cens, rentes foncieres, & autres droits & redevances seroient payés en argent, disposition que les Commissaires trouverent egalement inexécutable & injuste, & qu'il parut néceffaire d'interpréter par

Prix du septier de bled mesure de Paris, réduits à notre monnoie actuelle.

une nouvelle Declaration du 8 Octobre (1). La même Declaration contenoit des articles favorables à la culture, telles que l'exemption de tout ſurcroît de taille. Il ne nous eſt pas poſſible d'entrer dans des détails ſur les autres articles ainſi que ſur la Declaration du 20 Juillet , concernant les etats des menus grains, les ſemences de l'Automne (2), la perception des dixmes, &c.

Les bleds devenoient , d'un moment à l'autre , plus rares & plus chers : les menus grains les remplacerent heureuſement ; la récolte en fut très-abondante , cependant

Prix du ſeptier de bled meſure de Paris , réduits à notre monnoie actuelle.

1709 6 Avril. 70 l. 18 ſ. 1 d.

(1) Ces objets furent reglés par des Arrêts du Parlement du 16 Novembre 1709, du 18 Janvier 1710.

(2) Nouvelle Declaration à ce ſujet, le 8 Octobre.

leur prix s'en eleva hors de mesure. En consé-quence le Parlement, par un Arrêt du 18 Septem-bre, enjoignit aux labou-reurs & aux propriétai-res de faire battre leurs orges & autres grains & de les envoyer aux mar-chés, sans préjudice des provisions de la ville de Paris. En attendant qu'il arrivât des bleds etran-gers sur lesquels l'espé-rance de voir diminuer les prix etoit fondée, le Roi mit un dixieme d'aug-mentation sur les droits perçus tant aux barrieres & aux ports que dans l'intérieur de Paris, pour en employer le produit à des achats de grains en faveur des pauvres : etran-ge maniere de soulager les malheureux, que d'aug-menter tout d'un coup le prix de toutes les den-

Prix du septier de bled mesure de Paris, réduits à notre monnoie actuelle.

rées & de toutes les marchandifes, pour accumuler lentement de petites fommes deftinées à pourvoir à des néceffités urgentes. Il eft vrai que d'un autre côté les grains & légumes furent déchargés (1) de toutes efpeces de droits foit à l'entrée du Royaume , foit dans leur circulation intérieure. Le bled etoit hors de prix.

Les Commiffaires rempliffoient leur miffion par des vifites & des ordonnances. La Mare, député en Champagne, parvint à tirer, par des correfpondances, beaucoup de bled de la Lorraine, du Barrois & de l'Alface; il envoya pendant quelque tems, deux cens muids par

Prix du feptier de bled mefure de Paris, réduit à notre monnoie actuelle.

1709 ; Q&. 86 l. 11 f. 6 d.

1710 4 Janv. 68 l. 13 f. 4 d.

(1) Declaration du 27 Avril 1709 , Arrêt du Confeil du 26 Novembre , Declaration du 11 Mai 1710.

semaine à Paris. Ensuite il excita la concurrence. Les marchands de Vitry vinrent à la capitale en droiture ; des Lorrains les y suivirent de près ; & l'on *vit pour la premiere fois des etrangers sur ses ports.* Ce concours fit baisser le prix des grains en 1710. La Chambre fut supprimée vers ce tems-là (1). Enfin en achetant, & en encourageant le commerce, La Mare parvint à fournir des provisions suffisantes à la capitale, jusqu'à l'arrivée des bleds etrangers *lesquels joints à l'espérance prochaine d'une abondante moisson, firent cesser la disette & rétablirent le bon marché.* C'est ainsi qu'après avoir inutilement tenté de couper, par les Reglemens,

Prix du septier de bled mesure de Paris, réduits à notre monnoie actuelle.

5 Avril. 61 l. 4 s. 2 d.

5 Juill. 41 13 9
4 Oct. 29 17 1

____

(1) 4 Avril 1710.

le nœud des difettes fac-
tices, il a toujours fallu
recourir à la concurren-
ce qui l'a délié fans ef-
fort (1).

Il ne me refte, pour achever l'effrayant tableau de l'Etat en prohibitions, qu'à préfenter en maffe, les révolutions défaftreufes de ce fiecle. Quoique l'on dife que l'ancienne législation n'eut pas moins à cœur l'intérêt de la claffe productrice que l'intérêt de toute autre claffe de citoyens;

(1) Depuis ce tems-là jufques vers le milieu du fiecle, le régime prohibitif, toujours variable, a fait ou renouvellé divers Reglemens. En 1719 & 1721, Arrêts du Confeil pour affranchir de tous droits les grains, farines & légumes tranfportés d'une province dans une autre, droits rétablis par un Arrêt de 1726, par rapport à quelques provinces, & fupprimés de nouveau en 1730. En 1723, Declaration du Roi défendant toute vente hors des marchés & renouvellant tous les Reglemens anciens : en outre, Ordonnances & Arrêts divers fur la police des grains. Depuis 1732 jufqu'en 1747, Reglemens différens & même oppofés touchant l'exportation, les tranfports de province à province, les droits, &c. En 1736, *injonction aux Communautés d'avoir des magafins de bled pour trois années de leur confommation.* En 1740 & 41, Reglemens de police fur la difette, &c. &c.

on n'ignore pas que pour convertir le Royaume en manufactures, un génie ebloui d'un eclat illusoire, avoit ôté par l'interdiction du commerce des grains, la valeur vénale à cette denrée. Le grain sans valeur ne se reproduit pas ; aussi dès-lors la culture fut-elle degradée, ainsi qu'on l'a vu par les mémoires de MM. les Intendans. Sa décadence s'est accélérée, suivant les loix physiques de la nature, comme la vîtesse s'accélere dans la chûte des corps. Depuis ce tems-là, des milliers de charrues ont eté renversés ; la population des campagnes a fui dans les villes & hors du Royaume ; des terres fertiles se font hérissées de ronces dans toutes les provinces ; la nation a perdu plus de la moitié de son revenu réel ; la misere, les mendians, les hôpitaux, les emigrations, les vols, les assassinats se font multipliés à l'infini. Il est prouvé par un relevé des Regiftres des Greffes, des fermes, des Paroisses, des triftes asyles de l'in-digence, &c. fait dans une ville confidé-rable de province, que les crimes, les pauvres, les expatriations, &c. etoient dans ces dernieres années à l'egard des premieres années du siecle, dans la proportion de dix, vingt-cinq, foixante à un. Eh ! combien de fois les Cours Souveraines n'ont-elles pas porté au pied du trône les cris des peuples fur la défolation des campagnes ? Combien de fois n'ont-elles pas repréfenté les calamités publiques germant dans les epis etouffés par la mifere du cultivateur ? Combien de fois n'ont-elles pas tourné les regards du Souverain fur les debris de la charrue, pour attirer fur elle fa protection ou plutôt fa juftice ?

Je ne dis pas que le régime prohibitif ait feul produit cette défolation, mais je dis qu'il en a eté la principale caufe ; je dis qu'elle en etoit l'effet néceffaire plus ou moins rapide, puifqu'il fruftroit le laboureur de fes profits, fuivant l'objet même du Légiflateur, c'eft-à-dire, de fes reprifes , fource de la culture, fource du revenu , fource de l'impôt , fource des falaires , fource des fubfiftances, fource de la profpérité publique & privée : je le dis avec MM. les Intendans dont j'ai rappellé les dépofitions , moins comme avis que comme témoignage : je le dis avec tous les Ecrivains, avec tous les Magiftrats , qui , avant que la liberté nous fût rendue, ont recherché & exposé les causes de la décadence du Royaume : je le dis avec le Parlement de Rouen qui, en 1764, exposa si fortement dans une lettre au Roi, la nécessité de la liberté du commerce des grains , pour la restauration de l'Etat : je le dis avec tous les Parlemens qui se réunissoient alors pour attester que le laboureur accablé sous le poids des denrées accumulées dans ses greniers , etoit réduit à l'impuissance de payer les tributs & de fournir à ses besoins , & à la nécessité de borner la mesure des moissons , & *d'invoquer la disette , pour retrouver dans le malheur de ses concitoyens la ressource que des ordres arbitraires lui avoient ôtée* (1) : je le dis avec les Etats du Languedoc , d'Artois , de Bretagne , & avec plusieurs Cours souveraines, qui reconnoissent que les loix prohibitives , en ôtant le prix aux grains , avoient degradé la culture, & qu'on a cherché *vainement dans des prohibitions nouvelles un remede aux maux que les prohibitions avoient faits* (2).

(1) Lettre du Parlement de Toulouse au Roi , du 11 Août 1764.

(2) Lettre du Parlement du Provence au Roi , du

Comment donc, lorfque le laboureur, faute de débit de fes grains, etoit forcé de confommer les avances de la culture, la nation n'auroit-elle pas eprouvé une diminution progreffive dans fes revenus & fes fubfiftances ?

Comment, lorfque la nation s'appauvriffoit, n'y auroit-il pas eu plus de pauvres ? Comment, lorfqu'il y avoit moins de denrées, auroit-on nourri la même population ? Comment, lorfque le propriétaire avoit moins à dépenfer, l'artifan & le journalier auroient-ils reçu les mêmes falaires ?

Comment, lorfqu'il y avoit plus de de malheureux fans travail, fans pain, fans reffources, n'y auroit-il pas eu plus de miférables dans les hôpitaux, fur les grands chemins & fur les gibets ?

Comment la richeffe territoriale effuyant annuellement des dechets plus confidérables, le produit de l'impôt n'auroit-il pas fouffert une altération proportionnée ? Comment le produit de l'impôt baiffant

18 Décembre 1768. On y rappelle que le *laboureur accablé de mifere voulut devenir vigneron, & qu'on lui défendit de quitter une culture ingrate pour celle qui lui donnoit le moyen de fubfifter.*

toujours fans diminution de charges , fe pouvoit-il que le taux des impofitions ne fût pas furhauffé ? Comment avec un fur-taux d'impôts roulant fur des terres en de-gradation , & fous la main d'une régie dévorante , la nation ne feroit-elle pas précipitamment tombée dans un abîme d'où elle ne fortira que par la régénération de l'agriculture ?

Je ne parlerai pas de la barbarie qu'il y avoit à refufer aux autres peuples la den-rée que nous abandonnions aux infectes : on croit encore à la politique qui fait le mal d'autrui.

Je ne parlerai point de la guerre fourde que le régime prohibitif entretient eter-nellement entre les nations , & des guer-res eclatantes que les fauffes vues de fon génie ont allumées : on refufe de recon-noître que tous les peuples font freres , & que la richeffe de chacun dépend de leur profpérité réciproque.

Je ne parlerai point du luxe corrupteur & deftructeur tiré des cendres de la char-rue & engraiffé du fuc de la terre qui s'entr'ouvre fous fes atteliers pour les en-gloutir : on fe repaît encore de la chimé-

rique richeſſe, produite par les manufactures & les arts.

Je ne parlerai point des déſordres cau-
ſés par l'entaſſement d'une immenſe population dans la lie des villes, aux dépens
des campagnes où gît l'Etat.

Je ne parlerai pas de l'injuſtice que l'on
commet en gênant la liberté publique (car
la liberté du commerce eſt la liberté du citoyen) & en diſpoſant à volonté des
propriétés particulieres (car favoriſer dans
les echanges l'un aux dépens de l'autre,
c'eſt donner à celui-là le bien de celui-ci):
on ſemble croire que la juſtice puiſſe être
aſſujettie à des regles arbitraires.

Le Parlement de Toulouſe a repréſenté,
dans ſa lettre du mois de Décembre dernier au Roi, le tableau le plus frappant &
le plus intéreſſant des effets du régime
prohibitif, en contraſte avec les effets de
l'adminiſtration actuelle : nous en déta-
cherons quelques traits bien propres à confirmer ce que nous venons de dire de la
ſituation de la France ſous les prohibitions, & ce que nous dirons tout à l'heure
de ſon etat préſent par l'influence de la
liberté.

„ Nous avons vu, difent ces Magiftrats
fi zelés & fi eclairés, « nous avons vu le
„ cultivateur refpectable environné de
„ denrées, gémir dans l'embarras & dans
„ la pauvreté. . . Il recouvre à peine fes
„ avances; comment entretiendra-t-il cette
„ famille nombreufe? . . . Comment fera-
„ t-il déformais. . . les fimples réparations
„ d'entretien, fans lefquelles les meilleu-
„ res terres ceffent d'être fertiles ? Qui
„ payera l'induftrie de cet artifan labo-
„ rieux ? Qui employera ce payfan ro-
„ bufte ? Et où trouveront-ils à echanger
„ leurs travaux utiles contre un falaire mo-
„ déré ? Nous les avons vu, Sire, défer-
„ ter, avec de longs foupirs, le bien-aimé
„ féjour de leurs peres. . .

„ Nous avons vu des fermes entieres
„ abandonnées par l'infortuné proprié-
„ taire... La dépopulation... devenoit tous
„ les jours plus fenfible, la maffe des pro-
„ ductions diminuoit tous les ans ; le tems
„ feroit venu où l'un des plus beaux pays
„ & des plus favorifés de la nature auroit
„ eté en proie à la ftérilité. . .

„ Nous avons vu enfin les poffeffeurs
„ des plus grands domaines, ne retirer
„ d'autre fruit de la plus auftere econo-

,, mie , que d'acquitter à peine leurs im-
,, pofitions ; encore même ne les acquit-
,, toient-ils que par parcelles , & quelque-
,, fois long-tems après le terme prefcrit ?
,, Eh ! que pouvoit donc faire la foule des
,, malheureux ? . . . Le mal qui affligeoit
,, nos provinces fe faifoit fentir dans le
,, tréfor de votre Majefté , & de-là dans
,, toute la France. . .

,, Quelle main propice & puiffante a
,, changé tout-à-coup le face de nos cli-
,, mats , a rendu à ces toits ruftiques leurs
,, habitans , à nos campagnes le mouve-
,, ment & la vie ?"Quels motifs nouveaux
,, excitent le propriétaire , encouragent
,, le laboureur , & font redoubler à l'un
,, fes utiles dépenfes , à l'autre fes travaux ?
,, Quelle caufe a tiré le bourgeois de fon
,, indolence, a fait d'un membre inutile un
,, commerçant laborieux , un homme utile
,, à fa patrie ? D'où vient que cet artifan
,, n'a plus de relâche, que les manouvriers
,, ne font plus oififs , qu'ils fe difent en-
,, tr'eux où ils travailleront le lendemain,
,, toute la femaine , toute l'année ? D'où
,, vient que cette femme a pris la bêche &
,, même la charrue , & que le travail
,, ftérile de fon fufeau eft renvoyé à la
nuit ?

,, nuit? D'où vient que tout ce qui respire
,, est utilement employé, que cet enfant
,, débile est enlevé aux frivoles amusemens
,, de son âge, qu'il trouve dans une légere
,, occupation une subsistance aisée, & qu'il
,, ne retranche plus les alimens de son pe-
,, re? Pourquoi ces hommes infatigables,
,, à qui le sol ingrat de leurs montagnes
,, refuse le fruit de leurs sueurs, descen-
,, dent-ils en foule sur nos terres? Il y a
,, peu de tems encore qu'ils y offroient
,, vainement, au plus vil prix, leur adresse
,, & leur force. D'où vient qu'infiniment
,, plus nombreux, ils semblent l'être moins
,, que ceux qui veulent les employer?
,, D'où vient que *leur salaire a doublé*, &
,, que cependant on se les dispute, on se
,, les enleve? Quelle bénigne influence fait
,, briller aujourd'hui la sérénité sur tant de
,, visages où l'on n'appercevoit autrefois
,, que la fatale empreinte de la misere &
,, de la douleur? *Quelle raison sur-tout,*
,, *quelle nouvelle disposition des esprits &*
,, *des choses semble avoir rendu les impôts*
,, *supportables, les fait payer avec exacti-*
,, *tude, & presque sans se plaindre, quoi-*
,, *qu'ils soient excessifs,*" & que le concours
,, *de mille causes funestes les ait portés au-*
,, *dessus de toute proportion avec le produit*

Z

,, *des terres , même dans tous les tems de*
,, *l'Agriculture ?*

,, Tous ces heureux changemens , Sire,
,, font dûs à cette loi précife, à la liberté
,, du commerce des grains , monument
,, eternel de votre affection pour vos peu-
,, ples (le plus beau préfent qu'ils puffent
,, recevoir de votre munificence & de votre
,, amour)."

,, Déjà le prompt fuccès qu'elle a eu dans
,, notre reffort , nous etonne nous-mêmes
,, qui avons ofé le prédire. .. Que votre
,, Majefté faffe ouvrir les greffes de nos
,, Diocèfes , & qu'elle fe convainque par
,, elle-même *du nombre infini des defriche-*
,, *mens.* .. Jufqu'à quel point . . . n'*aug-*
,, *menteront* pas , dans quelques années , le
,, produit des terres & l'abondance des
,, moiffons. .? Les fruits précieux de la
,, liberté du commerce ne font qu'eclorre,
,, il faut plufieurs années encore pour les
,, conduire à leur maturité ? Faffe le Ciel
,, que rien ne les arrête , que l'on s'eclaire
,, de plus en plus , que les evénemens &
,, l'autorité , que tout les favorife & les
,, avance !

,, Oui , Sire , que le commerce des
,, grains foit libre *fans reftriction* dans nos
,, Provinces. . .S'il etoit poffible qu'un Re-

„ glement si salutaire eprouvât encore
„ quelque contradiction… ecoutez, Sire,
„ l'humble priere de vos sujets fideles de
„ la Guyenne & du Languedoc ; la sup-
„ pression, la moindre suspension de la
„ liberté du commerce des grains seroit
„ pour eux le coup le plus funeste, le
„ plus terrible des châtimens ; pourriez-
„ vous, Sire, le leur infliger, sans dai-
„ gner plutôt les entendre ? Qu'il leur
„ soit permis de défendre leur fortune &
„ leur vie par la voix de leurs Magis-
„ trats, &c. (1) „ "

Je sçais que l'on n'ose presque plus demander aujourd'hui le plein & entier rétablissement du régime prohibitif, quoiqu'on ne cesse d'en vanter les bons & salutaires effets. Je sçais que plusieurs de ses
partisans conviennent qu'il ne fut pas toujours favorable & prospere, non parce
qu'*il existoit des Reglemens*, mais parce
qu'*ils existoient en trop grand nombre*. Je
sçais que l'on veut placer le commerce
entre *la prohibition entiere, désastreuse,*
dit-on, par l'*anéantissement qu'elle occa-*
sionne, & la liberté indéfinie, désastreuse,
à ce qu'on prétend, *par le dépouillement*

On n'ose plus demander le rétablissement entier des anciens Reglemens ; on demande un *milieu* entre les deux régimes.

(1) Lettre du Parlement de Toulouse au Roi, du
22 Décembre 1768.

du nécessaire qu'elle autorise, deux extrê-mes, entre lesquels, ajoute-t-on, *le mi-lieu est ici le point de perfection*, comme *dans toute* autre *matiere*.

Je n'ai rien à répondre à ces maximes vagues, flexibles & abusives, dont l'application arbitraire n'empêche pas qu'un principe démontré ne soit une vérité dé-montrée. Je n'examine pas si l'evidence est aux *extrémités* ou au *milieu* de la ligne, je la cherche dans tous les points, & je l'adopte où je la trouve. Entre l'erreur & la vérité, il n'y a point de milieu ; il n'y a point de milieu entre la liberté définie & la liberté indéfinie, quoique la premiere comporte comme l'erreur des modifica-tions différentes. Si je voulois présenter un *milieu* dans cette matiere, je dirois que la *liberté indéfinie* qui laisse à chacun la jouissance de ses droits, sans attenter aux droits d'autrui, est entre la liberté limitée qui frustre le citoyen de la jouissance de ses droits, & la *licence* qui attente aux droits des autres : je prouverois même que les *extrémes se touchent*, & que la *licence* est avec la *liberté limitée*, comme l'anarchie avec le despotisme. Qu'est-ce d'ailleurs que cette *prohibition entiere* dont on parle ? Quand a-t-elle existé ? Comment pourroitelle exifter ? Elle detruiroit jufqu'au commerce d'homme à homme, de voifin à voifin, de frere à frere.

Le régime prohibitif avoit entaffé des Reglemens fans nombre, dont une partie ne fut jamais exécutée, ou du moins ne le fut que paffagérement pour le falut des peuples, parce que leur pleine & conftante exécution etoit impoffible. Ils ne furent pas donnés tous à la fois, ils naquirent les uns des autres, parce qu'aucun Reglement ne produifoit le bien qu'on s'en etoit promis, parce que chaque Reglement produifoit un mal auquel il falloit appliquer un remede. Pourquoi les auroit-on ainfi accumulés jufqu'à ecrafer, fi je puis le dire, la terre fous leur poids, fi ce n'eft parce que des abus toujours renaiffans, toujours multipliés, forçoient l'adminiftration à en mettre fans ceffe de nouveaux à l'appui des anciens ? C'eft le propre des loix défectueufes d'appeler à jamais des loix plus défectueufes encore à leur fecours. Il n'y a point de Reglement qui ne fous-entende, qui n'invoque, qui n'annonce, qui n'ordonne un Reglement nouveau. La raifon en eft fimple : il n'y en a point qui ne comprime le commerce, qui ne gêne

la circulation , qui ne reſtreigne la concurrence ; il n'y en a point que l'adreſſe
n'elude , dont la cupidité ne ſe prévaille,
dont la culture ne ſouffre , & qui ne prive
le peuple de l'abondance des denrées & de
la facilité des ſecours;iln'y en a donc point
qui n'entraîne des maux auxquels le génie
prohibitif ne connoît d'autre remede que
le Reglement qui les a produits. Le Parlement de Rouen a très-bien dit que l'*abus
accompagnera ſans ceſſe la regle*; cela eſt vrai,
car la regle engendre l'abus;il faut donc la
ſupprimer. Le régime prohibitif commença
d'abord par les Reglemens les plus ſimples,
tels qu'on peut les demander aujourd'hui ,
il finit par le déſeſpoir d'en imaginer de
nouveaux. Ce régime n'offre pas une ſeule
diſpoſition de quelque utilité apparente ,
dont je ne démontre dans le cours de cet
ouvrage , l'injuſtice , les dangers , les inconvéniens , les abus , les funeſtes & néceſſaires effets. Ce régime enfin eſt ſi eſſen-
tiellement arbitraire , comme je le déve-
lopperai ci-deſſous , qu'il n'y a pas une
ſeule prohibition que les uns ou les autres
de ſes partiſans ne trouvent bonne & utile,
en s'appuyant ſur les mêmes motifs que
ceux qui adoptent des prohibitions diffé-

Il n'y a point
de Reglement
qui ne ſoit dé-
mandé par
quelque parti-
ſan des prohi-
bitions. Ce ré-
gime eſt arbi-
traire.

rentes. Comme il est peu d'adversaires de la liberté qui demandent le code entier des reglemens, il est aussi peu de reglemens que quelqu'un d'entr'eux ne propose de rétablir. Il est donc vrai que le code prohibitif est reclamé dans sa totalité, & qu'il n'est point de prohibition que l'Etat ne fût menacé de voir renaître, à mesure que l'administration changeroit de main, si l'on en renouvelloit un seul.

« Que l'on supprime, dit-on, tous les » reglemens, en laissant la liberté indéfi- » nie, on detruit le ressort des sociétés, » les peuples se confondent, les souve- » rains ne font plus que des grands que » quelque eclat distingue, mais que nulle » utilité n'accompagne ; ainsi ce systême » qui paroît tout fonder & tout etablir, » tend, dans le fait, à tout ebranler & » detruire ».

Dangers prétendus de la suppression entiere des Reglemens.

Si l'on supprime les Reglemens, on detruit le ressort des sociétés ! Est-ce donc par la vertu des Reglemens que le laboureur cultive la terre & que la terre lui rend des moissons en raison de ses travaux & de ses avances ? Est-ce par la vertu des Regle- mens que le propriétaire retire le revenu de sa ferme, & qu'il distribue des salaires

Refutation de ces idées.

à proportion de son revenu ? Est-ce en vertu
des Reglemens que le commerce va chercher la denrée dans les lieux où elle abon-
de , pour la porter dans les lieux où elle
manque , & que la facilité , la sureté, la
bonté des ventes & des achats, procurent
la multiplication des subsistances & répandent les moyens de les payer ?

Si l'on supprime les Reglemens , les peu-
ples se confondent ! Quel-est donc ce malheur dont on nous menace ? Les Peuples
d'un même Empire ne sont - ils pas un
seul Peuple ? Toutes les Nations de l'U-
nivers ne devroient - elles pas former une
seule Nation ? Tous les Reglemens de
toute espéce supprimés , il y aura encore dans l'Empire des cultivateurs , des
propriétaires , des commerçans , des artisans , & ils seront tous riches & heureux
par la prospérité de la culture ; il y aura encore dans l'Europe des Anglois &
des François , mais il seront les uns &
les autres riches & heureux de leur prospérité réciproque , par la multiplication
de leurs echanges , de leurs jouissances ,
de leurs productions , suites infaillibles &
nécessaires de la liberté du commerce.Quels
que soient le *génie* , *les mœurs* , *les loix*

& les rapports des Nations , elles ont toutes un egal interêt à fe communiquer librement leurs fecours réciproques , parce que cette libre communication procure egalement à chacune en particulier & à toutes en général les moyens d'améliorer leur culture & d'augmenter leurs productions , de profiter des bonnes récoltes & d'acheter dans les mauvaifes années , d'établir dans leurs ventes & dans leurs achats, un jufte prix , un prix uniforme , malgré les *variations des récoltes ;* d'étendre en un mot & leurs richeffes & leurs fubfiftances & leurs reffources (1). C'eft là une voie fimple & facile , que l'ordre naturel retrace aux nations pour les conduire à cette *paix générale* dont tous les hommes ont le vœu dans le cœur , fi leur cœur n'eft un enfer. Nous ne donnons

(1) « Les Economiftes ne calculent point les in-
» convéniens des mefures , l'intempérie des faifons,
» la différence du génie , des mœurs , des loix & des
» rapports des nations. En abandonnant toute li-
» berté à l'intérêt perfonnel , ils prétendent affujettir
» & enchaîner les decrets de fon auteur. Ce carac-
» tere d'indépendance feul doit tenir en garde contre
» toutes ces vues economiques qui partent d'un fi
» pernicieux principe ». Rem. du Parl. de Rouen,
du 25 Janvier dernier. Pour detruire ces accufations , il fuffit de renvoyer les lecteurs aux ouvrages des Economiftes.

pas ici des *projets de paix univerfelle*, les projets n'ont eté peut-être jufqu'à préfent que des rêves de gens de bien ; mais nous expofons des principes de *paix univerfelle*, & ces principes font puifés dans l'ordre ineffable de la nature. Qu'on nous prouve que les loix de la nature ne doivent pas donner le repos au monde, & que Dieu a mis les hommes fur la terre pour qu'ils s'entrégorgent & s'entrede-truifent ; alors nous rougirons d'avoir voulu *confondre les peuples* en un feul peuple, en une feule famille dans le fein de la paix, de l'abondance & du bonheur.

Si l'on fupprime les Reglemens, les Souverains ne feront plus que des grands inutiles ! Quoi ! le Souverain ne feroit qu'un phantôme elevé, s'il ne reglemen-toit le commerce ; & la fouveraineté ne feroit qu'un vain eclat, fi elle n'enchaînoit la liberté des echanges ? Eft-ce que le Prince n'auroit point de bien à faire ? Eft-ce que la Royauté n'auroit plus de pouvoir à exercer ? Et la Juftice, & la promulgation de l'ordre, & le maintien des loix, & la fureté publique, & la défenfe extérieure &c. &c. &c. ? Les Souverains protégeront & affermiront la *liberté* de difpofer de fes biens, ainfi que de fa perfonne , & par conféquent la liberté du commerce , comme un droit primitif que la loi de la nature donne à l'homme , & dont la fociété lui a garanti la confer-vation ; car les hommes n'ont pu s'unir enfemble que pour fe procurer récipro-quement la jouiffance conftante & paifible de leurs droits primitifs. Quand j'entends dire que *les loix font effentiellement des reftrictions à la liberté*, la plume me tom-be de la main ; il me femble voir tous les citoyens & tous les peuples foulevés par la nature elle-même , demander au Ciel à grands cris la deftruction des loix & l'affranchiffement de leur fervitude. La nature fit l'homme libre , la juftice le maintient libre ; quand je dis la na-ture , je dis la légiflatrice de l'Univers ; quand je dis la juftice , je dis la Sou-veraineté. Nous ne cefferons de re-clamer l'ordre & le droit naturel. L'on nous reproche de nous *rejetter dans l'etat de pure nature* ; l'on nous reproche bien auffi dans le même ecrit de *prétendre affu-jettir la nature & enchaîner les decrets de fon auteur* : on nous accufe bien de detruire la Royauté , après nous avoir accufés d'établir le defpotifme : qu'importe ?

La fuppreffion totale des Reglemens

rapprochera donc l'Empire de l'ordre naturel, non-feulement fans dépouiller le
Souverain de fa légitime autorité, mais
encore en augmentant fa puiffance par
l'accroiffement de la richeffe nationale.
Elle ranimera donc dans les cœurs des
peuples les fentimens de la fraternité &
l'amour de la concorde, par une forte de
communauté de biens & de bonheur que
la communication active & réciproque de
leurs fervices & de leurs fecours mutuels
doit etablir entr'eux. Loin de *brifer les
refforts de l'Etat*, loin d'*ebranler* & de *detruire*, elle affermira, elle confolidera,
elle perpétuera les Royaumes, en donnant à leurs bafes phyfique & morale, à
fçavoir l'agriculture & la juftice, la force
& la confiftance qui les rendent inebran-
lables. Elle remettra toutes les claffes de
citoyens à leur place, & dans la jouiffance
de leurs droits, & dans l'etat de profpérité que les Reglemens lui avoient ravie,
en tariffant la fource des fubfiftances, des
revenus & des falaires, par le bas prix des
denrées & la détérioration progreffive de
la culture qu'entraînoient les obftructions
caufées par les chaînes de fer, dont ils ac-
cabloient le commerce.

L'ancienne lé-
On a dit que *l'ancienne légiflation avoit*

pour objet de tenir une exacte balance entre l'intérêt du marchand, qui doit être récompensé de ses travaux par le produit qu'il en retire, & l'intérêt du consommateur auquel il est nécessaire de procurer les alimens à un prix qui ne lui ôte pas le moyen de subsister. On a dit que *les loix anciennes tenoient la balance entre les intérêts du laboureur & ceux du consommateur, entre les intérêts opposés* (1). La législation prohibitive pouvoit-elle remplir cet objet & l'a-t-elle effectivement rempli ? Pourquoi n'entreprit-elle pas aussi de *tenir la balance exacte* entre le riche & le pauvre, en portant gratuitement dans le lot du pauvre le superflu du lot des riches ? On a vu ci-devant si elle avoit tenu la balance egale entre le cultivateur & le consommateur, elle n'a fait de l'un & de l'autre que des pauvres, parce qu'elle a detruit l'abondance & la richesse. Quelle regle avoit-elle pour mettre ces intérêts dans un juste equilibre ? Connoissoit-elle les dépenses de celui qui cultive ou voiture & les facultés de celui qui consomme ? Que ne taxoit-

giflation n'a pas pu tenir la balance egale entre les différentes classes de citoyens, comme on le prétend.

(1) Remontrances du mois de Décembre 1768, & du mois de Mars 1769.

elle donc le grain ? Jamais elle ne l'oſa, quoiqu'elle y fût fréquemment invitée à chaque diſette ; & toutefois elle le pouvoit, elle le devoit même dans ſes principes, ſi elle avoit la clef de ces myſteres.

Quel eſt donc le conſommateur que l'ancienne légiſlation conſidéroit, & que les partiſans des Reglemens demandent que l'on conſidere aujourd'hui (1)? Tout le monde eſt conſommateur & les facultés ſont bien inégales : ce n'eſt pas le riche, ce n'eſt pas l'homme aiſé ; c'eſt donc le

(1) « Ceux qui diſent qu'on doit procurer au conſommateur la denrée exiſtante à un prix proportionné à ſes facultés actuelles , entendent ſans doute parler du conſommateur qui travaille aſſiduement , qui ne ſe laiſſe point aller à la pareſſe , qui ne diſſipe point ſes profits dans le libertinage ; car ſi l'artiſan ſe corrompt dans les villes , s'il retranche chaque jour quelque choſe de ſon travail , s'il a du luxe à ſa maniere , il devient débauché. C'eſt là une pauvreté volontaire à laquelle le Gouvernement ne doit point avoir egard. Si l'ouvrier d'une fabrique qui manque de débouché , languit dans la miſere , parce qu'il n'eſt point employé , c'eſt un etat de pauvreté accidentelle , ſur laquelle on ne peut arranger le prix du pain & les profits du labourage ; c'eſt à la charité à ſuppléer ». Lettre du Parlement de Provence au Roi.

mercenaire ; c'est donc le pauvre ; c'est donc le plus pauvre, car le plus *pauvre a besoin de pain pour vivre*, comme les autres, & il est homme, membre de la même famille, sujet des mêmes loix, enfant de la même patrie : la misere fera donc le tarif des subsistances. Mais le plus pauvre n'a rien, il faudra donc lui donner le grain du laboureur & le pain du boulanger ? Il faut qu'il puisse gagner sa vie : oui, sans doute ; mais pour qu'il puisse gagner sa vie, il faut que celui qui a des revenus puisse lui payer des salaires ; pour que celui-ci puisse payer des salaires, il faut que la terre lui rende de forts revenus ; pour que la terre rende de forts revenus, il faut qu'elle soit bien cultivée par le fermier ; pour qu'elle soit bien cultivée par le fermier, il faut qu'il retire un bon prix de ses grains ; pour qu'il retire un bon prix de ses grains, il faut qu'il puisse vendre & vendre sa denrée ce qu'elle vaut. Au contraire, si par une marche opposée, le laboureur ne vend pas ou vend mal sa denrée, il cultive moins ; s'il cultive moins, il donne moins au propriétaire ; si le propriétaire reçoit moins, il distribue moins. Le régime prohibitif engendre donc & tue les pauvres, & l'administration protectrice de la culture bannit & soulage la pauvreté.

Voudroit-on déterminer le taux des productions par le taux des salaires ? Ce seroit regler la cause par l'effet. Les salaires découlent des productions, & non les productions des salaires. La recette du mercenaire ne peut jamais être qu'en raison de la dépense des propriétaires ou des cultivateurs qui l'emploient ; & la dépense de ceux-ci ne peut être qu'en raison de la culture provenant du prix de la denrée. La denrée a par elle-même un prix nécessaire, indépendant des besoins du consommateur, & correspondant aux avances que la culture exige, & au profit que le cultivateur a droit de retirer de son travail : la main-d'œuvre au contraire n'a qu'un prix subordonné & relatif au prix déjà décidé de la denrée elle-même ; car ce que le mercenaire doit gagner, c'est sa vie, c'est-à-dire, une retribution proportionnée au prix des subsistances ; il est impossible de trouver une autre mesure : il faut donc que le prix des subsistances existe avant le prix de la retribution, parce qu'il faut que la *mesure* précéde le *mesurage*. Haussez & baissez,

baiſſez, tant qu'il vous plaira, le taux des ſalaires, ſans egard au taux des ſubſiſtances, le corps des ſalariés ne pourra jamais recevoir que la même maſſe de ſalaires & de ſubſiſtances, par la raiſon que ceux qui l'emploient & le payent n'auront à donner ni plus ni moins. Baiſſez au contraire ou hauſſez le prix des ſubſiſtances, il faut que la maſſe des ſalaires hauſſe ou baiſſe à proportion, par la raiſon que la partie du revenu affectée à cet emploi ſera plus ou moins conſidérable. Le hauſſement des ſubſiſtances produit néceſſairement un ſurcroît de revenu; le ſurcroît de revenu, un ſurcroît de dépenſe : donc le hauſſement des ſubſiſtances produit néceſſairemens un ſurcroît de ſalaires.

« L'idée de rétablir à cet egard, dit-on, « une ſorte de proportion, par le » renchériſſement du prix des journées; » ſeroit une idée illuſoire & dangereuſe, » & peut-être tous les deux à la fois ».

Depuis le commencement du monde juſqu'à ce jour, cette révolution s'eſt opé-rée d'elle-même ; elle s'opérera de la ſorte dans tous les ſiecles futurs; elle s'opere au-jourd'hui dans toutes les provinces où la

A a

liberté a maintenu la marche naturelle de l'ordre. Dans l'Auvergne, les journées ſont montées de huit ſols à quinze ; elles ont doublé en Languedoc ; ce n'eſt pas une *illuſion* , & l'on n'y craint point de *danger*. Il n'en ſera pas de même dans les lieux où il y a cherté factice & forcée , parce que les revenus ne ſçauroient augmenter en raiſon des prix déſordonnés & paſſagers, comme nous l'expliquons ailleurs.

« Si l'on commençoit à la réaliſer (cette idée) ajoute-t-on , » la plupart de ceux » qui font travailler des ouvriers en em » ploieroient moins , quand il faudroit » les payer plus cher ; & ces ouvriers dé » laiſſés demeureroient ſans ſubſiſtance ».

Il ne peut avoir lieu qu'après le hauſſement du revenu , & il en eſt une ſuite néceſſaire.

Il faut que la cauſe précéde l'effet ; mais quand la cauſe exiſte , l'effet ſuit. Si le revenu de ceux qui font travailler n'augmente pas , ils emploieront , ſans doute, moins d'ouvriers , quand il faudra les payer plus cher , & les ouvriers délaiſſés demeureront ſans ſubſiſtance ; rien n'eſt plus certain. Mais ſi la ſomme des revenus s'accroît , ainſi que la maſſe des ſubſiſtances , les ouvriers pourront être tous employés & payés plus cher ; car le proprié taire ne peut jouir de l'augmentation du revenu qu'en la dépenfant, & du travail du mercenaire qu'en le nourriffant.

" Ce changement du prix des journées
„ ne feroit pas l'ouvrage d'un moment,
„ cependant il faut fe nourrir pour vivre,
„ & cette néceffité ne pouvant pas refter
„ en fufpens, l'intervalle de l'augmenta-
„ tion du prix du pain à l'augmentation
„ du prix des journées , feroit pour le
„ mercenaire un tems d'extrême indigence
„ & de défefpoir „.

Il n'y a point de révolution fans crife ; la crife actuelle avoit eté annoncée ; il faut la fouffrir , puifqu'elle eft néceffaire pour le falut des peuples & la reftauration de l'Etat. Elle auroit eté bien moins fenfi-ble, fi l'intempérie des faifons n'avoit *dé-rangé l'ordre commun, avant que le peuple ait eu le tems de s'accoutumer à la nouvelle police , & la terre d'en recevoir toute l'in-fluence* (1). Elle auroit eté bien moins fen-

Cette révolu-tion n'a pu s'o-pérer fans cri-fe, mais la cri-fe n'eut pas s eté fenfible, fi la liberté eût eté générale & en-tiere.

(1) Lettre du Parlement de Provence. « Seroit-ce
„ un grand mal, fi le nombre exceffif d'artifans inu-
„ tiles qui s'echappent au labourage pour fe corrom-
„ pre dans nos villes , fouffroit quelque réduction !
„ On ne ceffe de répéter qu'ils font trop multipliés,
„ & que nous manquons de cultivateurs ; que la po-

fible , fi une police contraire n'en avoit redoublé la force , fi la concurrence avoit pu mettre par-tout les grains au prix naturel , fi l'on avoit fait valoir la mouture economique & le pain de ménage , comme de bons patriotes que l'on a traités de *mauvais citoyens* , l'ont démontré. Elle a eté bien moins fenfible, & même prefque point dans les lieux où ces conditions ont eté remplies. Enfin, telle qu'elle a eté dans le Royaume , même avec les caufes morales qui en ont excité la violence , on ne peut , en aucune façon , la comparer aux crifes terribles périodiquement renaiffantes avec les difettes , fous un régime qui , entraînant des variations extrêmes dans les prix , jettoit le journalier avec fon falaire modique , à une diftance enorme de fon néceffaire , & le condamnoit à mourir de faim. Quant à l'extrême *indigence* , fi elle a lieu , il faut que la charité la fecoure ; mais la charité ne prend pas

„ pulation eft trop nombreufe dans nos villes, &
„ trop aux dépens de nos campagnes ; qu'on a mul-
„ tiplié dans la Capitale des etabliffemens qui feroient
„ ailleurs beaucoup mieux placés : ne voudra-t-on
„ jamais,de ces vérités connues , tirer les conféquen-
„ ces néceffaires » ? *Ibid.*

fes aumônes dans la bourfe d'autrui, du laboureur, du marchand, du boulanger.

“ Faire hauffer le prix des journées, ce
,, feroit augmenter par contre-coup le prix
,, de toute efpece de denrées & de main-
,, d'œuvre, ce feroit confommer la ruine
,, des familles & des citoyens, dont la dé-
,, penfe fe trouveroit accrue, fans que
,, les revenus fuffent accrus en propor-
,, tion ”.

Il ne faut point *faire hauffer* les chofes, il faut les *laiffer hauffer* d'elles-mêmes dans la proportion que l'ordre naturel etablira lui-même; alors tout prendra fon niveau, & fe mettra en equilibre avec la denrée de la premiere néceffité, c'eft-à-dire, avec le revenu primitif. J'ai démontré ci-deffus que le hauffement des prix ne fera pas confidérable, qu'il ne fera même qu'apparent, & que le hauffement des revenus fera en raifon compofée de l'augmentation des prix & de l'augmentation de la culture : donc perfonne ne fera ruiné, & la nation fera fort enrichie.

Ces inductions fe réalifent de toutes parts. Les falaires augmentent dans tous les lieux où la liberté a hauffé le prix des

Le hauffement des falaires ne peut pas être onéreux aux propriétaires, comme on l'a dit.

L'expérience récente conftate les vérités qu'on vient d'etablir. Le haut prix des productions a fait hauffer les revenus, & l'augmentation des revenus a fait hauffer les falaires dans les Provinces libres.

grains. Par-tout la culture occupe plus de journaliers, & par conséquent diminue le nombre des malheureux & peut-être des malfaiteurs. Dans les baux récemment renouvellés, on voit croître le loyer des terres, ou absolument ou sous la clause expresse que la liberté sera maintenue, à moins que des causes etrangeres ne s'y opposent. Dans tous les pays libres, on demande à grands cris une liberté permanente & même illimitée.

On a dit qu'elle etoit sans doute bonne pour les provinces qui manquent de grains, mais que par la raison des contraires elle seroit dangereuse pour les provinces où les grains abondent. Le croiroit-on, si l'on ne sçavoit que l'erreur ne raisonne que par inconséquences, & finit par l'absurdité & la contradiction ; le croiroit-on que des hommes qui avouent que la liberté convient aux lieux moins fertiles en bleds, demandent ensuite des prohibitions pour les lieux plus fertiles, quand le grain y est rare, c'est-à-dire, quand ils sont dans le même cas que les lieux auxquels ils accordent un commerce libre ? Croiroit-on que des hommes qui parlent de l'intérêt public, ignorent que

les provinces abondantes ont autant besoin de vendre que les provinces disetteu-
ses ont besoin d'acheter ; d'où il s'ensuit
que la liberté leur est egalement utile ?
Croiroit-on qu'ils ne connoissent pas même la carte de la France, puisque le Languedoc , par exemple , qui doit tant à la
liberté & qui la défend avec tant d'ardeur, est une des provinces de France les
plus riches en grains ? Croiroit-on qu'ils
ne conçoivent pas que ce qui anime par-
tout la culture est généralement utile ?

Un Magistrat célebre a jugé que la liberté la plus entiere & la plus absolue etoit
un bien réel pour les provinces maritimes,
mais qu'elle seroit un mal dangereux pour
les provinces de l'intérieur qui approvi-
sionnent la Capitale , & pour la Capitale
elle-même , par la raison que la liberté
pousse les grains du centre à la circonférence.

Nous avons remarqué que les provinces intérieures , telles que l'Auvergne ,
le Périgord , &c. se rétablissoient par le
bienfait de la circulation des grains. Nous
avons prouvé que quand le commerce est
libre , le prix détermine son cours , soit
du centre à la circonférence soit de la

circonférence au centre, puiſqu'il ne peut chercher que le débit favorable, & que comme l'exportation ne peut attirer les grains vers la circonférence que lorſqu'ils ſont à bon marché, elle ne peut jamais dégarnir le centre où l'importation précipite d'ailleurs leur reflux, lorſqu'ils tendent par la cherté intérieure à s'en rapprocher. Cette loi naturelle d'attraction les ramenera toujours à l'equilibre & au niveau. Quant aux provinces voiſines de la Capitale, elles n'ont pas un intérêt différent des provinces maritimes; elles ne vendront pas pour les ports, lorſqu'elles trouveront à mieux vendre dans la Capitale; elles vendront moins pour l'etranger, à abondance egale, que les provinces maritimes, parce que leurs grains ſeroient chargés de plus grands frais de tranſports; elles ſeront donc toujours moins dégarnies : ainſi l'exportation ſeroit moins dangereuſe pour elles, ſi elle pouvoit l'être, & la circulation intérieure ne leur ſeroit pas moins favorable. Pour ce qui concerne la Capitale qui ne produit ni grains ni equivalent, il eſt evident qu'elle n'a pas de plus grand bien à deſirer que l'augmentation des ſubſiſtances & des revenus d'une part , & de l'autre la circulation la plus pleine & la plus vive, & par conséquent l'abolition de tous les Reglemens, attendu qu'elle n'a de moyens d'acheter & de vivre que par les campagnes , & qu'elle a plus de secours à attendre d'un commerce général & animé , que d'un commerce lent & partiel.

Un Corps respectable a cru que *le même système qui a été propre à faire hausser les grains , quand le prix en étoit trop bas , ne pouvoit convenir , lorsque le prix en étant trop haut , il s'agit de le faire baisser.* Le *propre* , non du *système* , mais de la *chose* , n'est ni de *faire hausser* ni de *faire baisser* les prix , mais de les *egaliser* ; c'est là l'effet de la concurrence : donc la même cause qui a fait hausser le prix des grains , quand il étoit trop bas, le fera baisser dans les lieux où il est trop haut , lorsqu'elle y exercera son éfficacité, ranimée par l'assurance des débouchés, laquelle encourage le propriétaire à entretenir ses avances foncieres , & le fermier à augmenter sa culture.

On prétend que la liberté ne peut pas faire baisser les prix. Réfutation de cette erreur.

La régle infaillible & necessaire pour juger de la bonté des nouvelles loix, c'est l'amélioration de la culture, source des subsistances , des revenus & des salaires.

Le vrai thermometre des loix nouvelles, comme l'a très - justement observé le Parlement de Provence , c'est la culture, d'où tout découle. Quel eſt donc ſon etat actuel? C'eſt là l'objet ſur lequel l'eſprit doit principalement ſe fixer & ſe repoſer. Le Parlement de Grenoble atteſte que dans le Dauphiné plus de terres ſont miſes en valeur, que les friches ſont moins negligées; que la terre occupe beaucoup de bras que le découragement rendoit inutiles. Le Parlement d'Aix aſſure qu'en Provence la culture *plus étendue. & plus animée a donné preſqu'autant de bled dans une année ſtérile, qu'on en percevoit autrefois dans une récolte ordinaire.* Les Etats de Languedoc, pour venger la liberté, en appellent à l'expérience publique, à l'aiſance répandue dans toutes les conditions, à l'augmentation de la culture, aux defrichemens multipliés, au renouvellement qui s'eſt fait dans tout le Royaume. A ce témoignage ſe joint celui du Parlement de Toulouſe que nous avons cité plus haut. Parmi les citoyéns qui ne demeurent point enſevelis dans les villes, il n'en eſt aucun qui ne puiſſe certifier les mêmes vérités. Les Adverſaires même de la liberté indéfinie en conviennent. On ſçait que même en Normandie & dans les autres Provinces

qui n'ont encore reſſenti que de foibles
influences de la liberté , la charrue a
rompu de vaſtes friches ; elle n'en a preſque point laiſſé dans le Maine, où il y
avoit au-moins la troiſieme partie des terres incultes. ,, Cette réſurrection de l'a-
,, griculture eſt univerſelle & annonce de
,, nouveaux accroiſſemens ; il n'y a point
,, de recoin dans le Royaume où elle ne
,, ſoit ſenſible. Quatre ans ſe ſont à
,, peine ecoulés depuis la liberté rendue,
,, & déjà la face de nos campagnes eſt
,, changée (1).
,, La vérification de l'état de la culture,
,, eſt une bouſſole ſûre ; toute loi econo-
,, mique qui lui donne de l'accroiſſement
,, eſt une inſtitution ſalutaire. Le faux
,, eclat du luxe des villes eſt un ſujet de
,, décadence. L'etat floriſſant des cam-
,, pagnes ſera toujours le ſigne certain
,, de la population , des forces & de la
,, proſpérité des Empires ,,.

Quiconque oſeroit combatre ces regles
fondamentales de la vraie politique , c'eſt-
à-dire , de la ſcience de l'ordre naturel ,
ne ſeroit pas fait pour elever la voix dans

En partant de
ce principe , il
eſt impoſſible
de méconnoî-
tre les avan-
tages de la li-
berté.

____

(1) Lettre du Parlement de Provence au Roi.

la cauſe des Peuples : tous les Magiſtrats en ſont pénetrés. S'il étoit donc des intérêts contraires à la *proſpérité* générale de l'Empire, faudroit-il les embraſſer & les défendre ? Que les Adverſaires de la liberté du commerce conſiderent & méditent ces grandes vérités, leurs yeux ſe deſſilleront, leurs difficultés s'evanouiront, leurs ſcrupules ſe diſſiperont, l'evidence les ſubjuguera. Alors il reconnoîtront que les loix d'un Etat agricole ne ſont autres que les loix phyſiques de la culture & de la production ; que les villes ne ſont point l'Etat, & que ce ne ſont que des landes eternellement ſtériles & des gouffres à jamais dévorans. Alors ils reconnoîtront que tous les Reglemens & les actes contraires à l'exercice libre, plein & ſûr de la liberté, fletriſſent l'ame, déſolent les moiſſons, etouffent les grains, & ſacrifient des hommes. Alors ils reconnoîtront que l'intérêt du cultivateur eſt le point central ſur lequel doivent rouler les intérêts de toutes les claſſes de l'Etat, toutes ſubſiſtantes par la culture, & qu'il faut que tous les intérêts particuliers ſe repriment, ſe moderent & ſe balancent eux-mêmes réciproquement, par la plus libre & la plus entiere concurrence, pour qu'ils fe réuniffent en un feul intérêt public ; fans quoi il y auroit des inté-rêts, privilégiés exclufifs, & défordonnés. Alors ils reconnoîtront que la juftice eft l'unique pouvoir des Rois, qu'elle ne fait point acception des perfonnes, & que fi elle ne dirige la pitié, la pitié fera deprédatrice & dévaftatrice comme la mifère qui l'infpire, lorfqu'elle aura la force en main.

La pitié ! périffe le monftre qui n'y feroit pas fenfible ! Loin de nous cette dureté qui donne à la vertu la teinture du vice, lorfqu'en redreffant un fentiment fi beau, elle ne le refpecte pas ! Pleurons avec ceux qui pleurent : l'homme eft fait pour les larmes ; nous ferions trop maheureux, fi nous ne pouvions en verfer. Ne raviffons jamais à nous & à nos freres la douceur de nous attendrir fur eux. Mais en partageant & foulageant leurs peines, gardons - nous de leurs préjugés ; la douleur les egare. Tout malheureux eft accufateur ; que la pitié s'intéreffe à fa caufe, mais que la juftice, c'eft-

Obfervation fur la pitié & fur la juftice.

à-dire, la pitié reflechie & éclairée, la juge.

Les Corps les plus recommandables à tous les titres ont eté abuſés dans la diſcuſſion préſente, par leur ſenſibilité, au point de juger les nouvelles loix par les cris de l'infortune. » Les larmes du pauvre, a-t-on dit, " les plaintes univerſelles, en „ un mot la voix du peuple, qui dans „ cette matiere plus que dans aucu- „ ne autre, eſt la voix de Dieu, c'eſt-à- „ dire, l'expreſſion de la vérité même, in- „ diquoient ſuffiſamment quel etoit le „ vœu général des vrais citoyens ».

Les larmes du pauvre ! il faut les eſſuyer mais ſans faire pleurer autrui ; car ce feroit mettre, par une injuſtice, un malheureux à la place d'un malheureux : il faut en tarir la ſource, mais non en reſſerrant & arrêtant la ſource de l'abondance; car vous n'auriez bientôt plus avec vous que des pauvres, & ils verſeroient des larmes de ſang & des pleurs de rage. Le pauvre gémit à cauſe que le pain eſt trop cher ; il faut d'abord lui procurer dar le travail un bon pain économique à bon marché ; il faut enſuite ſolliciter unanimement la révocation des privileges, des permiffions exclufives, de toutes les prohibitions quelconques, de tous les reglemens & fpécialement de ceux de la capitale concernant le commerce des grains, des farines & du pain ; parce que ce font autant d'obftacles à la concurrence, qui feule met le prix aux rabais, & detruit le tyrannique monopole. Il faut femer des richeffes dans les champs qui les multiplient, parce que la pauvreté n'eft jamais qu'en raifon inverfe de la richeffe territoriale ; & que fi cette richeffe augmente, elle nourrira ceux qu'elle ne peut pas nourrir ; & que fi elle diminue, il faut que la claffe infime de l'Etat périffe, faute de falaires & de fubfiftance. On n'auroit jamais dit que la liberté eft *la guerre des riches contre les pauvres*, fi l'on avoit fuivi le cercle des dépenfes depuis leur fource jufqu'à leur régénération. On auroit vu que toute richeffe eft le pain du pauvre comme du riche, puifque le riche qui ne travaille pas, ne la reçoit de la terre, par les mains du laboureur, que pour en verfer une portion dans les mains du pauvre laborieux, qui la rend au cultivateur pour qu'il la faffe renaître. Les uns & les autres n'ont donc qu'un feul & unique intérêt, l'accroissement de la culture. La guerre contre les pauvres & la guerre la plus cruelle, ce seroit un régime qui empêcheroit l'augmentation de la culture & opéreroit la diminution du revenu des riches ; car quelque légere atteinte qu'il lui portât, elle immoleroit les pauvres, puisque la pauvreté n'a d'autre patrimoine que le superflu des riches ; c'est le régime prohibitif.

Je me répete, je le sçais, & c'est même à dessein ; tout ce que je dis a eté dit mille fois, mais on l'ignore encore. Si je m'en tenois à une réponse générale, on prétendroit qu'il y a des objections auxquelles nous n'avons pas répondu. Puisqu'on ne veut pas reconnoître qu'elles rentrent pour la plûpart les unes dans les autres, il convient de résoudre, pour mettre fin à la dispute, chaque difficulté en particulier.

Les plaintes universelles ! elles le font quant à la cherté du pain de la capitale : quant à la liberté, elles le font encore dans le Royaume ; mais on se plaint ici de ce que les uns demandent la confirmation & même l'ampliation des nouvelles loix, là de ce que les autres en sollicitent

la

la révocation ou la modification. Ici, les loix ne sont pas exécutées, la liberté n'y existe point, & on les attaque ; là, elles sont en vigueur, la liberté y regne, & on les défend. Ici, le cri de la misere prédomine, & l'on implore la pitié ; là, c'est la voix de la reconnoissance, elle invoque la justice qui bannit la misere. Ici l'on n'est affecté que de l'intérêt présent & fugitif de quelques villes, ou plutôt d'une portion de leurs habitans ; là, on s'attache au bien des campagnes, à l'intérêt public, à l'avantage permanent de toutes les classes de l'Etat. Quant à la capitale, ce n'est point là notre *Univers ; & là même, les esprits sont partagés, & les seuls qui parlent au public, qui eclairent la nation, qui provoquent une discussion ouverte, qui combattent à la face du Ciel & de la Terre, ce sont les partisans de la liberté.

La voix du peuple qui est la voix de Dieu ! Quel est ce *peuple* dont *la voix* est ici *la voix de Dieu ?* Est-ce le peuple des villes ou le peuple des campagnes, le peuple de la capitale ou le peuple des provinces, un peuple instruit ou un peuple ignorant, un peuple désintéressé ou

Du suffrage du Peuple sur cet objet.

un peuple paſſionné ? Eſt-ce la nation ou la populace ? Demandez à ce peuple s'il voudroit que l'on taxât le grain à 12 liv. le ſeptier, & le pain à un ſou la livre ; demandez-lui s'il voudroit que l'on forçât les riches à lui donner du travail & à lui payer un triple ſalaire ; demandez-lui s'il applaudiroit à une loi par laquelle il ſeroit autoriſé à s'aſſeoir à la table des riches, quand il auroit faim, & à puiſer dans leurs coffres à proportion de ſes beſoins ; & vous verrez ſi ſa *voix, dans cette matiere, eſt la voix de Dieu.*

Le vœu général des vrais citoyens ! Il ne s'agit ſans doute ici que de la cherté du pain, & nous convenons qu'à cet egard le vœu des vrais citoyens eſt unanime. S'il s'agiſſoit des nouvelles loix & de la liberté, nous dirions que le vœu du Conſeil, des Etats de pluſieurs provinces (1), de pluplupluſieurs Cours Souveraines, des ecri-

______

(1) Le Languedoc, l'Artois, la Bretagne. Le 5 Mars 1769, les Etats de Bretagne *ont ordonné que leurs Députés & Procureur général Syndic à la Cour, veilleront à ce qu'il ne ſoit rien changé à l'Edit touchant l'exportation des bleds pour la Province de Bretagne.* Extrait des regiſtres du Greffe des Etats de Bretagne tenu à S. Brieux.

vains les plus verſés dans les matieres economiques , d'une foule de bons ci-toyens de tous les ordres de l'Etat , en-fin de la plus grande partie & de la partie la plus eclairée de la nation , eſt con-traire à ce vœu qu'on prétendroit être le vœu général du vrai citoyen. Un eloquent adverſaire de la liberté indé-finie du commerce , s'eſt plaint , dans l'Aſſemblée de Police , de ce qu'elle etoit *devenue le vœu général*. MM. les Admi-niſtrateurs des Etats du Languedoc ont dit au Roi : „ On invoque , Sire , contre „ cette Loi (l'Edit de 1764) les vœux „ d'une partie de vos ſujets accoutumés „ au luxe & à l'aiſance des villes , l'ex-„ périence de quelques mois avant leſ-„ quels l'exportation avoit ceſſé , l'excès „ de la cherté dans la capitale où les Re-„ glemens anciens ſont exécutés; & nous „ invoquons , Sire , en faveur de cette „ même loi , le vœu de tous les proprié-„ taires , celui de toutes les provinces , „ celui de la nature même qui défend de „ faire injuſtice aux uns pour être utile & „ ſecourable aux autres. Nous en appel-„ lons à l'expérience publique , &c.

Enfin on oppoſe aux nouvelles loix , *le*

vœu plus formel & plus reflechi de l'Affemblée générale de Police, dans laquelle
,, le noble & le roturier, le bourgeois &
,, le marchand, le pauvre & le riche, le
,, propriétaire des biens fonds & le com-
,, merçant, le folitaire & l'homme pu-
,, blic, les Miniftres de la Religion &
,, ceux de la Juftice ont raffemblé leurs
,, connoiffances & réuni leurs fentimens
,, pour le bien de la patrie ,,.

C'eft au public à juger du poids de
ces autorités ; quant à moi, mon devoir
eft d'examiner les motifs fur lefquels
elles fe fondent. Je crois devoir d'abord
obferver que la convocation de l'Affemblée générale de Police fut très-inopinée,
& fon objet abfolument inconnu de la
plûpart de ceux qui y furent appellés ; de
maniere que MM. les Députés de la Cour

des Aides & de la Chambre des Comptes
refuferent d'abord de donner leur avis
fur ce que leurs Compagnies, n'ayant
reçu leur invitation que demi-heure ou
une heure avant l'Affemblée, fans qu'on
leur eût communiqué les points fur lefquels il devoit être ftatué, il etoit impoffible qu'ils donnaffent un *avis raifonné
& reflechi fur une matiere d'une fi grande*

Importance. Nous avons déjà répondu aux principales objections propofées dans cette Affemblée, contre la liberté du commerce ; cependant pour ne laiffer aucune difficulté fans réponfe directe, & pour completer l'hiftoire des opinions & des evénemens relatifs au commerce des grains, il nous paroît indifpenfable d'entrer dans quelques détails fur les avis ouverts par des Magiftrats & des Citoyens dont le zele, pour le bien public, a eclaté dans cette occafion, & mérité la reconnoiffance des peuples.

J'avois d'abord jugé qu'il feroit agréable au public de trouver ici une analyfe de chaque opinion motivée avec un examen critique. Il me paroiffoit que quand tout citoyen avoit la liberté de parler ouvertement contre la loi elle-même, tout citoyen pouvoit fans inconvénient examiner & réfuter des fentimens particuliers contraires à la loi. Ce travail etoit fait; mais on a cru, qu'ayant été forcé par les bornes d'un extrait de ne préfenter que la fubftance des opinions , je pourrois être accufé d'infidélité , fur-tout quand je rapprocherois les contradictions quelquefois renfermées dans le même avis. Ma

réponse etoit simple ; je demandois pour
ma justification que l'avis fût rendu public
dans toute sa teneur. On a craint que la
réfutation particuliere de chaque opinion
ne parût attaquer directement les *personnes* ; je ne le soupçonnois pas , tant
mes intentions etoient simples , droites &
pures. Si la vérité avoit eu des ennemis
dans cette Assemblée respectable , je
n'aurois pu la défendre sans les blesser ,
parce que l'erreur seroit leur intérêt propre ; mais elle n'y avoit que des adversaires & des adversaires qui ne la combattent que parce qu'elle ne s'est point
encore manifestée à leurs yeux dans tout
son eclat;ils sont les amis & les protecteurs
naturels de ceux qui , par zele pour le
bien public , s'efforçent de dissiper tous
les nuages qui la leur dérobent. Cependant je sacrifierai cette partie de mon ouvrage : comme la crainte d'une haine injuste ne m'empêcheroit pas de dire ce
que je crois nécessaire au triomphe de la
vérité ; la prudence , la bienséance & la
justice m'obligent de supprimer tout ce
qui , sans être essentiel à ma cause , pourroit être tourné , contre mon dessein , en
offense personnelle. Je n'ai de démêlé

qu'avec l'erreur ; & toute ma vie & dans quelque circonſtance que ce puiſſe être, j'honorerai les Magiſtrats comme mes juges, des hommes de bien & les peres des peuples.

Mais ſi je puis, ſans favoriſer l'erreur, me départir de la réfutation directe de chaque avis en particulier, je ne dois pas moins, pour l'intérêt de la vérité, expoſer la prodigieuſe diverſité, la contrariété même des opinions de nos adverſaires, tant ſur les cauſes des maux publics que ſur les moyens d'y remédier. Il eſt ſur-tout à remarquer que trois des principaux chefs de la police ont eté de trois avis dif-férens. Ce partage démontre que le ſyſtê-me des prohibitions conduit à un régime arbitraire, comme nous l'avons déjà dit, puiſqu'il conduit ſes partiſans à des réſul-tats-pratiques différens & même oppoſés les uns aux autres. Ainſi après s'être per-ſuadé que les Reglemens ſont néceſſaires, on diſtingue des Reglemens utiles & des Reglemens nuiſibles, & chacun choiſit ſuivant ſa maniere de voir. Ainſi l'admi-niſtration prohibitive ſeroit toujours va-riable & verſatile, comme le jugement des adminiſtrateurs ; elle ſeroit donc tou-

Prodigieuſe diverſité des opinions des Membres de l'Aſſemblée : conſéquence à tirer de cette diverſité.

B b iv

jours dangereuſe & ſouvent funeſte , en
ſuppoſant même qu'il fût bon de reglementer. Le ſort des peuples ne doit pas
être ainſi vacillant & ſoumis à l'opinion. Si
la ſcience du gouvernement n'etoit fondée
ſur des principes fixes & certains , & ſi tout
à la fois l'application de ces principes n'e-
toit pas facile, ſimple, naturelle & déterminée par leur evidence , le monde ſeroit
régi par le hazard. Il n'y a qu'une ſeule maniere de bien gouverner les Etats
c'eſt la Juſtice ; il n'y a qu'un ſeul moyen
de faire conſtamment fleurir les Empires , c'eſt l'agriculture : c'eſt la juſtice
que reclament les défenſeurs de la liberté,
c'eſt pour l'agriculture qu'ils la reclament.
La vérité eſt une, leur vœu eſt unanime.

  Il ſemble que, dans cette Aſſemblée, on
n'ait loué le régime prohibitif que comme
on loue ſouvent le tems paſſé, ſans envie,
du moins manifeſte, de le voir renaître, du
moins dans ſa plénitude. On l'a exalté , &
en l'exaltant on eſt preſque généralement
convenu de la degradation de la culture
ſous ſes loix , & de l'utilité des loix récen-
tes pour ſa reſtauration. On a abandonné
une grande partie des Reglemens anciens,
on en a tracé de nouveaux. Les uns ont

demandé une adminiſtration uniforme pour tout le Royaume; les autres ont exigé un régime différent, ſuivant la différente poſition des lieux. Dans les uſages abolis en dernier lieu, les uns ont choiſi la police des marchés, les autres la gêne des Declarations, & ceux-là ont rejetté les loix adoptées par ceux-ci, ainſi du reſte. Je ne trouve qu'un ſeul avis raiſonné dans lequel on ait jugé convenable de rétablir les choſes ſur le pied *où elles etoient en* 1746, & là même on demande la circulation de province à province, alors interdite, & l'on ſe rapporte à la fin à une opinion très-eloignée du régime de ce ſiecle. Il n'en eſt pas moins vrai, qu'en adoptant tous les Reglemens propoſés par les uns & les autres opinans, on auroit tout le code prohibitif.

On a prétendu que la liberté ſe concilioit avec les Reglemens & qu'elle etoit même *l'objet* de tous les Reglemens antérieurs à la Declaration de 1763, & à l'Edit de 1764. La liberté du commerce ſe concilie avec les Reglemens, comme la liberté perſonnelle ſe concilie avec l'eſclavage, c'eſt-à-dire, que les Reglemens laiſſent peut-être au commerce quel-

Avis ſur la liberté en général; réfutation des motifs.

ques opérations libres, comme l'eſclavage
laiſſe quelques actes libres au forçat. Il
eſt evident que l'objet des Reglemens
eſt de reſtreindre la liberté, & que chaque reſtriction en eſt un anéantiſſement
partiel. On a dit que la vraie liberté
conſiſtoit *à ne rien faire que ce qui eſt
permis par la loi*. Sur ce principe, l'eſcla-
ve feroit libre, puiſqu'il peut faire tout
ce que la loi lui permet ; car il s'agit ici
de loix civiles. La vraie liberté conſiſte
dans le pouvoir abſolu de jouir de ſes
droits ſans attenter aux droits d'autrui ;
or le pouvoir abſolu de jouir de ſes droits
renferme la faculté pleine & entiere de
diſpoſer de ſes biens. Le citoyen n'eſt
donc libre qu'autant que le commerce
l'eſt ; il ne l'eſt donc pas quand il n'a pas
la liberté d'exercer à ſon gré ſon induſtrie,
d'uſer à ſon choix de ſa denrée & de ſon
argent, d'acheter & de vendre, quand
& comme il lui plaît, ſans toutefois
que perſonne ait aucune ſorte de droits
ſur ſon talent, ſur ſes poſſeſſions, ſur
ſes echanges. Le conſommateur auroit – il le droit de forcer le Marchand
à lui vendre même à bas prix, quand il
auroit beſoin d'acheter ? Le marchand au-

Définition de la liberté, droits de la li-berté.

roit donc auffi le droit de forcer le confommateur à acheter même cher , lorfqu'il auroit befoin de vendre ? Je l'ai
dit , les befoins ne font point des droits ,
& les droits font avant tout , & tout ce
qui porte atteinte aux droits eft violence
& tyrannie. La liberté du citoyen demande donc impérieufement la liberté du
commerce; les Reglemens font donc évidemment attentatoires à la liberté du citoyen. Définiffons les mots , fixons les
idées & nous nous epargnerons bien des
erreurs.

On a dit encore que Dieu avoit impofé des loix générales à la liberté , mais
que ces loix ne fuffifant pas aux citoyens
pour arrêter le vol qui les dépouille &
le meurtre qui les detruit, les Souverains
qui repréfentent Dieu , etoient obligés d'arrêter les crimes par des prohibitions & des
peines pour ôter à quelques-uns la liberté
d'arracher aux autres la fubfiftance , de
commettre à la fois mille homicides, en
les faifant mourir de faim , ou plutôt de
commettre cruellement le vol univerfel
de ce qui eft le plus néceffaire à tous,
& le meurtre général d'une partie du genre
humain ; car , a-t-on ajouté , feroit-il
néceffaire de demander s'il y a monopole,

lorfqu'il n'y a pas de loi précife qui le défende.

Il eft inutile de défendre le crime que l'on empêche invinciblement de commettre, & il vaut mieux empêcher qu'on ne le commette que de le défendre. Or la loi de concurrence prévient le monopole; elle ne laiffe donc rien à défendre, elle ne laiffe donc rien à punir.

Le marchand ne vole pas, il achete, & ce qu'il a payé lui appartient. Il achete pour vendre, & il ne peut acheter que fucceffivement & à mefure que fes ventes lui reftituent des fonds. A mefure qu'il vend, il nourrit des hommes, & il n'affaffine perfonne. A mefure qu'il achete, il ramaffe des fubfiftances pour les lieux où l'on en a befoin, & c'eft un pourvoyeur falutaire d'une portion des citoyens, laquelle mourroit de faim fans fon fecours & fes fervices. Il n'eft donc ni voleur, ni homicide; il eft donc en un fens le fauveur & le nourricier de peuples. S'il fe trouve des malheureux hors d'etat d'acheter fa denrée, il ne faut pas pour cela la lui enlever ou le forcer à la donner à tel prix, car c'eft fon bien, il ne le doit à perfonne, & s'il n'eft pas le maître d'en difpofer, i bandonnera un commerce si utile pour es autres & si onéreux pour lui. Si vous traitez alors comme brigand & bourreau, il faudra aussi punir comme brigand & bourreau le riche qui ne distribuera pas son argent aux pauvres ; car ce seroit faute d'argent que le peuple mouroit de faim.

Au lieu d'envier au marchand ses profits, de troubler ses spéculations, d'engourdir son activité, de circonscrire sa marche, de frustrer ses espérances, d'anathématiser sa profession si utile & si honorable, un Gouvernement sage, bon & juste, ne manquera pas de protéger, l'encourager, de rassurer, de favoriser cette classe de sujets si salutairement placés pour le repos, le salut & la prospérité de toutes les autres classes, entre le cultivateur & le bourgeois, entre la production & la consommation. Il s'attachera à en multiplier le nombre afin que la circulation des secours soit plus rapide & plus constante, afin que le desir de prévaloir exerce davantage l'industrie à la recherche des moyens de mettre les services & la denrée à plus bas prix, afin que la concurrence la plus vive & la plus générale, si propice & si nécessaire d'une

L'encouragement que le commerce demande, en prévient les abus.

part au laboureur , déconçerte, défefpere
& puniffe,de l'autre,la cupidité qui oferoit
tenter d'affouvir fa foif de l'or dans le
fang des peuples ; c'eft alors que le *mar-*
chand ne pourra *rien contre le peuple* ,
parce que la concurrence mettra les prix
au rabais ; c'eft alors qu'il n'aura garde
d'attendre pour débiter fes grains , la
haute cherté, car la concurrence entre-
tiendra toujours le bon prix ; c'eft alors
qu'il n'y aura point de *monopole*, car la
concurrence fe hâtera de répandre &
d'offrir en tous lieux la denrée.

Source du droit à la liberté du commerce , fuites terribles de la violation de ce droit.

Enfin le Souverain , il eft vrai, prononce des peines contre les crimes , quoique Dieu ait impofé des loix générales à
la liberté ; mais ces crimes violent ces
loix générales , & ce n'eft pas un crime , & ce ne fera pas une violation des
loix générales , que de difpofer de fa
propre denrée, d'une denrée fur laquelle
nul autre n'a des droits ; c'eft un droit
naturel & primitif, droit de propriété
inviolable & imprefcriptible, droit qui fe
confond avec le droit d'exifter , droit fur
lequel toute affociation eft fondée , toute
loi jugée , tout pouvoir reglé. Dieu inf-
titua ce droit , lorfqu'il fit l'homme pour
vivre , & vivre avec fes femblables, avec

l'injonction terrible de le respecter sous peine de leze - majesté divine & humaine, sous peine de privation des subsistances, sous peine d'anéantissement.

Malheur au Puissant qui voudroit atten- ter attenter à un droit aussi sacré ! Malheur à ceux qui dépendroient d'un Puissant aussi injuste & aussi inhumain ! Malheur à lui ! Sa main secheroit dans leurs entrailles en les déchirant ; & l'ennemi implacable de l'humanité tomberoit mort sur les cada- vres de ces innocentes victimes.

On n'a pas manqué d'opposer aussi *l'in- térêt public* aux *intérêts privés* & d'exiger e sacrifice des *intérêts particuliers* à *l'in- térêt général* (1). J'ai déjà dit qu'avant les

Distinction illusoire de l'intérêt géné- ral & de l'in- térêt particu- lier. Quel est l'intérêt de tous & de cha- cun dans cette matiere ?

(1) On lit dans des Remont. du 18 Mars dernier : *Le lien de toute société consiste dans le sacrifice mutuel & proportionnel des intérêts particuliers à l'intérêt gé- néral d'où doit résulter le bien de tous.* On pourroit lire que, par un *sacrifice mutuel & proportionnel,* cha- cun se trouveroit, à la fin, jouir de ses *droits mutuels & proportionnels,* s'il etoit possible, ce qui ne l'est pas, 'etablir l'exacte *réciprocité* & la juste *proportion.*

Autant vaudroit donc que chacun restât constam- ment dans son droit, & le *sacrifice* seroit inutile & illusoire. Comme le gouvernement n'a point de regle pour fixer cette *proportion,* il est evident qu'alors le *lien de la société* seroit dans les mains d'une puissance aveugle qui en resserreroit ou relâcheroit les nœuds

intérêts etoient les droits , j'ajouterai que
le droit d'un feul doit prévaloir fur les
intérêts de tous fans droits , parce que la
juftice eft la loi fuprême , univerfelle &
unique. Qu'eft-ce d'ailleurs que cet *intérêt*
général diftingué *des intéréts particuliers ?*
Les *intéréts particuliers* ne forment-ils pas
l'intérét général ? L'intérét perfonnel n'eft-
il pas effentiellement le mobile de l'homme , la vie de la fociété , l'ame du

au gré de l'opinion , du préjugé , de l'erreur , du caprice , terribles Légiflateurs auxquels le Ciel nous
abandonne dans fa colere , pour nous punir d'avoir
abandonné fes propres loix. D'ailleurs eft-ce que
l'Autorité peut ordonner des *facrifices ?* Le facrifice
eft volontaire ; c'eft la ceffion d'un droit , faite par
l'ufage libre du droit de propriété , pour l'avantage
d'autrui. C'eft un acte de générofité ; or la générofité
ne fe commande point. Le *facrifice forcé* eft donc une
idée chimérique , la *force* qui le contraindroit feroit
donc une œuvre tyrannique. Que vous vous dé-
pouilliez volontairement en faveur d'un autre , d'un
bien légitimement acquis , & dont la jouiffance vous
feroit auffi utile qu'agréable , c'eft un facrifice. Si
des Juges vous en dépoui loient par Arrêt , pour en
revêtir un autre qui le demanderoit fans titre & fous
prétexte qu'il en a befoin , ce feroit une injuftice.
Donc l'Autorité ne peut pas ordonner, par des Reglemens , que le propriétaire d'une denrée faffe un
facrifice quelconque de fes droits fur cette denrée ,
pour les intéréts & les befoins d'un tiers dépourvu
de droits.

monde?

monde ? L'autorité peut-elle ordonner le facrifice de l'*intérêt privé* renfermé dans les bornes du droit ? Quel eft enfin, dans cette matiere, l'*intérêt général*, c'eft-à-dire, l'*intérêt* de toutes les claffes de citoyens ? Eft-ce celui du pauvre ? Le pauvre feroit-il la nation ou la claffe de la nation à laquelle les intérêts de toutes les autres claffes font fubordonnés & attachés ? Eft-ce l'*intérêt* du bourgeois des villes, qui confomme fans reproduire; ou celui de l'habitant des campagnes, qui reproduit en raifon des profits qu'il retire de la confommation ? Eft-ce l'*intérêt* momentané de tout confommateur, ou l'*intérêt* perpétuel de toutes les claffes confommatrices, comme propriétaires, gagiftes ou autres ? Eft-ce le bas prix de la denrée qui reftreint la reproduction & les dépenfes futures, ou la bonne vente qui multiplie les fubfiftances & les revenus futurs ? En un mot, toutes les claffes de l'Etat & tous les hommes de chaque claffe, n'ont-ils pas evidemment un *intérêt commun & perpétuel* à l'augmentation conftante de la maffe des denrées & des richeffes difponibles, & par conféquent à la vente utile, & par conféquent à la liberté du commerce ? Je le répete , fixons le sens des mots & déterminons leur application : les idées & les expreſſions vagues ne font que des raiſonnemens ſophiſtiques ; elles ne donnent jamais la vérité.

Objection contre la liberté tirée de l'inſtitution des Reglemens. Réponſe.

On a dit que le monde & tous les Empires & ce Royaume avoient commencé par l'etat de liberté abſolue , & par conſéquent que c'etoit l'inconvénient de cette liberté qui avoit forcé nos peres à y renoncer. Le monde & tous les Empires ont auſſi commencé par des mœurs ſimples & pures ; ce ſeroit donc l'inconvénient de ces mœurs qui auroit forcé les nations à y renoncer. Le monde & tous les Empires ont commencé par des contributions ou des impoſitions & une régie ſimple ; ce ſeroit donc l'inconvénient de cette régie qui auroit forcé les Etats à y renoncer. A meſure que le monde & les Empires ſe ſont eloignés des voies de la nature , ils ont trahi , méconnu , interverti , rejetté les loix de l'ordre , & les peuples ſe ſont corrompus, degradés , & detruits par leurs propres loix.

Objection On a dit qu'il s'etoit fait en France

des Reglemens depuis le neuvieme siecle, & qu'il n'etoit pas à croire qu'on se fût trompé pendant 960 ans sur une matiere aussi importante. On s'est pourtant trompé pendant quelques milliers d'années sur des matieres non moins importantes. Il y a, par exemple, quatre mille ans qu'on se trompe sur l'avantage que l'on croit retirer de l'affoiblissement de ses voisins ; on s'est trompé pendant bien des siecles sur le droit inaliénable qu'a chaque homme à sa liberté personnelle ; il n'est pas etonnant que l'on se soit si long-tems trompé sur le droit inaltérable que chacun a de disposer à son gré de ses possessions mobiliaires. Le monde est bien loin encore de reconnoître toute l'etendue du droit de propriété ; car il faut remonter jusqu'à la nature.

Il est vrai qu'il *s'est fait des Reglemens,* dès le *neuvieme siecle ;* il est vrai aussi qu'ils ne furent d'abord faits que par intervalles & qu'ils ne furent pas toujours exécutés, car les Rois n'ont pas toujours eté obéis depuis Charlemagne (1) : il est encore vrai que l'on n'en auroit pas tant

contre la liberté tirée de l'ancienneté des Reglemens. Réponse.

____

(1) Voy. ce que nous en avons dit ci-dessus.

fait depuis ce tems-là , s'ils avoient eté bons , une bonne loi ſuffit ; & on ne les auroit pas tant renouvellés , ſi leur exécution pleine & conſtante avoit eté poſſible , juſte , utile , ſalutaire , conforme aux droits de chacun , favorable aux intérêts de tous. Il eſt vrai que dans le ſeizieme & le dix-ſeptieme ſiecles , le *commerce fut aſſez conſtamment aſſujetti à des Reglemens* ; il eſt vrai auſſi qu'il *y eut alors des tems de criſe & de chérté* , même fréquens & terribles ; il eſt vrai que les actes légiſlatifs & judiciaires les attribuent à l'inexécution des Reglemens & à l'immenſité des exportations : il eſt vrai auſſi que les auteurs & les protecteurs de ce régime pouvoient ne pas croire qu'il fût la cauſe du mal , & ſe tromper ; il eſt même vrai que divers Reglemens qu'il n'etoit pas poſſible d'obſerver , n'etoient point obſervés , même lorſque la Police etoit le plus foudroyante ; il eſt encore vrai que pour profiter de l'ouverture des ports , on ſe hâtoit de faire des exportations exceſſives. Qu'eſt-ce que tout cela prouve contre l'adminiſtration directement oppoſée à ce funeſte régime ?

Reglemens. On a dit qu'il ſeroit bon de faire aujourd'hui certains reglemens , non pour qu'ils fuſſent exécutés dans tous les tems & à la rigueur, mais afin de n'avoir pas à les publier dans des tems de difette, & par là répandre l'effroi parmi le peuple. Ces loix ne conviendroient donc pas à tous les tems ; cependant elles feroient irrévocables ; elles feroient toujours un épouvantail pour le commerce ; des Juges fubalternes en abuferoient, comme ils en ont toujours abufé , fur - tout dans des tems critiques, contre ceux qui ne les auroient pas obfervées, quand elles ne devoient pas l'être (1); leur inéxécution rendroit d'ailleurs la légiflation méprifable ; & enfin , dans le cas de difette, il faudroit en ordonner l'exécution , ne vaudroit-il donc pas alors autant porter la loi ?

propoſés pour qu'ils ne ſoient pas exécutés. Reflexions ſur cet objet.

On a dit auſſi que les loix anciennes etoient dangereuſes, en ce qu'en ordonnant fans diftinction des tems ce qui ne devoit être obfervé que dans des cas particuliers & rares , leur exécution devenoit arbitraire. On pouvoit remarquer encore que ces loix etoient elles-mêmes arbitraires ,

Obfervation fur les anciennes loix , applicable aux Reglemens propofés.

____

(1) Fait attefté dans un Réquifitoire que nous avons cité dans la premiere partie de cet ouvrage.

deſtructives du droit de propriété , nuiſibles au commerce , funeſtes à la culture , toujours impuiſſantes contre tous les maux ; & que toute loi prohibitive ſur cet objet , ſeroit egalement arbitraire , injuſte , inutile, & dévaſtatrice.

On a dit dans le même avis, d'une part , qu'*il etoit certain que ſans la liberté indéfinie nous n'aurions pas à redouter la diſette prochaine ;* & de l'autre , que *nous etions au milieu de l'abondance, & que cette abondance annonçoit une diminution prochaine dans les prix* (1) On a dit encore que la *circulation ne ſe faiſoit plus qu'aux extrémités,* & en même tems que *tout partoit aujourd'hui du centre pour ſe porter à la circonférence.* On a dit que cette *liberté* etoit en elle-même *un bien ſi deſirable qu'on ne pouvoit trop l'encourager* , & pour l'encourager on a propoſé des Reglemens qui la detruiſent. On a dit que *pluſieurs Provin-*

____

(1) On lit dans des Rem. du 18 Mars 1769 d'une part : *En vain. . . veut-on attribuer la cherté actuelle aux craintes inſpirées par les mauvaiſes ſaiſons, quand les marchés garnis nous apprennent que l'eſpece ne manque pas en France . . .* de l'autre : *il eſt douteux s'il en reſte aujourd'hui ſuffiſamment dans le Royaume pour la nourriture de ſes habitans ; le contraire même doit être préſumé ,* &c.

.ces s'en louoient, & qu'elle devroit procurer le même avantage à tout le Royaume, & rétablir la circulation, dont l'effet eſt de faire baiſſer le prix des grains ; & tout à la fois on a attribué au *nouvel ordre de choſes* qu'elle a introduit, *l'eſpece de diſette*, & par conſéquent la cherté *que nous eprouvons.* On a dit, après avoir célébré le régime prohibitif, ſa vertu & ſes heureux effets ſans diſtinction des lieux, que la liberté *la plus entiere & la plus abſolue etoit un bien réel dans tous les ports de mer*: mais on a ajoûté qu'il n'en etoit pas de l'*intérieur du Royaume* comme des *Provinces maritimes*, & qu'elle *deviendroit un mal dangereux dans la Capitale & dans les Provinces chargées de ſon approviſionnement*, comme ſi ce *nouvel ordre de choſes* n'avoit pas eté favorable aux Provinces intérieures autant qu'aux Provinces maritimes, ainſi que nous l'avons prouvé ; comme s'il n'étoit pas de l'intérêt de toute Province d'encourager & de relever l'agriculture ; comme ſi la Capitale ne gagnoit pas à la multiplication des ſubſiſtances, à l'augmentation des revenus, à l'activité des ſervices du commerce ; comme s'il falloit autant de loix dans le Royaume qu'il y a de lieux différemment ſitués, &c, &c.

Diverſité des opinions ſur la diſette.

On a demandé ſi nous etions dans la diſette ; les uns l'ont cru , & ils ont jugé que les Reglemens faits autrefois dans ces tems de criſe nous donneroient le grain qui nous auroit manqué ; les autres l'ont craint , & ils ont penſé qu'il falloit envoyer dans les greniers des Commiſſaires pour découvrir paiſiblement la vérité ; enfin des témoignages irrécuſables ſur l'abondance actuelle ont à cet egard déterminé les opinions & diſſipé les craintes.

Réfutation des preuves données de la diſette , & des moyens propoſés pour la faire ceſſer.

On a prétendu que le Royaume n'avoit pas aſſez de grains , parce que le Roi , par condeſcendance pour le vœu de quelques Compagnies reſpectables & par un empreſſement paternel à ſoulager les beſoins de quelques villes , a offert des récompenſes paſſageres à l'importation, dans l'eſpérance de ranimer ainſi la confiance des etrangers, & de remettre, par le choc de la concurrence, les grains intérieurs en mouvement & à juſte prix.

Les Etats de Languedoc ont juſtement obſervé que les tréſors du fiſc ne ſuffiroient point aux beſoins apparens , & que leur profuſion augmenteroit les beſoins réels. Auffi le Gouvernement a-t-il agi contre fon propre vœu en cédant aux cir-conftances, pour calmer les peuples par ces précautions onéreufes, & ramener l'ordre par les voies les plus douces. On lui de-mande fans ceffe, on a même demandé qu'il *accordât des gratifications à ceux qui declareroient la quantié de leurs grains & les apporteroient aux marchés publics*, fans fonger aux terribles inconvéniens des dé-penfes extraordinaires du fifc dans l'etat actuel des chofes ; fans fonger que les de-niers publics ne peuvent être affectés à un pareil emploi fans être divertis de leur emploi naturel, aux dépens de quelques branches de l'adminiftration ; fans fonger enfin que toute nouvelle charge du fifc eft un nouvel impôt fur les peuples.

Cependant on a tant crié de toutes parts *à la faim*, on a tant repouffé les fe-cours du commerce, on s'eft tant retran-ché dans les Reglemens, qu'il a fallu que le Gouvernement fe chargeât du foin de maintenir l'abondance dans les villes allar-mées, qu'il fit acheter chez l'étranger plus de cent mille feptiers de grains (1), qu'il

(1) Il eft bon d'apprendre au Public, que la plus grande partie de ces grains eft reftée fans débit & à la charge du Roi ; qu'il a fallu en dépofer 40000 fep-

aidât de groſſes ſommes d'argent une foule de boulangers ; qu'il donnât du riz & de l'argent pour être diſtribués à la miſere ; qu'il aſſignât des fonds conſidérables pour procurer pendant l'hiver du travail aux pauvres valides , &c. Ces faits ont été atteſtés dans l'Aſſemblée par M. le Lieutenant Général de Police. Que la reconnoiſſance des peuples eclate par votre voix au pied du trône ; qu'elle attire ſur le Souverain les bénédictions du ciel ; mais que vos vœux ſe réuniſſent par le conjurer d'opérer le même bien par l'exécution abſolue de ſes loix , par l'applaniſſement des obſtacles oppoſés à la circulation des grains , par le ſeul office du commerce , par la liberté la plus entiere. Les nationaux feront venir , les etrangers apporteront cent & deux cens mille ſeptiers de grains , ſans qu'il en coûte la vie ou la fortune à perſonne , lorſqu'ils ne craindront aucune gêne dans leur débit. Mais le Gouvernement ne peut jamais donner du pain aux uns ſans l'ôter aux autres. La

tiers dans les greniers de Corbeil, en attendant qu'ils puiſſent être employés ; que les cris de la frayeur ont ainſi coûté inutilement à la nation des ſommes conſidérables ; qu'il ne faudroit pas pour cela crier *au monopole* , & contre des Compagnies qui n'exiſtent pas, &c. &c.

nation ignore encore cette grande vérité, & c'eſt par vous que le Gouvernement, ſouvent contraint d'agir contre ſes propres lumieres, ſe flatte de l'en voir bientôt perſuadée & convaincue.

On a dit qu'il ne falloit pas aujour-d'hui avoir recours aux moyens extrêmes employés autrefois dans des tems de di-ſette, parce que le mal demandoit alors les remedes les plus violens, & que l'ex-ceſſive cherté en 1693, 1709 & 1725, provenoit du *défaut abſolu de grains de tou-te eſpece* ; au lieu que nous avons aſſez de grains, & que nous n'eprouvons pas la même cherté. Il n'auroit pas eté, ce ſem-ble, hors de propos d'examiner pourquoi, après trois récoltes plus mauvaiſes que les récoltes de ces époques & de tout autre tems, le Royaume a eu plus de grains, du moins apparens & à meilleur mar-ché, qu'il n'en eut dans de moins mau-vaiſes années ſous le régime prohibitif. Quand on a avancé que le Royaume étoit *abſolument* ſans grains en 1693 & en 1709, on n'a pas conſulté les Ordon-nances & les Arrêts cités ci-deſſus, dans leſquels on trouvera des témoignages cer-tains de leur abondance. En 1709, on tira du dehors 480 mille ſeptiers de grains,

& l'on n'en employa que 220 mille pour deux ou trois jours de la conſommation du Royaume; en 1693 les ſecours avoient été moins conſidérables : donc le Royaume n'etoit pas alors *abſolument* ſans grains, donc il avoit aſſez de grains pour ſa ſubſiſtance. Quant à l'année 1725 , je ne connois pas aſſez en détail ce qui ſe paſſa par rapport à notre objet , pour juger de la ſituation du Royaume; mais je ſçais que la diſette ou plutôt la cherté ſuivit la premiere moiſſon des grains ſemés après la Declaration de 1723 , par laquelle les ventes hors des marchés publics etoient ſévérement prohibées , & tous les Reglemens anciens renouvellés. On a auſſi parlé de l'année 1740 : nous avons déjà obſervé que la proviſion de dix jours tirée de l'etranger ſe gâta, & que la nation ſe nourrit de ſes propres grains. Il n'y avoit donc point de diſette réelle dans toutes ces epoques : d'où venoient la diſette factice & l'exceſſive cherté ? La liberté n'exiſtoit point , & le régime prohibitif regnoit.

Dans les avis où l'on a ſollicité un envoi de Commiſſaires dans les Provinces , on a propoſé le dilemme ſuivant : ou il exiſte du grain en France, ou il n'en exiſte pas; s'il en exiſte , *il eſt malheureux que le*

ſilence des Reglemens en prive le peuple &
il *faut les rétablir* ; s'il n'y en a que peu,
on doit prendre des meſures pour qu'il
n'en forte plus. Ne croiroit-on pas qu'il a
eté préalablement prouvé que c'étoit *le
ſilence des Reglemens* qui privoit le peuple
de grains ? Quant à nous qui avons prouvé l'exiſtence & le regne des Reglemens
dans toutes les Provinces où l'on ſe plaint
de la diſette ou de la cherté, nous dirons : s'il exiſte du grain en France, il eſt
malheureux que les Reglemens en privent
une portion de ſes peuples, & il faut les
ſupprimer ; s'il en exiſte peu, il ſeroit inutile d'en défendre la ſortie, car ils ſeroient trop chers pour être mieux vendus
au dehors ; mais il faut attirer les grains
etrangers pour ſuppléer à leur défaut ; il
faut donc detruire toutes les gênes, toutes les prohibitions, tous les Reglemens,
car ils les ecartent de nos ports.

On a propoſé dans les mêmes avis de
conſtater d'abord aux yeux du Souverain
que le grain etoit cher. L'Aſſemblée n'a pas
jugé à propos de procéder à cette opération : à quoi bon en effet ? On a prétendu
que la cherté paroiſſoit au moins *douteuſe
aux partiſans de la liberté indéfinie,* & que
dans des ecrits furtifs deſtinés à *ſoutenir la*

caufe de la liberté la plus indéfinie, on bâtiffoit des fyftêmes peinicieux tendans à etablir que *le bled & le pain qui en cft la fuite, ne font point encore à un prix trop confidérable.*

J'ofe affurer ici, que les philofophes que le public appelle *Economiftes*, démonftrateurs des vrais principes de la liberté du commerce, démentiroient folemnellement un ténebreux ecrivain, qui fe feroit couvert de leur nom pour débiter ces rêveries abfurdes, fi leurs ouvrages familiers à tous ceux qui cherchent à s'eclairer ne rendoient, fur leur doctrine, le témoignage le plus eclatant. Ils ont dit & ils n'ont ceffé de dire que le grain étoit *cher* & beaucoup trop *cher*; mais que trois foibles récoltes etoient la caufe néceffaire & premiere de la cherté. Ils ont dit que le grain étoit *cher*, mais que la *cherté* n'étoit pas exorbitante, comme elle l'avoit eté dans des années moins ftériles; qu'elle l'auroit eté, fi tout le Royaume avoit été encore plongé dans les prohibitions. Ils ont dit que le grain étoit *cher*, mais que la *cherté* n'étoit que locale & qu'il étoit démontré par l'inégalité des prix des différentes Provinces, qu'elle n'auroit point eu lieu, si des causes morales n'en avoient empêché la circulation. Ils ont dit que le grain étoit *cher*, mais que la *cherté* etant relative à la situation des Peuples, avoit été presqu'insensible dans les cantons *libres*, parce que la *liberté* y avoit répandu les moyens de payer *cher*, pendant qu'elle avoit eté très onéreuse, quoiqu'elle ne fût pas plus forte, dans les cantons *reglementés*, parce que les Reglemens ne pouvoient y procurer les facultés nécessaires pour supporter l'augmentation. Ils ont dit que le grain etoit *cher*, mais que la misere avoit eté grande dans des Provinces où il y avoit eu bas prix sans liberté, tandis que l'aisance avoit eté générale dans les Provinces où il y avoit eu haut prix & liberté. Ils ont dit que le grain etoit *cher*, mais que le pain avoit eté relativement beaucoup plus *cher* encore, & qu'il ne l'auroit même pas eté pour le Peuple, si l'on avoit encouragé & adopté la mouture economique & le pain de ménage. Ils ont dit que le grain etoit *cher*, puisqu'ils ont etabli pour regle du vrai prix ou du prix naturel des grains, le prix du marché général de l'Europe, de 21 ou 22 à 27 l. le septier de Paris. Ils ont dit que le grain etoit *cher*, puisqu'ils se sont attachés à montrer qu les Reglemens etoient la cause de la *cherté* ou du moins de sa durée, & que la liberté indéfinie en etoit le remede unique & infaillible. Ils ont dit que le grain étoit *cher*, puisqu'ils ont prouvé que le grain à 30 liv. le septier étoit *trop cher*, pour qu'il pût être vendu avec bénéfice à l'Etranger. Ils ont dit que le grain etoit *trop cher*, ils l'ont dit mille fois en termes exprès, & ils n'ont pas pu ne pas le dire, puisque c'est une conséquence simple, sensible, naturelle & nécessaire de leurs principes. Enfin ils ont dit que le grain etoit *cher*, & ils ont démontré qu'il le seroit dans le Royaume alternativement & même tout à la fois, en divers cantons, à trop haut & à trop bas prix, tant que la circulation seroit gênée, tant qu'il n'y auroit pas une concurrence illimitée d'acheteurs & de vendeurs, tant qu'il y auroit des Reglemens : c'est ce qu'il faudroit combattre.

On a ajouté que si l'on etoit effrayé de la cherté actuelle, c'etoit moins à raison du prix intrinseque de la denrée, que parce que les salaires des ouvriers ne sont pas montés proportionnellement ; & que ce systême etoit faux, parce que les salaires des ouvrages de luxe & de commodité, qui

qui fe déterminent par les facultés de celui qui fait travailler , n'augmenteroient
jamais dans la proportion qu'on defire ,
& que des calculs aifés à faire démontroient qu'en fuppofant ces augmentations
refpectives , le fort du journalier feroit
plus malheureux.

Il eft très - vraifemblable que perfonne
ne feroit *effrayé de la cherté* , fi tout le
monde recueilloit ou gagnoit de quoi
payer avec autant de facilité qu'auparavant; car quand on reçoit le double de ce
qu'on recevoit , on peut payer fans effroi
le double de ce qu'on payoit jadis. Il eft
très-vrai que le fort du journalier ne feroit pas plus heureux , quand on augmenteroit le taux de fes falaires , à proportion
du prix de la denrée , fi le produit des terres & le revenu des propriétaires n'aug-
mentoient pas au moins dans la même proportion; car il eft evident que la maffe des
falaires ne groffiroit pas. Il eft très-vrai que
dans l'Auvergne, le Périgord, la Guyenne,
le Dauphiné , le Languedoc , les falaires
du journalier font beaucoup plus forts , &
que fon fort eft beaucoup plus heureux;
parce que l'ordre fimple & naturel a reglé
& déterminé l'augmentation de l'effet

Développe-
ment impor-
tant fur les
différentes ef-
peces de falai-
res, & fur les
rapports des
loix de l'ordre,
naturel avec
les différentes
efpeces de fa-
laires.

par l'augmentation permanente de la
cauſe. Il eſt très - vrai que les ſalaires des
ouvriers quelconques ne ſçauroient monter en proportion des chertés paſſageres
& déſordonnées, comme nous l'avons dit
tant defois ; ces chertés ne procurent point
une augmentation du revenu ſur lequel
les ſalaires ſont payés. Il eſt très-vrai-que
dans la ſérie des accroiſſemens progreſſifs
de tous ces objets , l'artiſan des villes eſt
néceſſairement le dernier à participer à
l'augmentation des ſalaires ; car la journée
du payſan qui travaille à la terre peut
augmenter auſſi-tôt que le laboureur a fait
de bonnes ventes dont il prévoit la continuation, & quand elle n'augmenteroit
pas auſſi-tôt, le payſan gagneroit toujours
davantage , parce qu'il ſeroit employé
davantage par le laboureur qui améliore
ſa culture. Mais la retribution de l'artiſan
de luxe ne peut eprouver la même augmentation qu'après que le revenu du propriétaire qui l'occupe s'eſt accru, au moins
en raiſon du hauſſement des denrées, & par
conſéquent au renouvellement des baux.

Cet ordre eſt évidemment juſte , &
c'eſt à mon ſens une preuve très-convain-
cante de la bonté de la nouvelle légiſla-

tion , puisqu'il est manifeste que dans toute révolution favorable & analogue à l'intérêt & au droit social , les différentes classes de la société ne doivent en ressentir les heureuses influences , quand ses effets ne peuvent être que successifs , que suivant le rang d'utilité de chacune de ces classes ; ainsi dans la crise , l'artisan du luxe sera le plus souffrant , parce qu'on retranchera d'abord les dépenses les moins utiles , & il sera le plus long-tems souffrant , parce qu'il ne tire son aisance que du superflu des riches propriétaires ; dont les revenus n'augmentent qu'au renouvellement des baux. En deux mots, le sort du journalier de la campagne dépend du laboureur ; il sera donc plutôt heureux , puisque le laboureur recueille le premier les fruits de la liberté : le sort de l'artisan des villes & sur-tout du luxe dépend du propriétaire , il sera donc plus long-tems dans la gêne, puisque le propriétaire participe plus tard aux fruits de la liberté. Qui ne reconnoîtroit pas ici l'ordre de la nature & de la justice ?

Il est donc vrai que ces artisans du luxe tant favorisés & tant célébrés autrefois comme des auteurs de richesse, ne peuvent vivre qu’en raison des salaires que le revenu territorial peut leur payer, & que ces salaires ne pourront être proportionnés à la cherté du pain, tant que le revenu du consommateur de luxe n’aura pas augmenté proportionnellement. Il est donc vrai qu’il est nécessaire pour etablir les proportions entre tous ces objets, de rétablir le prix naturel de la denrée par la circulation & la concurrence sans lesquelles les prix seront toujours nécessairement inégaux, factices, forcés & précaires. Du vrai prix de la denrée, l’etat de la culture; suivant la culture, la quotité du revenu; par l’abondance du revenu, la bonne mesure des salaires de luxe.

Observation sur le luxe.

Mais qu’est ce que ce luxe pour lequel on eleve la voix ? N’a-t-il pas encore assez dérobé de richesses à la culture? N’a-t-il pas assez fletri la terre? N’a-t-il pas assez dévasté les campagnes ? N’a-t-il pas assez empoisonné les villes ? N’a-t-il pas assez exterminé la population? Ne seroit-il pas tems encore de le reprimer ? Et comment le reprimer? Seroit-ce par des *Reglemens* & des *prohibitions*? En deux ans ils ont ruiné la Suede. Il n’y a point d’autre loix à porter contre le luxe que les

loix qui par des moyens doux & equitables, rendent aux campagnes & les richeffes & les hommes. Faut-il demander fi
c'eft là l'effet que la liberté du commerce
doit produire ? Eft-il une ame fenfible qui
après avoir apperçu tous les rapports de
cette falutaire loi, puiffe fe défendre de
l'enthoufiafme religieux qu'infpire la fain-
teté de l'ordre inftitué par la providence
pour le bonheur du genre humain ?

Cependant, en frappant le luxe, il faut
conferver fes agens. Sous le régime prohibitif, il ne fe peut qu'ils ne périffent à la
fin, parce qu'il nuit au revenu qui les fou-
doye. Sous le regne de la liberté indéfinie, l'augmentation du revenu leur cf-
frira des reffources & des travaux multipliés, leur fort ne fera plus précaire. Dans
les Provinces libres la cherté du pain n'excite pas les clameurs & les plaintes des
villes comme ailleurs ; la liberté eft donc
encore favorable à cette claffe la plus eloi-
gnée de fes falutaires influences.

On a dit, dans l'Affemblée de Police, que
dans le reffort de la capitale *la cherté ac-*
tuelle du pain entraînoit la *multiplication*
des *crimes*, qu'au *premier interrogatoire les*
criminels s'excufoient fur leur mifere, &

que vérification faite le grand nombre avoit *raison.* On a dit aussi que *jamais Paris* n'avoit *eté plus tranquille,* que *jamais il n'y avoit eu moins de grands crimes* , & que si les *malheureux qui commettent des filouteries ,* s'excusent sur la misere & la cherté du pain , cette excuse est le prétexte de la *fainéantise & du libertinage.* Je n'ai rien à dire sur ces témoignages contradictoires & d'un poids égal ; il suffit pour ma cause qu'on s'accorde sur la misere des villes *reglementées.*

Nous convenons donc que la cherté est réelle , & que les *prix ont passé les justes bornes,* les bornes naturelles qu'il est impossible aux adversaires de la liberté de fixer , si ce n'est sur la base que ses partisans etablissent pour déterminer le point de cherté des grains; & nous avons prouvé que la liberté la plus entiere peut seule leur donner ce prix naturel. On a prétendu que sans des loix de restriction les marchands occasionneroient des renchérissemens progressifs jusqu'à l'infini , parce qu'etant d'abord obligés de vendre leur denrée chargée de frais & avec bénéfice, ce qui fait que le laboureur vend au même taux , ils seront ensuite obligés d'a-

Idée donnée d'une cause de renchérissement, en preuve contre la liberté.
Elle est favorable à la liberté.

cheter ſur ce nouveau pied & d'ajoûter à la ſomme du ſecond achat une autre ſomme de frais, de maniere que de vente en vente ils mettront ſans ceſſe ſur les grains un nouveau degré de cherté. Il eſt clair que ſi les marchands achetent toujours plus cher, ils doivent de même vendre toujours plus cher; il eſt clair que s'ils ſe pourvoyent toujours dans les mêmes marchés & s'ils payent toujours de nouveaux droits, ils acheteront toujours plus cher. Il eſt donc clair que le régime qui borne leur commerce aux marchés & à tels marchés, cauſe des renchériſſemens inévitables dans leurs ventes comme dans leurs achats; il eſt donc clair que la liberté abſolue d'acheter & de vendre dans tous les lieux empêchera ces renchériſſemens forcés par des prohibitions; car alors les marchands iront chercher le bled dans les greniers & partout où le prix en ſera plus bas, & leur commerce profitera de l'immunité. Donc il faut conſerver la loi de liberté & non recourir à des loix reſtrictives.

Comme l'objet de la liberté etoit de faire hauſſer le prix des grains précédemment trop bas & ruineux pour le laboureur, il a paru très-naturel de penſer que

Avis différens ſur l'exportation. Obſervations ſur ces avis.

D iv

la même caufe qui avoit produit le renchériffement que l'on defiroit , devoit
avoir produit la cherté dont on fe plaint,
fans fonger que fon effet propre , comme
nous l'avons etabli ci-deffus , etoit de
porter & d'arrêter les prix au taux du
marché général de l'Europe , foit par la
crue , s'il eft plus bas , foit par la diminution , s'il eft plus haut que le prix
commun du marché général. Les opinions
ont encore eté partagées & même oppo-
fées fur ce point. Les uns ont attribué le
renchériffement immodéré des grains à
l'exportation, elle a eté vengée par les
autres. Les premiers ont encore eté di-
vifés tant fur les motifs que dans la
conclufion de leurs avis. On a voulu
d'une part fufpendre entierement l'exportation jufqu'à ce qu'on fût plus exactement informé de la quantité des grains
exiftans dans le Royaume. C'etoit retourner à grands pas à l'ancien régime dont
on retraçoit en même tems la deplora-
ble hiftoire. Auffi a-t-il eté dit formelle-
ment qu'*il ne faudroit permettre l'exportation que fur les demandes particulieres des
négocians ou des Provinces en corps.* On
a jugé d'une autre part qu'il falloit baif-

ſér le taux prohibitif au-deſſous de 30 liv. à 24 livres, au-deſſous de 24 liv. Là, l'on n'a demandé pour que l'interdiction eût lieu, que le prix de 24 livres dans les ports. Ici on a propoſé de ne l'etablir que quand ce ſeroit là le prix général du Royaume. On a dit encore que lorſque le bled auroit atteint dans un port le taux prohibitif, il faudroit empêcher qu'il ne s'ecoulât par un port voiſin, ce qui, de proche en proche, ſuſpendroit bientôt l'exportation dans tout le Royaume, lorſque le grain ſeroit à environ vingt & une livres. Nous avons réfuté toutes ces opinions preſque toutes fondées ſur la ſuppoſition evidemment fauſſe que la permiſſion d'exporter des grains au-deſſous de 30 liv. le ſeptier en avoit fait monter le prix au-deſſus de 40 liv. même dans les lieux où elle avoit ceſſé depuis plus de deux ans, & quoiqu'elle eût laiſſé l'abondance dans le Royaume.

Il etoit difficile d'expliquer comment l'exportation auroit procuré la cherté, ſans avoir produit une diſette relative, ou une rareté proportionelle. Il ne paroiſſoit pas facile de concevoir comment il arrivoit tout à la fois que les marchés etoient bien garnis & les prix très-hauts. Pour résoudre le problême, on a dit que l'abondance n'etoit que fictive, & qu'elle etoit *opérée par des gens qui ne versoient dans les marchés intérieurs que pour avoir la facilité de verser davantage au-dehors.* Il ne s'agiroit plus que de sçavoir comment ces gens-là auroient la facilité de *verser au-dehors*, quand les ports ne sont pas ouverts, quand les débouchés naturels de leurs grains sont fermés depuis plus de deux ans. La permission d'exporter ne peut, ce me semble, occasionner de gros amas, quand il y a depuis très-long-tems défense d'exporter ; & il paroît hors de toute vraisemblance qu'on emmagasine des grains fort chers, pour les verser au-dehors quand le prix en sera beaucoup plus bas, dans le tems où la liberté de l'exportation doit être rendue.

Contradiction dans les partifans du même avis sur l'exportation.

Pour prouver que l'exportation donnoit lieu à des emmagasinemens considérables, on a allégué d'une part la *modération* des prix dans les provinces Méridionales, lesquelles, a-t-on dit, ont un sol moins fertile & des communications moins faciles avec l'etranger ; & de l'autre la cherté qui se faisoit plus sentir dans les Provinces Septentrionales, plus abondantes & situées entre la capitale, & des débouchés plus aisés & plus nombreux. Cependant il a eté observé par des partisans du même avis qu'à Bordeaux, le pain se vendoit 4 *sous 6 deniers la livre*; qu'à Toulouse il avoit *presque doublé*; qu'à Aix la mesure de bled qui valoit ordinairement 22 à 24 liv. se vendoit 45 *liv.* Voilà nos Provinces Méridionales, & ces Provinces font un grand commerce, extérieur, sans doute *par le moyen de leurs debouchés*, & elles font bien plus voisines que les Provinces Septentrionales des pays qui ont habituellement besoin de grains, tels que l'Espagne & le Portugal; & entre ces Provinces, le Languedoc & la Guyenne recueillent beaucoup de bled, & si la Provence en produit peu, l'exportation devroit y causer plutôt la cherté; & l'exportation a continué beaucoup plus long-tems dans le Midi que dans le Nord; & toutefois la *cherté*, quoiqu'à peu-près egale, a eté infiniment moins *sensible* ou plus tolérable là qu'ici.

Nous avons déjà démontré que la

liberté de l'exportation ne nous avoit pas ôté le néceſſaire, comme on l'a craint, & qu'elle ne peut jamais s'etendre au-delà de notre ſuperflu, comme on l'appré-hende. Quoique tous les eſprits ne ſoient pas raſſurés ſur ce point, nous ne croyons pas qu'il *ſoit raiſonnable*, comme on l'a dit, *de baiſſer le prix auquel eſt fixée la clóture du port* par condeſcendance pour de vaines terreurs que ce ménagement paroît juſtifier. Le Gouvernement doit aux peuples de bonnes loix, car enfin la légiſlation n'eſt pas libre; elle ne doit rien au préjugé timide & mal fondé, ſi ce n'eſt l'inſtruction ou la diſcuſſion la plus libre. Que l'on modifie des loix ſa-lutaires, lorſqu'on les porte, la prudence peut quelquefois l'exiger pour leur ſuccès & pour cet objet ſeul. Mais les loix une fois portées, elle défend de les reſtrein-dre, lorſque leur pleine exécution eſt utile; car comment les peuples auroient-ils de la confiance dans ces loix, lorſque le légiſlateur paroîtroit en manquer ? Comment conſerveroient-ils des ſentimens de reſpect & de ſoumiſſion pour des loix que le légiſlateur lui-même violeroit ? Avec des maximes outrées de condeſcendance, il se trouveroit qu'en derniere analyse, la législation appartiendroit à l'ignorance la plus aveugle & la plus opiniâtre.

On a dit qu'il faudroit que *l'exportation fût réduite en commerce intérieur, subdivisé en commerce simple opéré dans les marchés & en circulation ou transport de Province à Province.* Je n'entends pas cela ; je n'entends pas comment on feroit de l'exportation un commerce intérieur subdivisé.

On a dit qu'il falloit distinguer *l'exportation dans l'intérieur du Royaume* exigeant la plus grande liberté, comme principe de circulation ; & *l'exportation au-dehors,* funeste en tems d'abondance, *les autres Etats de l'Europe* n'etant pas assez fertiles *pour nous indemniser* de l'exportation de nos grains *par l'exportation* : je n'entends pas cela, je n'entends rien à ces exportations dans l'intérieur.

On a dit, après avoir demandé la plus grande liberté pour *l'exportation dans l'intérieur,* qu'il falloit limiter la liberté des magasins qui, comme l'exportation hors du Royaume, *tire les bleds du commerce* ; je n'entends pas cela, j'entends qu'on emmagasine pour vendre.

On a dit que ce seroit un acte de

citoyen que de vendre fes grains à fes Compatriotes plutôt qu'à l'Etranger : je n'entends pas cela ; j'entends que ce feroit un acte de charité ou de générofité, un acte de furérogation inalliable avec l'objet néceffaire du commerçant, que de donner fes grains à bon marché, quand il peut les vendre à meilleur prix ; j'entends que ce feroit un acte de tyrannie que de forcer le propriétaire des grains à faire une mauvaife vente, quand il peut en faire une bonne.

On a dit que, dans des tournées faites en exécution des ordres du Roi, pour l'etabliffement des impofitions, il avoit paru evident qu'avant que l'exportation eût lieu, le bled n'étant qu'à 12 ou 15 liv. le cultivateur ne pouvoit pas fatisfaire à fes engagemens ; mais que depuis que le commerce etoit libre, le bled avoit augmenté de plus de trois cinquiémes, ce qui faifoit croire qu'il y avoit dans le commerce des abus à reprimer. Je n'entends pas que le grain ne puiffe pas s'elever fans abus au prix de 16 à 25 liv. ou environ ; mais j'entends que le commerce n'etant pas libre, il a pu s'y commettre des abus, & que par là ou par le défaut de circulation, le prix du bled a pu facilement doubler & tripler, surtout après de mauvaises récoltes.

J'ai déjà remarqué que la cherté des grains avoit eté attribuée au *monopole* ainsi qu'à l'exportation. Contre le monopole, a-t-on dit, il n'y a que deux remedes, la concurrence etrangere & l'autorité de la loi. Il ne faut rien attendre, a-t-on ajouté, de la concurrence etrangere, parce que les Etrangers sçavent que le *grain ne nous manque pas* ; il faut donc recourir à l'autorité de la loi. A cela nous répondrons, que s'il y a du monopole, c'est l'effet des Reglemens par l'esquels la circulation est nécessairement interceptée, & le commerce restreint suivant leur but, ce qui condamne toute espèce de Reglement ; que contre le monopole il y a & il n'y a qu'un seul remede, la liberté générale & indéfinie qui anime tout à la fois la concurrence nationale & la concurrence etrangere ; que la concurrence intérieure fera tomber & les prix des bleds & les portes des magasins, comme la concurrence des Etrangers ; que celle-ci, comme la première, ne sera jamais plus vive que quand la Police n'au-

Avis sur le monopole, moyens proposés pour le detruire, réfutation de ces moyens.

ra fur le commerce aucune forte d'infpection ; que les Etrangers, comme il eft
prouvé par les etats des exportations &
des importations , nous ont d'autant plus
apporté de grains qu'il en fortoit davantage de nos ports, ce qui prouvoit
néanmoins que *nous n'en manquions pas* ,
mais ce qui leur annonçoit un renchériffement néceffaire de prix , leur unique bouffole , fous le regne de la liberté.

Précautions incertaines , propofées contre le monopole. Obfervation fur cet avis.

On a cru qu'*il feroit prudent de prendre des précautions pour fe garantir du monopole dans des tems malheureux , quand
même le fuccès de ces précautions ne feroit
pas affuré , & pourvu qu'elles euffent pour
elles la vraifemblance.* Cependant l'on convenoit en même tems qu'il etoit *ordinairement de la fageffe de l'adminiftration de fa-
crifier aux avantages de la liberté du commerce, une recherche trop rigoureufe du monopole ,* d'ailleurs fi difficile à découvrir.
Nous ne croyons pas qu'il foit prudent de
prendre & de ne pas prendre des précautions contre le monopole; car il eft bon dans
tous les tems de le diffiper , ou plutot de
le prévenir. Nous ne croyons pas qu'il
foit prudent de prendre des précautions
incertaines , peut - être infructueufes ,

peut-être

peut-être funestes ; car il vaudroit encore mieux que les maux publics fuſſent l'ouvrage du sort que celui de nos loix. Enfin nous ne croyons pas, parce que nous avons démontré le contraire, que le monopole puiſſe exiſter avec la pleine concurrence : donc la liberté générale & indéfinie eſt la *précaution*, non-ſeulement *vraiſemblablement* bonne, mais encore la ſeule qu'il ſoit *evidemment* prudent, utile, & néceſſaire d'employer contre le monopole.

Enfin on a prétendu que la queſtion préſente conſiſtoit à ſçavoir *lequel* etoit *préférable pour la patrie, en ce genre de trafic, d'une liberté légitime, honnête, modérée, eclairée par ceux qui veillent aux intérêts de l'Etat, & dirigée par leur prudence attentive, vers le bien public ; ou d'une licence abſolue, exempte de toutes regles, ſouſtraite à toute inſpection, & qui ne mettroit de bornes que celles de la cupidité aux gains les plus onéreux aux Peuples.*

Maniere remarquable dont la queſtion préſente a été propoſée.

Si c'eſt là l'etat de la queſtion, il faut qu'on ait préalablement prouvé 1°. que la Police agit pour l'intérêt capital & perpétuel de la nation en ſurbordonnant & ſacrifiant l'intérêt préſent & futur du

Obſervation ſur cet objet.

cultivateur , à l'intérêt momentané de quelques autres classes ; qu'elle releve & enrichit la culture , en empêchant le bon débit , le débit assuré de la denrée ; qu'elle etend & anime le commerce, en le resserrant & le rebutant par des prohibitions & des gênes; qu'elle aiguillonne la concurrence , en la soumettant à des permissions exclusives ou à des privileges de monopole ; qu'elle remédie aux disettes & aux chertés locales , en suspendant & détournant la circulation ; qu'elle prévient ces maux , en tarissant les sources de l'abondance ; qu'elle multiplie les ressources du pauvre, en diminuant les facultés du riche ; qu'elle laisse une liberté honnête & légitime, en frustrant le citoyen du droit d'exercer librement son industrie, & de disposer librement de ses biens.

2°. Que la *liberté sans restrictions est une licence sans bornes* (1) ; c'est-à-dire, que plus un commerce sera libre , plus il s'y commettra d'abus & qu'ainsi le commerce de l'avoine, par exemple , ne doit être que fraude & monopole ; que la permission illimitée d'exporter & de garder

____

(1) On lit dans des Rem. *La liberté indéfinie , ou pour mieux dire , la licence effrénée ,* &c.

une denrée raviroit à la Nation son nécessaire, exagereroit les prix & borneroit
la reproduction, & qu'ainsi le vin doit
être rare & cher, & la culture des vignes
fletrie & dédaignée ; que le marchand
ignore qu'il y a plus de profit à vendre
souvent avec un léger bénéfice , qu'à
attendre long - tems un bénéfice plus
considérable , mais très-incertain & même chimérique, vu la concurrence , le
déchet & les frais de garde ; que les
possesseurs des grains , quoiqu'ils ayent
des fermages , des loyers, des impôts,
des subsistances , des salaires de tous
les genres à payer, n'ont pas besoin de
vendre , comme le consommateur a besoin d'acheter ; que le marchand n'ai-
mera pas toujours mieux vendre , en li-
vrant avec profit sa denrée au prix que
le Peuple peut en donner , que de ne pas
la vendre en la portant à un taux où le
Peuple ne sçauroit atteindre ; que la cupidité même la plus âpre des vendeurs
qui ne cherchent qu'à gagner beaucoup ,
ne sera pas toujours efficacement refrénée
par leur concurrence même , comme la
cupidité non moins âpre des acheteurs ,
qui ne cherchent qu'à dépenser peu , l'est

par une cause pareille ; que dans tous les
genres possibles d'echanges, les besoins
& les intérêts respectifs de ces deux clas-
fes, ne se balancent & ne se concilient
pas les uns les autres par l'effet nécessaire
de leur action & de leur réaction réciproques, à moins que l'autorité ne soit
entr'eux, &c. &c.

Voilà ce qu'il auroit fallu prouver, c'est-
à-dire, qu'il auroit fallu prouver que les
choses ne font pas ce qu'elles font, & que
les causes ne produisent pas les effets
qu'elles produisent nécessairement. Après
tout ce que nous avons dit, nous croyons
que ces avis font réfutés par leur simple exposition.

Il est tems de terminer cet examen des
avis ouverts dans l'Assemblée générale de
Police, contre la liberté du commerce des
grains. On nous reprochera peut-être
d'*augmenter par nos dissertations les maux
publics*, comme on l'a dit alors; on a dit encore que *fans s'occuper du bien public, chacun*
foutenoit son système, & que le *torrent du
parti l'emportoit*; que la discussion enfan-
toit l'incertitude, l'incertitude la méfiance,
la méfiance l'augmentation successive de la
denrée. On difoit aussi que peut-être l'*As-*

femblée augmentoit-elle dans l'inftant où elle fe tenoit , *les craintes du peuple.*

Nous répondrons que l'évidence fort de la difcuffion : il faut donc quand l'erreur menace les peuples , que la vérité la combatte jufqu'à ce que tous les efprits foient délivrés de fa tyrannie : il faut que celui qui a eu le loifir & le bonheur d'acquérir la connoiffance certaine des vrais principes de l'adminiftration , fe leve & confonde le préjugé quelque part qu'il regne. On dira qu'il ne *s'occupe pas du bien public* & qu'il y met obftacle , lorfque fans autre intérêt que celui de la nation & de la vérité , il s'efforce de conduire,à travers les epines, les peuples vers la fource de leur bonheur. On dira qu'il *s'erige en précepteur du genre humain* , & qu'il l'egare, lorfqu'il confeffe qu'il n'eft que le dernier *difciple* des difciples de la nature , laquelle enfeigne de nouveau les loix fuprêmes de l'ordre au genre humain , après l'avoir févérement puni de les avoir violées & méconnues. On lui dira qu'il n'eft qu'un *profélyte d'une fecte qui prétend avoir toutes les connoiffances en partage* & qui ne produit que de vains *fyftémes* , lorfqu'il ne reconnoît d'autres

maîtres que des philosophes qui ne pro-
fessent qu'une seule science , la science par
excellence,il est vrai , la science propre de
l'homme , la science des rois & des sujets , la science de l'ordre social ; *science* &
non *système* dont les *sectateurs* & non les
sectaires , loin de se séparer de leurs freres
& de leurs chefs , ont nécessairement pour
objet de réunir inséparablement tous les
citoyens , toutes les familles , toutes les
nations dans le sentiment naturel, de la
paix , de la concorde , de l'amitié, de la
confiance , de la justice , en leur démon-
trant l'unité d'intérêt du genre humain,
ou les avantages résultans,par la libre &
mutuelle communication des secours , de
la prospérité des uns pour la prospérité des
autres. On lui dira qu'il concourt à *ren-
verser les antiques fondemens de l'agriculture , du commerce & des arts* , lorsqu'il s'efforce de contribuer à rétablir l'agriculture , le vrai fondement des arts & du
commerce , sur ses vrais fondemens, le
droit de la propriété, la sureté de la
culture , &c. On lui dira qu'il *se livre au vague des idées de son imagination* ,& qu'il croit à ses songes, lorsqu'il
n'avance pas une seule proposition dont il

ne démontre également la vérité par le raisonnement & par l'expérience. On lui dira qu'il n'eſt qu'un *ecrivain obſcur,* comme on l'a dit indiſtinctement de tous ceux qui ont ecrit en faveur de la liberté, entre leſquels ſe trouvent tant de corps & tant de particuliers ſi reſpectables & ſi illuſtres de tous les ordres de l'Etat ; & l'on croira peut-être l'offenſer, lui qui ne gémit que de voir la vérité malheureuſement auſſi *obſcure* que lui aux yeux de ſes adverſaires qu'il laiſſe repoſer en paix dans leur *célebrité*, comme il repoſera lui-même en paix dans ſon *obſcurité*, s'il voit la vérité quelquefois humble, amie des petits, détachée des grandes réputations, les ſubjuguer avec eclat. On lui dira qu'il *laiſſe entrevoir l'idée que le peuple peut ſe paſſer de pain ou y ſuppléer par des nourritures artificielles*, lorſque ſes travaux n'ont d'autre objet que de multiplier la denrée de premiere néceſſité, de procurer au peuple un pain plus nourriſſant, plus ſucculent & à plus bas prix, d'aſſûrer enfin aux plus miſérables quelques reſſources dans des tems déſaſtreux. On lui dira peut-être qu'il ne parle en faveur de la liberté du commerce que pour en conclure *une eſpece de néceſſité d'augmenter les impoſitions,* lorſqu'il la défend comme un moyen de rendre le trop peſant fardeau des impoſitions un peu plus ſupportable. On lui dira même qu'il eſt *peut-étre corrompu pour colorer par des raiſons ſpécieuſes un ſyſtéme propre à favoriſer des gains auſſi enormes qu'illégitimes….*

Que lui importe, quoi qu'on diſe ? Craindroit-il donc d'être le martyr de la vérité ? Eſt-ce en effet quelque intérêt particulier ou le deſir du bien public qui l'anime ? S'il pouvoit faire des heureux, ſongeroit-il qu'il peut faire des ingrats ? Seroit-il aſſez lâche pour que la detraction lui fît trahir les intérêts de ſa patrie ? Son cœur ne lui répond-t-il pas que, ſi on l'accuſe, le crime eſt à l'accuſateur ? S'il pouvoit ſouhaiter d'être vengé, ne ſeroit-il pas aſſûré de l'être un jour & bientôt par l'opinion publique ? Enfin la bonne œuvre & ſa conſcience ne lui ſuffiſent-elles pas ?

Il ſe taira donc, ſi on l'inſulte. Mais ſi on lui reproche d'agir *ſans pouvoir* & *ſans miſſion*, il répondra que quiconque a reçu du Ciel le *pouvoir* de connoître la vérité, a reçu en même tems le *pouvoir* de la dire, lorſqu'elle doit être connue pour le bien des peuples ; que s'il falloit être assis sur le trône ou sur les *fleurs de lys* pour avoir le droit de penser & parler, il faudroit que ceux qui gouvernent ou jugent fussent convertis en Dieux, & ceux qui sont gouvernés & jugés en brutes ; que la liberté de discuter publiquement les intérêts de la nation, laissée par la sagesse, la justice & la bonté du Souverain, nul n'a le droit de l'ôter ou de la restreindre. Il répondra qu'il tient sa *mission* de Dieu, de la nature, de la société, du gouvernement, de son devoir même, puisque tout citoyen est, de droit & par obligation, le défenseur de la patrie, puisque la cause de la patrie qu'il défend est la sienne & celle de ses freres, puisque ce qu'il défend, ce sont les loix, c'est la loi souveraine de l'ordre, la justice & l'humanité. Enfin, s'il avoit le malheur d'être dans ces régions barbares où l'on a pu penser qu'il étoit *bon qu'un mourût pour le peuple*, il ne fuiroit pas le supplice.

Qu'il me soit permis de me reposer un instant sur les suffrages que la liberté du commerce a obtenus dans la même Assemblée. Un illustre Magistrat aussi distingué par son rang que par ses qualités per-

Suffrages remarquables en faveur de la liberté.

fonnelles , a fait affez connoître fes fentimens , quoique fa modeftie n’ait propofé
que des doutes , lorfqu’il a dit qu’il falloit
ou retourner à l’etat ancien des prohibitions, ou etablir la liberté fans les gênes
qui peuvent être la caufe du mal préfent ;
qu’une partie du Royaume fe félicitant des
nouvelles loix , notre propre fituation ne
devoit pas nous diftraire fur le fuffrage de
nos concitoyens , puifque tout le Royaume devoit être gouverné par des principes uniformes ; qu’il ne falloit pas enfin
confulter l’effroi du peuple , mais qu’il
convenoit de s’en rapporter à la haute fageffe du Roi.

Extrait d’un avis précieux. A ce fuffrage nous joindrons l’extrait
d’un avis lumineux dans lequel les faits les
plus décififs appuyent ou amenent les plus
judicieufes reflexions. La partie hiftorique
nous en a paru fi précieufe que nous en
avons enrichi notre ouvrage , en lui donnant le développement que ces *Repréfen-*
tations exigeoient. Le digne Magiftrat qui
en eft l’auteur mérite d’être diftingué entre les défenfeurs des loix nouvelles. C’eft
à regret que nous nous voyons obligés
de ne préfenter que la fubftance de fon
travail. Chaque phrafe que nous en avons

retranchée eſt une inſtruction utile que nous avons eté forcés de dérober au public.

» Le grain eſt trop cher ; l'exporta-
» tion n'en eſt point la cauſe, puiſqu'elle
» a été foible, ſuivant des Etats auxquels
» on n'oppoſe que des allégations, puiſ-
» qu'elle nous a laiſſé l'abondance, com-
» me on en convient.

» De ce qu'il arrive une cherté ſous
» le regne de la loi de liberté, il ne faut
» pas en conclure que cette loi en eſt la
» cauſe.

» Les chertés furent fréquentes ſous
» le régime de la légiſlation ancienne, &
» l'hiſtoire de ces tems calamiteux dé-
» montre que l'exécution des Reglemens
» n'eut jamais l'effet qu'on s'en etoit pro-
» mis, & qu'au contraire , à meſure que
» la Police redoubla d'efforts, le mal s'ag-
» grava.

» Il n'y a de véritables ſecours à eſpé-
» rer que de la liberté qui eſt l'ame de
» tout commerce, de l'aveu même de ceux
» qui propoſent de lui donner des entra-
» ves qui la detruiſent.

» Les inſcriptions & les declarations
» ſont incompatibles avec tout commerce

» en grand, il en eſt de même de la dé-
» fenſe d'acheter hors des marchés :
» c'eſt là une cauſe continuelle de ren-
» chériſſement ; auſſi l'approviſionnement ,
» de Paris en fut-il excepté.

» Autoriſer les Juges à ouvrir les maga-
» ſins en tems de cherté, c'eſt proſcrire
» les magaſins. Perſonne ne veut être
» propriétaire d'un bien dont il n'eſt pas
» le maître. Les Reglemens de 1567 &
» 1577 défendoient aux laboureurs de
» garder les bleds plus de deux ans, &
» en même tems ils défendoient d'en em-
» magaſiner. Ils obligeoient ainſi de ven-
» dre ce qu'ils défendoient d'acheter ; il
» falloit donc que le cultivateur prodi-
» guât ſes grains aux beſtiaux. La pro-
» hibition des magaſins exciteroit l'ex-
» portation.

» Les marchés, comme on l'avoue,
» ſont bien fournis, le grain n'eſt donc
» pas caché , il ne faut donc pas s'armer
» contre le commerce.

» La liberté n'a point exiſté complet-
» tement. Une foule d'Ordonnances gê-
» nent & arrêtent la circulation. Il ar-
» rive de là que le commerce ſe détourne
» & fuit les pays néceſſiteux.

» On parle aujourd'hui de monopole,
» comme dans tous les tems. Cependant
» jamais on n'a trouvé de ces amas im-
» menfes qui le caractérifent , & aujour-
» d'hui l'on ne pourroit pas citer un feul
» fait qui en etabliffe l'exiftence. Quand
» il y en auroit, ce ne feroit pas une
» raifon de révoquer une loi qui, loin de
» les autorifer , lui oppofe la concurrence
» la plus vive; il faut donc au contraire
» en promouvoir la pleine exécution.

» Envoyer des Commiffaires dans les
» provinces, ce feroit effrayer le peuple,
» faire refferrer les grains , inviter les
» particuliers à fe pourvoir même au-delà
» de leurs befoins , faire difparoître l'a-
» bondance.

» Le principal remede à toute cherté,
» c'eft d'exciter l'emulation des commer-
» çans par l'appas du gain, & l'affurance
» de la liberté & de la protection , & de
» lever tous les obftacles qui exiftent dans
» le reffort de la Cour relativement au
» commerce, &c, &c, &c. ».

Ainfi penfent plufieurs autres zélés
Magiftrats de la premiere Cour Souveraine du Royaume. Il auroit fallu fans
doute une difcuffion plus longue & plus

profonde pour ramener à cet avis une Aſſemblée trop prévenue en faveur des Reglemens ; le tems ne le comportoit pas. Ainſi les Reglemens l'emporterent ; le plus grand nombre des membres de l'Aſſemblée ſe réunit à un ſeul vœu , qui , ſans adopter des moyens violens pour remédier aux maux actuels , tendoit à tracer pour l'avenir une marche au commerce (1). En conſéquence le Roi a eté

Réunion de la plupart des vœux.

Reglemens demandés en conſéquence. 1°. Des Declarations.

(1) Cette notice des avis ouverts à l'Aſſemblée de Police , etoit imprimée , lorſqu'il nous eſt tombé entre les mains une *brochure* portant pour titre : *Recueil des principales loix relatives au commerce des grains , avec les Arrêts , Arrêtés & Remontrances du Parlement ſur cet objet ; & le Procès verbal de l'Aſſemblée générale de Police tenue à Paris le 28 Novembre 1768, en France 1769.* C'eſt là , par rapport à ces *Repréſentations* , un vrai *Recueil* de pieces juſtificatives , d'autant plus précieux , qu'il nous eſt fourni par nos adverſaires ; j'en fais de très-ſinceres & très-vifs remercîmens à l'Editeur. J'eſpere qu'il voudra bien ſouffrir qu'en lui témoignant ma reconnoiſſance , je rende un nouvel hommage à la vérité , par l'expoſition de trois ou quatre mepriſes dans leſquelles il eſt tombé en trois ou quatre phraſes , ou plutôt dans un ſeul raiſonnement placé à la tête de ſon Recueil , ſous le titre d'*Avis de l'Editeur.*

1°.« Depuis quelques années , dit-il , on répand avec » affectation dans le public une multitude de brochu-» res , dont le but eſt de prouver que l'exportation » indéfinie eſt très-avantageuſe ».

supplié, au mois de Décembre dernier, de donner une Declaration qui ordonnât :

Depuis quelques années, le zele du bien public a obligé des Philosophes patriotes à *répandre* avec chaleur divers ecrits, *dont le but est de prouver que la liberté indéfinie de l'exportation seroit très-avantageuse*, & que l'*exportation* ne pourroit jamais être *indéfinie* ou illimitée. Mais il n'y a pas un seul de ces ecrits où l'on ait parlé ni même pu parler ni directement ni indirectement, en faveur de l'*exportation indéfinie* ou illimitée, idée folle & chimérique qu'il ne seroit pas permis à un homme sensé même de combattre.

2°. Le but de ces brochures est de prouver « qu'il „ est même utile que le prix du pain se soutienne à ce „ que les Economistes appellent un bon prix, lequel „ dans le fait & par l'exécution des nouvelles loix, „ se trouve fort au-dessus des facultés du Peu- „ ple, &c. ». L'Auteur ajoute : « Le pain se soutient „ depuis plus d'un an à près de quatre sols la livre, „ prix exorbitant pour le pauvre ».

Ne diroit-on pas que le *bon prix du pain* demandé par les Economistes, est de *quatre sols la livre* ? Ces Ecrivains ont expliqué en mille & mille endroits ce qu'ils entendoient par le *bon prix* ; ils ont répété en mille & mille endroits qu'à quatre & même à trois sous la livre, le pain etoit cher & très-cher ; ils ont prouvé que la liberté donneroit le bon pain de ménage au *bon prix* de deux sols ou environ ; & ils ont démontré que la cherté qui dure depuis plus d'un an est causée par l'*inexécution des nouvelles loix*, par les Reglemens, par les Prohibitions.

3°. « Ce n'est pas l'espece qui manque... La cause „ de l'enchérissement du pain ... provient donc ou

» 1°. Qu'à l'avenir tous ceux qui *vou-*
» *droient* faire le trafic des grains, en
» acheter & en revendre, *ſeroient* tenus

» de la trop grande exportation, ou du monopole,
» & peut-être de tous les deux enſemble ».

Ou des Reglemens, des Prohibitions, du défaut
de circulation ou de liberté. Si l'*eſpece ne manque
pas*, l'exportation n'a donc pas emporté le *néceſſaire;*
voudroit-on à préſent qu'elle ne touchât pas même
au *ſuperflu?* Si en vendant le *ſuperflu* & ne vendant
que le *ſuperflu*, elle cauſoit cette exceſſive cherté,
il faudroit donc l'interdire entierement & à jamais, &c. &c. Quant au monopole, on en a beaucoup parlé; il faut attendre qu'on en ait découvert,
juſques dans les Provinces libres.

4°. » Les nouvelles loix de 1763 & de 1764 ne
» mettent aucunes bornes à la premiere (l'exporta-
» tion) & aſſurent une eſpece d'impunité au ſecond
» (le monopole). Il ſeroit à deſirer qu'on y appor-
» tât quelque limitation, &c.»

Il ne faut pas ſeulement *limiter*, il faut même abo-
lir des loix qui aſſureroient l'impunité au monopole,
comme les Reglemens qui, en attribuant un commerce excluſif, conſtituent un *monopole* légal & dès-lors
impuniſſable. Or ces Reglemens & leurs effets ne
peuvent être detruits que par des loix de liberté qui
etabliſſent la plus forte & la plus pleine concurrence,
par les loix de 1763 & de 1764, dechargées de reſtrictions. Il paroîtra ſans doute bien etrange que l'Editeur
de ces mêmes loix ait ignoré que la premiere laiſſe toutes les *bornes* miſes autrefois à l'exportation, c'eſt-à-
dire, une défenſe abſolue, & que la ſeconde lui donne
pour *bornes* le prix de 12 l. le quintal : comment a-t-
il donc pu dire qu'elles *ne mettent aucunes bornes à*

de

» de declarer aux Greffes des Jurifdictions
» ordinaires des lieux où ils *excrceroient*
» leur commerce, leurs noms, demeures
» & domiciles ; les noms, demeures &
» domiciles de leurs affociés & les lieux
» où ils tiendroient leurs magafins, ainfi
» que les lieux où ils feroient tranfporter
» les bleds qu'ils *enleveroient*, lefquelles
» declarations *feroient* reçues fans frais ;
» & de tenir des regiftres d'achats & de
» ventes lefquels *feroient* paraphés fans
» frais par les Juges des lieux ».

Exiger de pareilles declarations, c'eft Inconvéniens
evidemment exclure du commerce une des Declara-
foule innombrable de concurrens ; c'eft tious.
jetter les fondemens du monopole pour
le detruire. Nous l'avons prouvé, on l'a
prouvé dans l'Affemblée de Police, &

l'exportation? Que, faute de reflexion, on ne re-
connoiffe pas d'abord les inconvéniens de toute *borne*
quelconque mife à la liberté, on peut n'en être pas
furpris ; mais qu'on tombe hardiment dans des erreurs de fait de la nature de toutes celles que nous
venons de relever, même ayant fous les yeux les
pieces dont on parle ; c'eft ce qu'il n'eft pas poffible de concevoir. Je ne dirai rien du ton dédaigneux
avec lequel l'Auteur de l'*Avis* appelle les parisans de
la liberté des *faifeurs de fyftémes*, & leurs démonf-
trations de *vains raifonnemens* : ils ne fentent pas
affez la force de ces *raifons* pour y répondre.

F f

ces preuves n'ont pas eté réfutées. „ Les
„ declarations auroient bientôt les mêmes
„ inconvéniens que les permiſſions parti-
„ culieres , que *toute la nation jugeoit né-*
„ *ceſſaire* de proſcrire ; elles donneroient
„ lieu à des préférences & à des vexations
„ qu'il feroit impoſſible de prévenir,
„ parce qu'il feroit impoſſible de les con-
„ noître ; elles renouvelleroient d'une
„ maniere encore plus odieuſe , l'uſage ſi
„ odieux par lui - même des privile-
„ ges (1) ,,.

A quoi bon obliger les marchands à
declarer leurs noms & leurs domiciles ? Ils
feront toujours aſſez connus , car leur
grand intérêt eſt de l'être.

A quoi bon les obliger à declarer les
noms & domiciles de leurs aſſociés ? S'ils
font en ſociété avec des hommes puiſ-
fans, tant redoutés & tant maudits, ils ne
le diront pas.

Pourquoi les obliger à declarer les lieux
de leur commerce & les lieux du tranfport de leurs bleds ? Eſt-ce pour qu'ils
n'achetent & ne vendent qu'en tels & tels

(1) Très-humbles ſupplications des Etats de Languedoc.

lieux, c'eft-à-dire, pour qu'ils foient forcés de tems en tems d'acheter à haut prix & de vendre à bas prix, quand ils pourroient trouver à acheter & à vendre plus avantageufement ailleurs, fur leur chemin ou plus loin, c'eft-à-dire, à foulager les laboureurs les plus furchargés & à approvifionner les peuples les plus dépourvus? Ils feront ruinés, ou le confommateur leur payera le fur-taux de leurs frais. N'eft-il pas manifefte qu'il ne fçauroit y avoir une circulation générale, lorfque chaque marchand fera circonfcrit & borné à un reffort particulier? Comment affujettir à tels & tels marchés un grand commerce qui demande des fpéculations en grand, néceffairement relatives à des evénemens variables tels que les bonnes & les mauvaifes récoltes des différentes provinces? Un gros négociant declarera qu'il entend commercer dans tout le Royaume & au-dehors, ou il ne commercera pas.

Pourquoi obliger les marchands à declarer les lieux de leurs magafins? Ou ils peuvent avoir des magafins fecrets, ou ils ne le peuvent pas: s'ils ne le peuvent pas, il eft inutile d'exiger qu'ils les *de-*

clarent, puifqu'on les connoît ; s'ils le peuvent, ils les cacheront lorfqu'ils le jugeront néceffaire pour le fuccès de quelque manœuvre, dans le cas où ils en méditeroient. Les gros commerçans, s'il y en avoit, ne manqueroient pas d'etablir leurs magafins chez l'etranger, & que d'inconvéniens n'en réfulteroit-il pas pour la nation? Quel eft enfin l'homme affez infenfé, à moins qu'il n'ait le moyen de fe fauver par l'artifice ou la fraude, pour mettre fa fortune en grains, & la dépofer en quelque forte dans les mains de la Police, afin qu'elle en difpofe, quand elle le trouvera bon, malgré lui & contre fes intérêts ?

Pourquoi obliger les marchands à confier leurs regiftres à tous les Juges de l'etendue de leur commerce ? Leurs intérêts feroient donc *fubordonnés à l'œil inquiet ou intéreffé d'une Police fubalterne* (1) Leurs affaires feroient donc à découvert le fecret de leurs fpéculations feroit donc public, le fuccès de leurs entreprifes dépendroit donc des fentimens d'autrui, ils feroient donc continuellement expofés à

____

(1) Repréfentations des Etats de Languedoc.

perdre leur crédit , leur fortune & peut-
être leur honneur. Oh! le commerce ne
se mene pas ainsi (1).

„ 2°. Que les achats & ventes de
„ grains par les trafiquans se *feroient* dans
„ les marchés publics , & que les Offi-
„ ciers de Police *feroient* autorisés à obli-
„ ger en cas de nécessité ceux qui tiennent
„ des magasins dans leur territoire , à
„ faire apporter une quantité suffisante
„ de grains aux marchés , le tout sous les
„ peines portées par les Ordonnances „.

Défendre aux trafiquans d'acheter &
de vendre hors des marchés publics , c'est
les obliger à acheter & à vendre cher ,
c'est causer dans les halles un continuel
renchérissement , c'est surcharger la consommation de la portion la plus nom-
breuse & la plus pauvre du peuple , c'est
contraindre le laboureur d'abandonner
ses travaux pour conduire une partie de
ses grains aux marchés , c'est donner sans
motif un avantage injuste au boulanger ,
par exemple , sur le marchand ; c'est répan-

2°. Pouvoir aux Officiers de Police de faire ouvrir les magasins.

Inconvéniens de ce Regle-ment.

(1) M. le Lieutenant de Police a observé dans
l'Assemblée de Police que ces Declarations n'etoient
pas nécessaires , qu'elles mettroient trop d'entraves
dans le commerce des grains , &c.

dre une forte d'opprobre fur une profeffion auffi noble qu'utile ; c'eft abattre
l'effor de l'induftrie, rallentir la marche
des fecours , profcrire toute grande opération , couper le nerf au commerce,
réduire le trafic au regrat , lier les marchands à un joug tyrannique, diffiper
l'ombre de la liberté ; c'eft encore favorifer le monopole que les fermiers , les
propriétaires & autres particuliers libres
d'acheter & de garder dans des greniers
inconnus aux Juges , feront invités à
faire par l'interdiction intimée à ces malheureux marchands de croifer leurs opérations hors des marchés.

Autorifer les Officiers de Police à forcer les magafiniers à apporter des grains
aux marchés , dans des tems de detreffe ,
c'eft, comme on l'a judicieufement obfervé , renverfer les magafins , c'eft engager les marchands à cacher leurs amas ,
c'eft condamner , pour ainfi dire , les
grains à fuir ou à s'enfevelir au premier
foupçon de difette , c'eft rejetter les envois de fes voifins par l'annonce de la
violence , c'eft appeller la famine au fecours de la difette.

» La fûreté eft l'ame du commerce &

„ l'inquiétude en eſt la ruine... Auto-
„ riſer les Officiers de Police à faire
„ porter aux marchés la quantité de
„ grains qu'ils jugeront néceſſaire; n'eſt-
„ ce pas violer la poſſeſſion du commer-
„ çant, l'expoſer à manquer aux engage-
„ mens qu'il pourroit avoir contractés,
„ & mettre ſa fortune, ſon honneur, &
„ quelquefois ſa vie, à la diſcrétion de
„ l'ignorance ou de la prévention? Com-
„ bien cette reflexion n'eſt-elle pas encore
„ plus frappante, quand il s'agit d'eten-
„ dre ce droit tyrannique aux fermiers,
„ & bientôt ſans doute juſqu'aux proprié-
„ taires »: (& l'on en viendra-là, car s'il y
a diſette, il eſt clair que les magaſins
connus etoient mal fournis; s'il y a violence, il eſt clair que le commerce s'eloi-
gnera; s'il y a terreur, il eſt clair que
chacun reſſerrera & groſſira ſes proviſions;
s'il y a pauvreté affamée, il eſt clair qu'il
faut qu'elle exerce le même *droit* ſur le
propriétaire & ſur le laboureur que ſur le
marchand) » ce ſeroit outrager le droit
„ inviolable de la propriété, décourager
„ l'induſtrie, ſacrifier l'habitant de la
„ campagne à celui des villes, le culti-
„ vateur à l'artiſan, la richeſſe réelle à la

F f iv

,, richeſſe factice, & bientôt eteindre la
,, ſource de l'une & de l'autre : car en
,, intervertiſſant la denrée, on tarit le
,, principe qui la reproduit ; & ſi les bleds
,, ne peuvent être vendus ni poſſédés
,, tranquillement ; qui voudra ſe livrer
,, à leur commerce & à leur culture (1)?

3°. Police des marchés.

,, 3°. Que les marchés *ſeroient* ouverts
,, pour la vente, ſuivant les heures reglées
,, par les Ordonnances, en conféquence
,, qu'il y *auroit* un premier tems pour
,, les bourgeois & habitans, un ſecond
,, pour les boulangers excluſivement aux
,, marchands, & un troiſieme & dernier
,, pour les commerçans de grains ,,.

Inconvéniens de cette police.

D'où vient cette odieuſe différence entre les ſujets du méme Maître (2) ? N'eſt-ce pas toujours le conſommateur qui achete, ſoit par ſes mains, ſoit par celles du boulanger, ſoit par celles du marchand ? N'eſt-ce pas le conſommateur le plus pauvre qui achete par les mains du boulanger ? Eſt-il juſte de fruſtrer le vendeur de la concurrence des acheteurs & de la célérité du débit ? Enfin le mar-

(1) *Ubi ſup.* p. 452.
(2) Ibid.

chand n'aura-t-il pas l'art d'employer le miniftere d'un bourgeois, ou de faire par lui-même des conventions fecretes avant fon heure ? Toutes ces raifons ont eté dites mille fois, & l'on n'y a jamais répondu.

Dans des objections attribuées à un Corps refpectable, on a préfenté, en faveur de l'ancienne Police, des motifs fur lefquels nous nous bornerons à donner quelques obfervations fuccintes, parce que nous en avons déjà démontré le vuide & le vice. Il feroit fuperflu de prouver de nouveau, qu'une Province, dans l'etat de pleine liberté, ne pourroit jamais être dépouillée *de fon néceffaire,* ni par *l'importation,* comme on le dit, parce que l'*importation apporte* au lieu d'enlever ; ni par *l'exportation,* comme on l'ajoute, ou même par un fimple tranfport dans une autre Province, parce que la cherté arrête l'un & l'autre, pendant qu'elle attire l'importation. Il me fuffira de citer une objection du même ecrit par laquelle on fait un crime au commerce d'emporter d'une main une *certaine quantité de bled d'un pays pour le verfer à*

quinze lieues de là, *tandis que* de l'autre
elle en prend dans ce dernier canton pour
les emmagafiner dans le premier ; ce qui
fait compenfation. Il feroit egalement
inutile de montrer combien il eft avantageux que le commerce des farines foit
entre les mains des meuniers, quoiqu'on
dife qu'ils vendront de mauvaifes farines,
& qu'ils refuferont de moudre pour les
particuliers. Ils moudront pour autrui,
parce que c'eft un gain pour eux, &
qu'ils auront alors, comme aujourd'hui,
le tems de moudre autant de bled qu'il
s'en confomme. Quant aux farines gâtées
ou mélangées, il eft très-aifé de les diftinguer ; bientôt perfonne ne s'y trom-
pera. D'ailleurs les vendeurs feroient punis de leur fraude, on les abandonneroit.
Ne les accufe-t-on pas aujourd'hui de vo-
ler le bourgeois, foit en mêlant différentes farines, foit en trompant fur le
poids, foit *en moulant trop bas* (on veut
apparemment dire trop haut?) S'ils fe
livrent à ce commerce, ces abus cefferont,
ils perfectionneront la mouture ; il fera
beaucoup plus commode & plus avantageux au particulier d'acheter de la farine

que du bled ; on ne sera pas exposé au danger de manquer de farines , quand les eaux seront basses , &c , &c.

On lit dans cet ecrit que la liberté du commerce ne peut pas autoriser les fraudes (ce qui est vrai dans tous les sens) & que le commerce des grains en est plus susceptible qu'aucun autre , parce que les grains etant une denrée de premiere nécessité , & par conséquent d'une consommation indispensable & d'un débit assûré , le marchand a plus d'intérêt à s'en emparer & à tenter tous les moyens possibles pour augmenter ses profits en la rendant plus rare. La qualité de la denrée ne prouve point la facilité des fraudes , elle manifeste la nécessité de la concurrence. Si le grain est une denrée d'une consommation générale , la culture en est aussi presque universelle ; & dès lors le commerce exclusif en est impossible , sauf monopole d'autorité. Plus il est précieux & nécessaire à la vie , plus il faut en assûrer la production & la circulation par l'assûrance d'un débit aussi profitable qu'etendu. Plus il sera facile de vendre beaucoup & à bon prix , plus aussi l'on verra le laboureur ardent à améliorer sa culture , plus

Objection tirée de la nécessité de l'usage des grains. Réponse. Preuve tirée de cette nécessité même , en faveur de la liberté.

on verra d'agens jaloux de participer aux bénéfices de la revente. Plus on aura multiplié la denrée & les marchands , plus la cupidité ſera impuiſſante , la ruſe vaine, la fraude reprimée, & l'abondance infailliblement repartie par la concurrence. Donc la liberté eſt d'autant plus néceſſaire au commerce des grains que les *grains ſont plus néceſſaires aux beſoins de l'homme.*

On lit encore dans un ecrit que pour procurer l'abondance dans les marchés, prévenir les accaparemens & empêcher le monopole , il n'y a pas de moyen plus efficace que d'obliger les laboureurs à vendre leurs grains ſur les marchés. L'ancienne Police l'employa, ce moyen, dans des cas de diſette, mais en vain , car il ne rétablit pas la concurrence ; elle l'abandonnoit auſſi-tôt que le ciel ſe declaroit pour le laboureur opprimé, afin de ne pas conſommer la ruine de l'agriculture. L'on convient dans cet ecrit que le *Miniſtere public ne peut voir ce qui ſe paſſe chez les particuliers* (& où en ferions-nous, s'il en avoit le pouvoir ?) s'il n'en a pas le moyen, il n'empêchera jamais le Marchand d'acheter dans les greniers & de voiturer enſuite ſon grain ſous le nom du laboureur. Eft-ce là une *fraude punif-fable* ? L'un a befoin ou envie de vendre, & l'autre d'acheter; ils echangent l'un fa denrée & l'autre fon argent , fuivant leurs conventions. Quel droit ont vos marchés fur la denrée, pour en detruire le vrai prix au detriment & du producteur & du confommateur ? On ne fçauroit trop fe hâter de detruire le préjugé funefte par lequel le peuple regle fon jugement touchant la difette ou l'abondance réelle , fur la difette ou l'abondance apparente dans les marchés. On a caufé des difettes réelles pour cacher la rareté aux peuples , en entretenant une abondance apparente. Les garniffemens factices trompent le commerce , le lieu lui paroît pourvu , il s'en eloigne tandis qu'il cherche le befoin : les grains du canton s'epuifent , ils manquent fubitement, & avant qu'il puiffe arriver au fecours des peuples , ils fouffrent , ils meurent de faim , ils crient, ils menacent , la police à leur tête , & le commerce effrayé fuit de nouveau , & il faut recourir aux voies extraordinaires toujours dangereufes & malfaifantes. Si au contraire la rareté du grain avoit été annoncée de bonne heure , fuivant le cours naturel des chofes, par la diminution des ventes & la hauſſe des prix, le marchand averti du beſoin auroit volé au ſecours des peuples dans l'eſpoir du gain, l'on auroit vu renaître l'abondance, tout auroit été calme & l'on auroit vêcu.

Je rapporterai à ce ſujet un fait récent, dont M. le ProcureurGénéral, à ce que l'on m'aſſûre, a reçu des plaintes. Un Commiſſionnaire eſt envoyé par un Adminiſtrateur d'une maiſon publique de la Capitale dans un canton abondant pour y acheter des bleds. Cet homme adroit commence par garnir le marché, de maniere à faire baiſſer conſidérablement les prix. En continuant ſa manœuvre, il parcourt ſecretement les fermes; il offre un prix plus haut, chacun s'empreſſe à lui vendre; il fait enlever ſes proviſions; tandis que le marché préſente encore la plus grande abondance, le canton eſt dévaſté, & bientôt une diſette ſubite ſe declare; c'eſt là que conduit la bouſſole des marchés.

Cependant ce préjugé funeſte eſt ſi profondément enraciné dans l'eſprit des peuples, que les Magiſtrats ſi éclairés du Parlement de Provence ont craint que ce ne fût leur donner un *ſujet de plaintes & de*

scandale, que de permettre *dans l'etat actuel des choses*, d'acheter sur la route les
grains destinés pour les marchés. Convaincus, suivant les conséquences naturelles de leurs principes, que les achats sur
les chemins ne sçauroient avoir plus d'inconvéniens que les achats dans les magasins & les greniers dont ils ont démontré
les avantages, ils souhaitent néanmoins
que les habitans de leur ressort s'accoûtu-
ment d'abord à se pourvoir hors des marchés publics pour qu'ils puissent ensuite les
voir avec indifférence, quelquefois dégarnis & même négligés. Nous osons répondre à cette respectable Compagnie que ses
peuples ont trop de confiance dans son zele
& ses lumieres pour craindre ce qu'elle
n'appréhendera pas & pour demander une
restriction qu'elle ne juge point bonne en
elle-même. Nous la supplierons aussi de
considérer, quant à la défense d'acheter
les bleds en verd, qu'elle seroit toujours
contraire aux droits & aux intérêts du
laboureur, quand même sa sanction ne devroit tomber que sur la cupidité qui auroit vexé la misere. Le laboureur est
maître de son grain, avant comme après

la récolte : s’il le vend fur pied, c’eft fans
doute parce que fes befoins l’y forcent,
ou que fes fpéculations l’y invitent. Enfin
s’il vend à groffe perte, il eft evident
que l’extrême néceffité l’y réduit. Dans
cette affreufe fituation, il faut que l’ufure
le ronge de maniere ou d’autre, ou qu’il
périffe, puifque la probité & l’humanité ne
le fecourent pas. La prohibition feroit donc
encore & vaine & fuperflue. Enfin un régime qui enrichit le laboureur, ecarte
les accidens d’où naiffent ces abus : on ne
vendra pas en verd & à bas prix, lorfqu’on aura les moyens d’attendre la récolte pour mieux vendre.

Acte noble &
patriotique.

Qu’ils font grands, qu’ils elevent l’ame,
qu’il rempliffent le cœur, ces illuftres Défenfeurs de la liberté, lorfqu’on les entend
rappeller au Roi leur acquiefcement à une
loi prohibitive de ce fiecle avec cette noble
& généreufe franchife qui caractérife la vertu!” Nous avons enregiftré nous-mêmes, di-
,,fent-ils au Roi, cette Declaration de 1723,
,, fans avertir VOTRE MAJESTE’ des in-
,, convéniens qu’elle renfermoit, & nous lui
,, dirons aujourd’hui, comme le Confeil
,, de Caftille au Roi d’Efpagne en 1699,
Nous

,, *Nous confeſſons ingénument qu'une pitié*
,, *mal entendue, le préjugé commun, la*
,, *crainte que les Peuples ne manquaſſent*
,, *de ſubſiſtances, offuſquerent nos enten-*
,, *demens* ‹‹. Ces ſentimens animent le
corps entier de la Magiſtrature. La Nation & ſon Prince, qui eſt ſon pere, ſe
glorifient d'avoir pour Miniſtres de la Juſtice, des hommes qui ſe jugent eux-mêmes,
comme ils jugent les citoyens, avec la même impartialité, avec la même prudence, avec la même juſtice. Avec des
opinions différentes, ils n'ont qu'un même eſprit, & leur zele eſt toujours pour la
vérité. Ceux qui la connoiſſent, les premiers, ne ſont flattés que de la ſatisfac-
tion de l'employer de bonne heure à rendre les Peuples heureux ; ceux qui ne la
reconnoiſſent qu'après l'avoir combattue,
goutent la douceur inexprimable de conſommer ſon triomphe & le bonheur de la
nation, par un acte glorieux de droiture,
de déſintéreſſement & de patriotiſme.
Nous ne le diſſimuleron; pas, s'il y avoit
dans le Royaume un lieu d'où il fût difficile de voir la liberté agir & juſtifier les
nouvelles loix, c'etoit la Capitale conſtamment aſſervie aux Reglemens anciens, in-

G g

festée de passions ardentes & contraires à l'intérêt national, remplie d'une immense populace souffrant du renchérissement des denrées, entourée des campagnes long-tems défolées par les fléaux du Ciel, réduite par de malheureuses circonstances à n'être approvisionnée que par des moyens dangereux, enfin enveloppée de toutes parts de fombres nuages à travers lefquels il falloit démêler la nature & l'action des principes contraires dont elle eprouvoit tout à la fois les bonnes & les mauvaifes influences. Avec quelle lenteur & quelle circonfpection, une illuftre Compagnie auffi renommée par fa fageffe que diftinguée par fon zele pour le bien public, ne devoit-elle pas marcher dans ce chaos où la lumiere & les ténebres paroif-fent encore confondues ?

Si mon cœur ne m'abufe, le tems approche, où la vérité brillera fans nuage aux yeux de tous les citoyens faits pour la connoître & la répandre. L'autorité de l'ancienne légiflation s'eft de jour en jour affoiblie, au point qne l'on n'adopte plus aujourd'hui qu'une feule difpofition de fon enorme code. L'Arrêt du Parlement du 20 Janvier, ainfi qu'un autre Arrêt rendu peu de jours après & cité ci-dessus, ordonnoit seulement par provision & sous le bon plaisir du Roi, que quiconque voudra jouir de la liberté accordée par les Edits & Declarations dudit Seigneur Roi, de faire le commerce des grains & farines, seroit tenu de declarer & faire inscrire au Greffe des Jurisdictions ordinaires des lieux, où il exerceroit ce commerce, son nom, ses qualités, demeure & domicile; ensemble les noms, qualités, demeures & domiciles de ses associés ou commettans, & de tenir en bonne & due forme un Registre d'achat & de vente des grains ou farines dont il feroit commerce, le tout à peine de faux. Cet Arrêt n'imposoit point, comme le vœu prépondérant de l'Assemblée de Police l'avoit demandé, l'obligation de declarer les lieux où le marchand vouloit transporter ses grains, de n'acheter que dans les marchés publics, d'ouvrir ses magasins à la volonté des Juges &c. J'aurois même cru, si j'aimois à me flatter, entrevoir dans ce Reglement fixé à un seul objet, une renonciation tacite au reste des Reglemens de la Police de Paris. Cependant cette modification seule aux loix de la liberté, detruisoit ces loix & leurs

effets , puifqu'elle interdifoit la concurrence , & qu'elle donnoit à craindre au
commerce des Reglemens nouveaux toujours néceffaires pour etayer un Reglement quelconque ; que n'aurions-nous
pas à redouter , fi fon exécution nou
privoit des reffources que nous pouvons
attendre de tant de citoyens qui ne fe
foumettront jamais à ces *infcriptions* ?
Mais nous ferons préfervés de ces malheurs par la haute & active fageffe du Roi,
& fa perféverance dans les réfolution:
prifes dans fon Confeil, après le plus mu:
examen & avec la plus grande connoiffanc
de caufe (1).

V I I.

Conclufion de l'Ouvrage.

Réfumé des principes & des faits expofés dans cet ouvrage , fur l'etat du commerce des grains.

AI-JE fourni ma carriere ? Pourrois-je
MM. me flatter d'avoir rempli vos vœux
le vœu des Magiftrats défenfeurs de l
liberté , en développant leurs principes
le vœu des Magiftrats partifans des pro
hibitions , en eclairciffant la vérité ? Pa

(1) Voy. l'Arrêt du Confeil du 22 Janvier.

l'hiftoire fidele des faits, ai-je mis tout lecteur en etat de prononcer entre l'un & l'autre régimes ? Eft-il vrai que les chertés ont eu pour caufe premiere l'intempérie des faifons, ou les mauvaifes récoltes ? Eft-il vrai que le commerce n'etoit pas encore affez etabli pour amortir dans toutes les parties du Royaume, les coups de ces fléaux ? Eft-il vrai que partout où la Police s'eft efforcée de fecourir les peuples par des Reglemens, & où les peuples ont attenté au droit des propriétaires, on a vu les grains en détourner leur cours, & les maux publics s'aggraver ? Eft-il vrai que dans tous les lieux où l'on a recueilli les premiers fruits de la liberté naiffante, on a eté plus heureux, lors même que la nature n'y etoit pas plus favorable ?

Ai-je prouvé que les Reglemens font effentiellement contraires à la concurrence & par-là favorables au monopole; que le regne des prohibitions fut le regne du monopole, foit en grand, en vertu des privileges particuliers d'approvifionner des provinces, foit en petit, en vertu des permiffions exclufives de trafiquer d'un marché à un autre ; que toutes les précautions prifes contre les

monopoleurs n'ont jamais fervi qu'à entretenir & à augmenter les chertés, les
difettes, & le monopole même ou les
mêmes effets, en excitant les particuliers
à emporter ou à refferrer les grains pour
les fouftraire à une main de fer ; qu'avec
le régime prohibitif, les petits monopoles qu'on découvre, plongent chaque
canton dans la même detreffe que de
grands monopoles que l'on a toujours
vainement recherchés, parce que les Reglemens entrecoupent le commerce général & bornent chaque lieu au commerce
de quelques marchands ; que fi les monopoles particuliers font evidemment incompatibles avec la liberté ou la concurrence univerfelle, il en eft de même d'un
grand monopole, dont il eft d'ailleurs impoffible qu'un homme de bon fens puiffe
former le projet, & que la compagnie la
plus riche puiffe pourfuivre l'exécution ;
& qu'ainfi le feul remede au monopole de
toute efpece, c'eft la liberté générale &
indéfinie du commerce ?

N'eft-il pas démontré que l'exportation
convient particulierement à un Royaume
où les bonnes récoltes donnent une quantité immenfe de grains à vendre à l'e-

tranger, où l'on en recueille dans les années communes beaucoup plus que la confommation intérieure n'en demande, & où le néceffaire n'a jamais manqué, même dans les tems les plus malheureux? N'eft-il pas démontré que les permiffions paffageres d'exporter des bleds, produifoient autrefois des enlevemens précipités, exceffifs & funeftes, par la raifon même qu'elles etoient paffageres, & qu'ainfi la liberté perpétuelle & inviolable de ces traites, loin d'être fujette au même inconvénient, auroit néceffairement un effet oppofé? N'eft-il pas démontré que cette liberté peut feule procurer aux grains, avec une vive & perpétuelle circulation, le débit avantageux & conftant que la culture, le commerce & les befoins publics exigent? N'eft-il pas démontré que les befoins de l'Europe font trop bornés, les grains marchands des autres nations à trop bas prix, les frais de notre navigation trop confidérables, pour qu'il foit poffible que nos grains foient exportés, quand ils font chers, qu'on enleve à la nation fon néceffaire, c'eft-à-dire, que l'on vende au-dehors avec profit des quantités immenfes, lorfque la cherté sera exceſſive, & qu'enfin la fixation d'un taux prohibitif ſoit utile, ſur-tout quand il eſt prouvé d'ailleurs qu'elle eſt funeſte, principalement par les manœuvres qu'elle favoriſe ? N'eſt-il pas démontré que l'exportation, déduction faite de l'importation, a eté foible, quoique les néceſſités de l'Europe aient eté extraordinaires, & que telle qu'elle a eté, elle a ſauvé le laboureur, encouragé la culture, enſemencé des friches, multiplié la reproduction, répandu l'aiſance, prévenu la diſette réelle, & concouru à opérer la plus heureuſe révolution ?

Sur les effets
de la liberté.

Peut-on douter que la richeſſe nationale, le produit de l'impôt, le revenu des décimateurs & des particuliers, les dépenſes ou les ſalaires, ne ſoient, par un ordre immuable, en raiſon de la culture, & que la culture ne ſoit en raiſon du commerce, & le commerce en raiſon de la liberté ? Peut-on douter que, ſous le régime prohibitif, la culture n'ait eſſuyé une détérioration conſtante & progreſſive marquée par des diſettes & des chertés fréquentes & périodiques, par la dépopulation des campagnes, par l'enorme diminution du revenu public & privé, par

la mifere toujours croiffante du peuple des
villes? Peut-on douter que quatre années
de liberté imparfaite n'aient changé la
face du Royaume, malgré les accidens
naturels ; qu'avec l'accroiffement de la
culture, elles n'aient produit une augmentation de revenu, & même de falaires
dans plufieurs Provinces, & que par la
multiplication & la circulation des fubfiftances, elles n'aient garanti les villes
de la défolation dans laquelle trois foibles
récoltes les auroient infailliblement plon-
gées ? Peut-on douter que le témoignage
des peuples qui ont conftamment jouï de
la liberté, ne foit préférable aux reclamations de ceux qui n'en jouiffent pas,
& que ceux-là n'en exaltent les bienfaits,
tandis que ces bienfaits font méconnus
par ceux que les reftrictions réfervées par
les nouvelles loix, & les atteintes portées
à ces loix & par les peuples & par des
Ordonnances innombrables, en ont fruf-
trés ? Peut-on douter que la cherté n'ait
paru intolérable aux uns pendant qu'elle
n'a point excité les plaintes des autres,
parce que les prohibitions ont ravi à ceux-
là les foulagemens que la liberté procuroit

à ceux-ci ? Peut-on douter que le régime prohibitif dominant fur la capitale & autour de la capitale à 40 lieues à la ronde, n'en ecarte le commerce, ne la livre au monopole, ne caufe & n'aigriffe les maux auxquels le Gouvernement s'efforce de remédier ? Enfin peut-on douter que la liberté du commerce ne foit un bien, & que la liberté pleine, entiere, générale, abfolue, indéfinie, illimitée ne foit le plus grand des biens, lorfque l'on confidere que la juftice l'ordonne, que le droit primitif de la propriété la reclame, que l'intérêt fondamental de l'Etat, l'intérêt commun de toutes les claffes de la fociété l'exige, & que la nature punit par la fouftraction des fubfiftances & de la richeffe publique toute limitation dans laquelle une volonté néceffairement arbitraire la refferre ?

Supplications aux Magiftrats.   O Miniftres des loix, voilà la vérité que vous cherchez, voilà la vérité que vous profeffez ! Comment ne pénetreroit-elle pas dans des ames juftes & des cœurs fenfibles ? Vous l'aimez, vous qui aimez les peuples ; elle remplira tous vos fouhaits, tous les fouhaits de l'hom-

-me de bien, tous les souhaits du patriote. Le pauvre vous attendrit, il est homme : il faut sécher ses larmes ; multiplions les subsistances & la richesse nationale, il vivra. Les villes vous intéressent, vos parens & vos amis, tant de bons citoyens s'y rassemblent ! Il faut assurer leur repos & leur prospérité ; fertilisons les campagnes, l'abondance s'y répandra ; les arts y fleuriront. Vos entrailles paternelles souffrent tous les maux engendrés par les charges publiques ; le faix est accablant, il faut l'alléger : etendons le revenu territorial, nous augmenterons le revenu du fisc sans augmenter l'impôt, & en facilitant la suppression si nécessaire des impositions les plus onéreuses. Quel est le bien que l'on ne doive pas attendre de la restauration de la culture ? Est-il des peuples malheureux avec des campagnes florissantes ? Est-il des Etats pauvres avec des riches laboureurs ? Les nations sortent de la terre ; leur force, leur fortune, leur grandeur, leur vie, tout est l'ouvrage de la main qui la féconde. Pere du laboureur, c'est donc toi qui es le pere des peuples ! Les

loix favorables à fes travaux font donc la
loi fouveraine de la nature ! O vous qui
regnez fur les cœurs par la juftice qui
regne fur vous, vous les protégerez, ces
hommes précieux, vous les affermirez,
ces loix fi falutaires ! Je ne parle point de
gloire à la vertu, je ne vous préfente
d'autre attrait que la douceur de voir des
heureux & le bonheur d'en faire, par des
moyens fimples & equitables tirés de
l'effence même de l'ordre. Semons pour
la génération préfente, femons pour les
générations futures ; la richeffe du laboureur eft le pain des peuples, c'eft le
pain de leurs enfans juqu'à la poftérité la
plus reculée ; qui pourroit la lui envier ?
Quand je confidere que les loix, comme
la rofée ou la foudre du Ciel, répandent
de fiecle en fiecle ou la vie ou la mort,
je tremble, & la face contre terre, je
demande au pere de tous les humains, fes
lumieres pour les juftes qui font chargés
du dépôt de la légiflation. Puiffé-je vous
voir, MM. reconnoître enfin unanimement
que les loix de la liberté font les loix de la
nature & de la providence ? Puiffé-je vous
voir bientôt, aux acclamations des

peuples qui croyent en vous, vous raffembler au pied du trône où déjà tant de Magiftrats & d'Adminiftrateurs font profternés, pour conjurer la fageffe, la juftice & la bonté du Souverain, de ne plus mettre de bornes à fes bienfaits ou de reftrictions à fes loix ? Puiffé-je vous voir jouir, avec la nation entiere, des fruits de votre amour pour la vérité, de votre zele pour le bien public, de votre dévoûment pour le meilleur des peres ? J'aurai affez vécu.

J'ofe efpérer, MM. que vous daignerez agréer le tribut que je viens de vous offrir. Je me flatte que mon zele, quelque vif qu'il puiffe être, ne m'a jamais emporté au-delà des bornes de mon devoir. Mon cœur m'a infpiré ces *Repréfentations* ; & il eft pur, j'en attefte le Ciel. Egalement incapable de craindre & d'offenfer, j'ai parlé pour la patrie aux Magiftrats, comme ils parlent eux-mêmes pour leur patrie au Souverain, avec franchife, avec liberté, avec force, avec refpect. En défendant la caufe du Gouvernement, de la Magiftrature elle-même, & de la nation, j'ai été d'autant plus fouvent contraint de m'abandonner au feu naturel de mon génie, que je sentois la vérité se glacer sous ma plume, & que je croyois trahir les intérêts des peuples, lorsque je me préoccupois de l'autorité dont les préjugés etoient revêtus. Lorsqu'il a fallu persuader ou convaincre, je n'ai vu devant moi que l'erreur : plus elle etoit puiffante, plus j'etois obligé d'employer contre elle toutes mes armes ; j'etois déjà fi foible pour soutenir de fi grandes vérités ! Mais avec quel plaifir je me repofois enfuite fur les vertus des illuftres patriotes à qui j'avois l'honneur d'adreffer mon difcours ? Mon cœur goûtoit alors la fatisfaction la plus délicieufe, & l'expreffion fincere de mes fentimens auroit feule pu me confoler du chagrin de combattre leur fenfibilité même, fi je n'avois fçu que la vérité etoit l'hommage le plus agréable que je puffe leur rendre. J'ofe croire, MM. que vous accueillerez cet ecrit comme l'ouvrage d'un citoyen jaloux de bien mériter de fes juges & de la nation. Vous êtes trop généreux pour ne pas pardonner les fautes de la foibleffe humaine : ma confcience eft trop tranquille pour avoir à redouter des reproches plus graves. Toute ma vie, je mettrai ma gloire & mon bonheur à honorer la magistrature, à servir mon maître, à défendre ma patrie, à venger la vérité, & à justifier mes écrits & mes actions.

Je suis avec le plus profond respect,

MM.

A Paris, ce 15 Avril 1769.

Votre très-humble
& très-obéissant Serviteur
* * * *

TABLE
DES MATIERES.

Ville	Mesure	Prix	Prix	Prix
Saulieu.	Idem.	1 12	2	1
Semur en Auxois.	Idem.	2	2 8	2
Seurre.	Idem.	3 10	4 10	3
BRETAGNE.				
Rennes.	Mine.	22	31 10	22
Auray.	Perée.	19	22 10	20
Brest.	Boisseau.	12 10	14	1[illegible]
Hennebond.	Idem.	6 14 2	7	[illegible]
Lannion.	Idem.	7	8 10	[illegible]
Morlaix.	Idem.	10 17 6	12 15	1[illegible]
Nantes.	Septier.	18	22 8	1[illegible]
Pontivy.	Perée.			3[illegible]
Quimper.	Idem.	8	10 10	[illegible]
Redon.	Démée.	4 5	5 12	[illegible]
Saint-Brieux.	Boisseau.	2 12	4	[illegible]
Saint-Malo.	Idem.	5 18	7 12	[illegible]
Treguier.	Idem.	6 5 4	8 7 6	[illegible]
Vannes.	Perée.	19 10	23 5	2
Vitré.	Boisseau.	4	5	[illegible]
CAEN.				
Caën.	14 Pots.	3 6	4	
Avranches.	Rouzan.	3 4	4	
Bayeux.	Boisseau.	3 10	4 2 6	
Carentan.	Idem.	3	4	
Coutances.	Idem.	4 5	4 15	
Mortain.	Idem.	4	4 10	
Saint-Lo.	Idem.	5 10	6	
Valognes.	18 Pots.	3 13	4 6	
Vire.	Boisseau.	4 19	5 10	
CHAMPAGNE.				
Châlons.	Boisseau.	1 9	2 6 2	
Bar-sur-Aube.	Idem.	1 10	2 2	
Charleville.	Septier.	6 10 8	11 6 8	1
Chaumont.	Boisseau.	2 15	3 10	
Epernay.	Idem.	2 4	3 6	
Joinville.	Idem.	2 12	4 2	
Langres.	Bichet.	4 10	4 10	
Reims.	Septier.	7 18	12 10	1
Rethel.	Idem.	5 12	9 16	
Saint-Dizier.	Boisseau.	1 13	2 13	
Sainte-Menehould.	Idem.	1 10	2 2	
Sezanne.	Septier.	24 16	44	3

PRIX DU FROMENT

Du plus bas au plus haut, à raison des Mesures locales & du Septier de Paris,
depuis le premier Janvier 1767, jusqu'au dernier Août 1768.

PRINCIPAUX MARCHÉS. GÉNÉRALITÉS.	NOMS des Mesures Locales.	MESURE LOCALE.				SEPTIER DE PARIS.			
		1767. Prix bas.	1767. Prix haut.	1768. Prix bas.	1768. Prix haut.	1767. Prix bas.	1767. Prix haut.	1768. Prix bas.	1768. Prix haut.
ALENÇON.									
Alençon.	Boisseau.	2 13	3 3	3 2	3 15	21 4	25 4	24 16	30
Argentan.	Idem.	5	6	5 12	7 4	20	24	22 8	28 16
Bernay.	Idem.	5 16	7 8	7 4	9 12	19 17	25 7	24 13	32 8
Conches.	Idem.	3 14	5 14	5 14	7 10	17 15	27 7	27 7	36
Domfront.	Idem.	5	6	5 15	7 15	17 2	20 11	19 14	26 11
Falaise.	Idem.	4 12	5 9	4 15	7	21 4	25 3	21 10	32 6
Lisieux.	Idem.	2 19 6	3 11	3 7 3	4 12	22 6	26 7	25 4	34 10
Mortagne.	Idem.	4 18	7 10	5 18	8 4	17 14	27 14	21 15	30 5
Verneüil.	Idem.	4 8	6	5 8	7 16	17 12	24	21 12	31 4
ALSACE.									
Strasbourg.	Rezal.	12 8	15 6	14 10	17 6	16 18	20 17	19 15	23 11
Betfort.	Quarte.	3 9	3 18	3 11	4 2 6	20 14	21 8	21 6	24 15
Colmar.	Sac.			14 5	16 5			20 2	22 18
Haguenau.	Rezal.	12 4	14 6	13	16 10	16 5	19 1	17 6	22
Landau.	Maldre.	10 3	14 10	11 6 11	15 18 1	13 4	18 18	14 17	20 18
Schelestatt,	Sac.	13	16	14 15	17 5	18	22 3	20 8	23 17
Weissembourg.	Maldre.	12	13	12	15	16	17 6	16	20
AMIENS.									
Amiens.	Septier.	3 12 6	5 18 4	5 10	7 6	17 8	28 8	26 8	33 14
Abbeville.	Idem.	14 3 6	20 18	20 18	28 18 6	16 7	24 2	24 2	33 7
Boulogne.	Idem.	20	37 10	32	38	17 15	33 3	28 8	33 15
Calais.	Idem.	23 15	33 10	30 13	38 10	20 7	28 14	26 9	33
Doulens.	Quartier.	3 5	6	5 5	7 12	15 12	28 16	25 4	36 9
Mondidier.	Demi-sep.	2 9 1	4	3 15 7	5 5 9	14 14	24	22 13	31 14
Péronne.	Septier.	5 16	9 5 5	9 7 2	12 15 5	14 14	23 6	23 7	31 18
Saint-Quentin.	Idem.	4 2	6 19 11	6 16	9 2	14 14	24 16	24 5	32 10
AUCH, BAYONNE.									
Auch.	Mesure.	2	2 17 6	2 2 6	2 12 6	18 5	26 5	19 8	24
Fleurance.	Sac.	11	15 10	12	14 10	17 12	24 16	19 4	23 4
Lectoure.	Boisseau.	11	15	11 10	13	17 12	24	18 8	20 10
L'Isle Jourdain.	Mesure.	2 4 9	3	2 6 4	2 11 9	19 7	24	10 4	23
Mirande.	Sac.	8	12	8 10	10 10	16	24	17	21
Montrejan.	Mesure.	2 5	3 15	2 5	2 15	16 17	28 2	16 17	20 12
Muret.	Septier.	13 10	18 10	14 10	17	19 17	26 8	20 14	24 5
Tarbes.	Mesure.	1 18	3 5	2 5	2 17 6	14 5	24 7	16 17	21 11
Bayonne.	Conque.	5 7	7 6 6	5 16 6	6 16 10	18 5	27 2	19 19	23 9
Aire.	Sac.	13		10 5	11 9 7	23 10		18 1	20 5
Dax.	Mesure.	2 12	3 10	2 18	3 4	19 2	25 16	21 8	23 12
Mauleon.	Idem.	1 10	2 16	2	2 10	13 10	25 4	18	22 10
Mont de Marsan.	Ka.	94	130	97	117	18 1	25	18	22 9
Oleron.	Mesure.	2 2	3 3	2 3	2 17	16 16	25 4	17 4	22 16
Pau.	Idem.	2 4	3 8	2 8	3 1	15 16	24 13	17 9	22 3
S. Jean-pied-de-Port.	Conque.			4 10	4 15			18	19
Saint-Sever.	Mesure.	1 17	20 10	2 1	2 8	16 8	22 4	18 4	21 6
Sauveterre.	Idem.	2 2	3	2 5	2 14	16 16	24	18	21 12
BORDEAUX.									
Bordeaux.	Boisseau.	11 8	14 2	11 19 2	13 8 5	22 16	28 4	23 18	26 16
Agen.	Sac.	11 2 6	15 7	11 15 1	13 4 8	19 1	26 7	20 3	23
Bazas.	Boisseau.	11 10	15 10	12 2 6	15	20 5	27 7	21 7	26 9
Bergerac.	Idem.	11	15 12	12	13 8	17 12	24 19	20 11	22 19
Blaye.	Quartier.	12 16	15 11 1	13	14 13 9	10 9	24 17	20 16	23 10
Casteljaloux.	Sac.	11	12	11 15	14 5	18 14	20 11	20 2	24 8
Condom.	Quartal.	7 14 7	10 12	7 18	9 4	18 9	25 8	18 19	22 1
Libourne.	Boisseau.	11	15	12 5	13 10	20 12	28 10	22 19	25 6
Marmande.	Sac.	11 10	14 12 6	11 10	13	21 9	27	21 4	24
Monflanquin.	Idem.	10	14	10	12	18 10	25 16	18 19	22 3
Nérac.	Quartal.	11 6	15 2	11 2	12 18	20 17	27 17	20 9	23 16
Noutron.	Boisseau.	2 3 4	3 1	2 3 5	2 10 4	17 12	23 7	16 12	19 8
Périgueux.	Idem.	3 5	5	3 11	3 16	16 5	25	17 15	19
Sarlat.	Quartier.	3 4 9	4 15	3 4 3	3 19 8	16 3	23 15	16 1	19 18
Sainte-Foy.	Boisseau.	11	15 10	13	14	16 10	16 5	19 10	21
Villeneuve.	Sac.	10 1	14 18	11 5	13 6	19 7	25 13	21 12	25 10

PRINCIPAUX MARCHÉS. GÉNÉRALITÉS.	NOMS des Mesures Locales.	MESURE LOCALE. ANNÉES.				SEPTIER DE PARIS. ANNÉES.			
		1767.		1768.		1767.		1768.	
		Prix bas.	Prix haut.	Prix bas.	Prix haut.	Prix bas.	Prix haut.	Prix bas.	Prix haut.
BOURGES.									
Bourges.	Boisseau.	1 16	2 4	1 16	2 3	16 13	21 2	15 2	20 12
Châteauroux.	Idem.	1 6	1 16 4	1 4 3	1 18	16 5	22 14	15 3	23 15
Dun-le-Roi.	Idem.	2	2 12	2	2 6	16	20 16	16	18 8
Issoudun.	Idem.	1 6 6	1 13	1 3 6	1 13	16 6	20 7	14 9	20 6
Le Blanc.	Idem.	2	3	2 1	2 16	15	22 10	15 7	21
La Charité.	Idem.	2 8	2 18	2 10	2 16	19 4	23 4	20	22 8
La Chatre.	Idem.	1 7	1 14	1 2	1 8	16 17	21 10	13 18	17 14
Saint-Amand.	Idem.	3 4	3 18	2 4	3 6	18 5	22 5	12 11	18 18
Sancerre.	Idem.	2 10	2 19	2 11	3 16	18 15	22 2	19 2	28 10
Vierson.	Idem.	1 1	1 8	18	1 6	15 15	21	13 10	19 10
BOURGOGNE.									
Dijon.	Mesure.	3 17	4 18	3 16	4 9	20 10	26 2	20 5	23 14
Arnai-le-Duc.	Idem.	2 8	2 18	2 6	2 10	19 16	23 18	18 19	20 12
Avalon.	Boisseau.	1 8	1 14	1 12	1 16	16 16	20 8	19 4	21 12
Autun.	Idem.	3 6	3 18	3 4	3 12	19 16	23 8	19 4	21 12
Auxerre.	Bichet.	3 14	6 4	5 7	6 2	15 17	26 11	22 18	26 2
Auxonne.	Mesure.	2 18	3 8	2 14	3 6	21 15	25 10	20 5	24 15
Bar-sur-Seine.	Boisseau.	2 10	3 15	3 10	4 2	15	22 10	21	24 12
Beaune.	Mesure.	2 15	3 4	2 12	3 3	20 12	24	19 10	23 12
Belley.	Bichet.	3 8	4 17	2 19	3 7	30 12	43 13	26 11	30 3
Bourbon Lancy.	Coupe.	1 10	1 18	1 10	1 14	18	22 16	18	20 8
Bourg en Bresse.	Idem.	2	2 17	2	2 4	20	28 10	20 10	22
Châlons-sur-Saone.	Boisseau.	2 19	3 15 6	3 6	3 12	21 4	27 3	23 15	25 18
Charolles.	Idem.	3 10	4 5	3 5	3 10	24	29 2	22 5	24
Châtillon-sur-Seine.	Idem.			3 15	4			20	21 6
Gex.	Coupe.	15	17	13 15	15	32	36 5	29 6	32
Mâcon.	Idem.	2	2 10	1 18	2 4	24	30	22 16	26 8
Nuits.	Boisseau.	3 10	4 15	4	4 10	24	32 11	27 8	30 17
Saulieu.	Idem.	1 12	2	1 13	1 18	17 12	22	18 3	20 18
Semur en Auxois.	Idem.	2	2 8	2 4	2 8	19 4	23	21 2	23
Seurre.	Idem.	3 10	4 10	3 10	4 10	20	25 14	20	25 14
BRETAGNE.									
Rennes.	Mine.	22	31 10	14 10	33	17 12	25 4	19 12	26 8
Auray.	Perée.	19	22 10	20 5	23	20 14	24 10	23 18	25 1
Brest.	Boisseau.	12 10	14	12 10	15	25	28	25	30
Hennebond.	Idem.	6 14 2	7	6 16 3	7 18 9	20 2	21	19 8	22 16
Lannion.	Idem.	7	8 10	7	10	20 8	24 15	21 5	29 1
Morlaix.	Idem.	10 17 6	12 15	11 10	15 15 7	19 3	22 10	20 5	27 16
Nantes.	Septier.	18	22 8	19 10	23 15	19 4	23 4	20 16	25 6
Pontivy.	Perée.			30	36			23 4	27 17
Quimper.	Idem.	8	10 10	9 10	11 10	19 4	25 4	22 16	27 12
Redon.	Démée.	4 5	5 12	4 13	5 18	18 10	24 8	20 5	25 14
Saint-Brieux.	Boisseau.	2 12	4	3 4	3 16	15 12	24	19 4	22 16
Saint-Malo.	Idem.	5 18	7 12	5 14	7 16 8	20 4	26 1	19 10	26 17
Treguier.	Idem.	6 5 4	8 7 6	6 8 6	9 5	18 16	25 2	19 5	27 15
Vannes.	Perée.	19 10	23 5	21	25	18	21 9	19 7	23 1
Vitré.	Boisseau.	4	5	4	5	16 11	20 13	16 11	20 13
CAEN.									
Caën.	14 Pots.	3 6	4	3 12 6	5	19 16	24	21 15	30
Avranches.	Rouzan.	3 4	4	3	4	19 4	24	18	24
Bayeux.	Boisseau.	3 10	4 2 6	3 12 6	6	16 9	19 8	17 1	28 4
Carentan.	Idem.	3	4	3 13 4	5	16	21 6	19 11	26 13
Coutances.	Idem.	4 5	4 15	4 10	6	20 8	22 16	21 12	28 16
Mortain.	Idem.	4	4 10	4	5	19 4	21 12	19 4	24
Saint-Lo.	Idem.	5 10	6	5 15	8 10	21 6	23 5	22 5	32 17
Valognes.	18 Pots.	3 13	4 6	3 16	4 18	17 10	20 12	18 4	23 10
Vire.	Boisseau.	4 19	5 10	5	6 16	19 16	22	20	27 4
CHAMPAGNE.									
Châlons.	Boisseau.	1 9	2 6 2	2 3 4	2 15 11	13 1	20 15	19 10	24 13
Bar-sur-Aube.	Idem.	1 10	2 2	1 18	2 8	14 8	20 15	18 4	23
Charleville.	Septier.	6 10 8	11 6 8	10 8	13	13 4	22 13	20 16	26
Chaumont.	Boisseau.	2 15	3 10	3 5	3 7 6	16 10	21	19 10	20 5
Epernay.	Idem.	2 4	3 6	3 1	4 11	13 4	19 16	18 6	17 6
Joinville.	Idem.	2 12	4 2	3 4 4	4 5	14 17	23 8	18 7	24 5
Langres.	Bichet.	4 10	4 10	3 10	4 10	20	20	15 11	20
Reims.	Septier.	7 18	12 10	11 2	15 2	14 7	22 7	22	27 9
Rethel.	Idem.	5 12	9 16	9 8	13 16	11 4	19 12	18 16	27 12
Saint-Dizier.	Boisseau.	1 13	2 13	2 5	3 1	11 13	20 6	17 5	23 7
Sainte-Menehould.	Idem.	1 10	2 2	2 3	2 15	12	16 16	17 4	22
Sezanne.	Septier.	24 16	44	36 16	53 12	13 4	23 9	19 12	28 11

13			1	18		17	12		22			18	3		20	18	
4			2	8		19	4		23			21	2		23		
10			4	10		20			25	14		20			25	14	

10			33			17	12		25	4		19	12		26	8	
5			23			20	14		24	10		23	18		25	1	
10			15			25			28			25			30		
16		3	7	18	9	20	2		21			19	8		22	16	
			10			20	8		24	15		21	5		29	1	
10			15	15	7	19	3		22	10		20	5		27	16	
10			23	15		19	4		23	4		20	16		25	6	
			36									23	4		27	17	
10			11	10		19	4		25	4		22	16		27	12	
13			5	18		18	10		24	8		20	5		25	14	
4			3	16		15	12		24			19	4		22	16	
14			7	16	8	20	4		26	1		19	10		26	17	
8		6	9	5		18	16		25	2		19	5		27	15	
			25			18			21	9		19	7		23	1	
			5			16	11		20	13		16	11		20	13	

3	12	6	5			19	16		24			21	15		30		
3			4			19	4		24			18			24		
3	12	6	6			16	9		19	8		17	1		28	4	
3	13	4	5			16			21	6		19	11		26	13	
4	10		6			20	8		22	16		21	12		28	16	
4			5			19	4		21	12		19	4		24		
5	15		8	10		21	6		23	5		22	5		32	17	
3	16		4	18		17	10		20	12		18	4		23	10	
5			6	16		19	16		22			20			27	4	

2	3	4	2	15	11	13	1		20	15		19	10		24	13	
1	18		2	8		14	8		20	15		18	4		23		
0	8		13			13	4		22	13		20	16		26		
3	5		3	7	6	16	10		21			19	10		20	5	
3	1		4	11		13	4		19	16		18	6		27	6	
3	4	4	4	5		14	17		23	8		18	7		24	5	
3	10		4	10		20			20			15	11		20		
2	2		15	2		14	7		22	7		22			27	9	
9	8		13	16		11	4		19	12		18	16		27	12	
2	5		3	1		11	13		20	6		17	5		23	7	
2	3		2	15		12			16	16		17	4		22		
6	16		53	12		13	4		23	9		19	12		28	11	

| Moulins. | Boisseau. | 1 16 | 1 19 | 1 |
| Aubusson. | Idem. | 17 | 20 5 | 15 |

A L E. SEPTIER DE PARIS.

ANNÉES.

7 6 8.		1 7 6 7.		1 7 6 8.	
…Prix bas.	Prix haut.	Prix bas.	Prix haut.	Prix bas.	Prix haut.
	4 5	15 6	22 6	22	28 6
	2 19	13 4	22 8	17 12	23 12
	3 10	15 13	16 18	15 13	18 5
8	16 11 3	17 17	27 7	27 9	36 2
	22	16 17	26 5	22 10	33
	19 16	16 8	25 11	24 16	36 11
	35	20 14	28 7	27 17	37 17
	20	17	26	27 2	40
	31 10	21 3	27 16	24 5	34 7
	18 10	18 10	26 10	25	37
	37 10	20	28 15	27 10	37 10
	18 7	16	24 1	25	33 7
	42	23	36	28	42
	33 15	20 16	29 7	24 9	35
	32	15 4	23 4	23 4	32
	29 15	20 2	27 18	27	35 14
	9 8	15 4	30	28	37 12
	18 5	19 10	30	27 14	36 10
	3 14	23 6	26	22 13	24 13
	2 19	22 17	24 15	18 15	22 2
	3 15	21 12	28 16	20 8	22 10
3	2 13 6	19 2	23 9	19 6	21 8
	3 16	20 2	23 8	19 10	22 16
	2 18	20 8	26	21 4	23 4
	2 16	20 16	27 4	19 4	22 8

PRINCIPAUX MARCHÉS. GÉNÉRALITÉS.	NOMS des Mesures Locales.	MESURE LOCALE — 1767 Prix bas.	1767 Prix haut.	1768 Prix bas.	1768 Prix haut.	SEPTIER DE PARIS — 1767 Prix bas.	1767 Prix haut.	1768 Prix bas.	1768 Prix haut.
Suite de CHAMPAGNE.									
Troyes.	Idem.	2 6	3 7	3 6	4 5	15 6	22 6	22	28 6
Vitry.	Idem.	1 13	2 16	2 4	2 19	13 4	22 8	17 12	23 12
Vaucouleurs.	½ Bichet.	3	3 5	3	3 10	15 13	16 18	15 13	18 5
FLANDRE.									
Lille.	Raziere.	8 4 7	12 10 9	12 11 8	16 11 3	17 17	27 7	27 9	36 2
Aire.	Idem.	11 5	17 10	15	22	16 17	26 5	22 10	33
Arras.	Idem.	8 18	13 17	13 9	19 16	16 8	25 11	24 16	36 11
Bailleul	Sac.	18	26 10	26	35	20 14	28 7	27 17	37 17
Bapaume.	Raziere.	8 10	13	13 11	20	17	26	27 2	40
Bergues.	Raziere.	19 8	25 10	22 5	31 10	21 3	27 16	24 5	34 7
Béthune.	Raziere.	9 5	13 5	12 10	18 10	18 10	26 10	25	37
Cassel.	Idem.	20	28 15	27 10	37 10	20	28 15	27 10	37 10
Douay.	Idem.	8 10	13 7 9	13 15	18 7	16	24 1	25	33 7
Dunkerque.	Idem.	23	36	28	42	23	36	28	42
Gravelines.	Idem.	21 5	30	25	33 15	20 16	29 7	24 9	35
Hesdin.	Septier.	15 1	23 1	23 4	32	15 4	23 4	23 4	32
Saint-Omer.	Raziere.	16 15	23 5	22 10	29 15	20 2	27 18	27	35 14
Saint-Pol.	Quartier.	3 16	7 10	7	9 8	15 4	30	28	37 12
Saint-Venant.	Raziere.	9 15	15	13 17	18 5	19 10	30	27 14	36 10
FRANCHE-COMTÉ.									
Besançon.	Mesure.	3 10	3 18	3 8	3 14	23 6	26	22 13	24 13
Arbois.	Idem.	3 1	3 6	2 10	2 19	22 17	24 15	18 15	22 2
Baume.	Idem.	3 12	4 16	3 8	3 15	21 12	28 16	20 8	22 10
Dole.	Idem.	2 7 10	2 18 8	2 8 3	2 13 6	19 2	23 9	19 6	21 8
Gray.	Idem.	3 7	3 18	3 5	3 16	20 2	23 8	19 10	22 16
Lons-le-Saunier.	Idem.	2 11	3 5	2 13	2 18	20 8	26	21 4	23 4
Orgelet.	Idem.	2 12	3 8	2 8	2 16	20 16	27 4	19 4	22 8
Ornans.	Emine.	6 6	7	6	6 10	25 4	28	24	16
Poligny.	Mesure.	2 17	3 7	2 14	3	22 16	26 16	21 12	24
Pontarlier.	Covier.	3 2	3 11 6	3 4	3 9	24 16	28 12	25 12	27 12
Quingey.	Emine.	5 16	6 8	5 14	5 18	23 4	25 12	22 16	23 12
Salins.	Idem.	5 10	6 6	5 9	5 16	22	25 4	21 16	23 4
Saint-Claude.	Mesure.	2 5	2 16	2 2	2 8	24 3	30 2	22 11	25 16
Vesoul.	Quarte.	5 6	5 16	5	5 18	21 4	23 4	20	23 12
GRENOBLE.									
Grenoble.	Quartel.	3	3 18	2 16	3	25 14	33 8	24	25 14
Briançon.	Mine.	5 15	7	5	6	30 13	37 6	26 6	32
Crest.	Septier.	9 10	14	11	13 10	22 16	33 12	26 8	32 8
Embrun.	Mine.	3 10	4 17 6	3 2 6	3 15	28	39	25	30
Gap.	Idem.	4	5 10	4	4 10	25	34 7	25	28 2
Le Buis.	Idem.	4 1	5 6	4 7	4 14	27 15	36 6	29 16	32 4
Montelimart.	Septier.	10 15	13	10 12 6	12 10	29 5	34 5	28	32 19
Romans.	Quartel.	3 5	4 5	3 7	3 15	25 10	33 7	26 6	29 9
Valence.	Septier.	11 10	14 10	12	14	25 11	32 4	26 13	31 2
Vienne.	Bichet.	5 8	6	5	5 8	27 10	28 16	24	25 14
HAYNAULT.									
Valenciennes.	Mancault.	5 2 6	9	8 15	10 12 6	15 7	27	26 5	31 17
Avesnes.	Raziere.	6 11 3	10 6 3	10 6 3	13 2 6	15 2	23 15	23 15	30 5
Bavay.	Idem.	5	8 10	8 10	12	14 5	24 5	14 5	34 5
Cambray.	Mancault.	5 11 3	9 2 6	9 11 8	12 3 9	15 14	25 15	27	34 8
Condé.	Raziere.	6 10	11	10 10	13	17 6	29 6	28	34 13
Givet.	Rez.	3 3	4 13 3	4 12	5 10	15 15	23 6	23	27 10
Landrecy.	Mancaut.	6 3 9	10 3 6	10 12 3	13 16	14 17	24 8	25 9	33 4
Le Quesnoy.	Idem.	5	8 15	9 7 6	11 5	15 7	26 18	28 16	34 12
Mariembourg.	Rez.	4 5	6 15	6 10	7 10	16 9	26 3	25 3	29
Maubeuge.	Raziere.	6 10	10 10	10 10	14 10	15	24 4	24 4	25 9
Philippeville.	Rez.	4	5 15	5 10	7 6	16	23	22	29 4
Saint-Amand.	Raziere.	8 15	15	15	19 10	15 11	26 13	27 15	23 12
LANGUEDOC.									
Toulouse.	Septier.	12	16 10	13 10	16 10	20 11	28 5	23 2	28 5
Alby.	Idem.	17 5	22 10	17 6 8	18	21 11	28 2	21 13	22 10
Beziers.	Idem.	11 12	13 16	10 16	12 18	17 1	32 4	24 17	30 2
Carcassonne.	Idem.	12 17	15 14 11	13 10	15 10 5	23 2	28 5	24 6	27 18
Castelnaudary.	Idem.	8 16	10 16 8	9 8	9 14 10	22	27 1	23 10	24 2
Castres.	Idem.	16	21 10	16 10	18 5	24	32 5	14 15	17 7
Lavaur.	Idem.	14	21 10	16 9	19 12	18 13	28 13	21 12	26 2
Limoux.	Idem.	12	15 10	12 10	15	14	31	15	30
Montpellier.	Idem.	9 15	10 15			30 17	34		
Narbonne.	Idem.	12 8	15 7	12 6 8	13 18 6	27 1	33 9	26 18	30 7

PRINCIPAUX MARCHÉS. / GÉNÉRALITÉS.	NOMS des Mesures Locales.	MESURE LOCALE. ANNÉES.				SEPTIER DE PARIS. ANNÉES.			
		1767.		1768.		1767.		1768.	
		Prix bas.	Prix haut.	Prix bas.	Prix haut.	Prix bas.	Prix haut.	Prix bas.	Prix haut.
Suite de LANGUEDOC.									
Nismes.	Emine.	3 6 8	3 18 4	3 1 8	3 13 4	30	35 5	27 15	33
Pézenas.	Septier.	12 16 3	14 6	11 7 5	13 10 2	32	35 15	28 8	33 16
LA ROCHELLE.									
La Rochelle.	Boisseau.								
Barbezieux.	Idem.	3	3 16	3 2	3 8	18	22 16	18 12	20 8
Cognac.	Idem.	3 15	4 15	3 12	4 2	18 15	23 15	18	20 10
Marennes.	Idem.	11 10	14 5	11 10	12 10	21 11	26 14	21 11	23 8
Saintes.	Pochée.	13 5	16 5	13 5	14 5	21 4	26	21 4	22 16
Saint Jean d'Angely.	Boisseau.	3 13	4 12	3 15	4 7	17 10	22 1	18	20 17
LIMOGES.									
Limoges.	Septier.	4 15	7	4 15	6	14 5	21	15 5	18
Angoulême.	Boisseau.	6 4 1	8 4 1	6 2 9	7 2 1	18 12	24 12	18 8	21 6
Bourganeuf.	Septier.								
Brive.	Idem.	5 10	8 10	5 10	6 5	18 17	29 2	18 17	21 8
Tulle.	Idem.	5	6 17	4 4 4	5 6 6	17 10	23 19	14 15	18 12
LORRAINE.									
Luneville.	Rezal.	11 6 10	14 4	13 18 3	17 8 4	14 15	18 5	18 2	22 14
Bar-le-Duc.	Boisseau,	1 11	2	2	2 4	13 15	17 15	17 15	19 1
Bitche.	Maldre.	21	22 2 6	22 2	27 15	14 6	15 1	15 1	19 1
Boulay.	Quarte.	5 5	6 11 10	6 14	8 7 7	12 13	15 16	16 1	20 2
Bourmont.	Bichet.	5 8 4	6 11 6	5 6 6	7 3 4	16 5	19 14	15 19	21 10
Charmes.	Rezal.	11 7	13 13 3	12 10 10	18 11 7	14 16	17 16	16 5	28 11
Epinal.	Idem.	13 5	15	13 18 8	17 9 4	17 13	20	18 11	23 5
Etain.	Quarte.	5	7	7	10	10 18	15 5	15 5	21 16
Mirecourt.	Rezal.	12 6 7	13 8 6	13 3 7	17 3 8	16 1	17 10	17 3	22 8
Nancy.	Idem.	11 3 7	13 12 4	11 9 9	16 13 11	14 11	17 15	17 11	21 15
Neufchâteau.	Idem.	11 14 5	13 9 5	12 9 8	15 9 8	14 12	16 16	15 12	19 7
Pont-à Mousson.	Quarte.	7 2 9	9 17 3	8 19 10	11 10 9	12 19	17 16	16 6	20 18
Remiremont.	Rezal.	13 3 5	14 17 10	13 7 6	17 19	17 19	20 6	18 4	24 9
Sarguemines.	Quarte.	7 18 6	8 10 3	8 10	8 18	13 19	15	15	15 7
Saint-Dié.	Rezal.	12 19 4	16 16 8	15 9 7	18 19 4	16 4	21	19 6	23 13
Saint Mihiel.	Bichet.	1 17 6	2 4 5	2 4 1	2 14 6	15	17 15	16 12	17 16
Vezelize.	Rezal.	10 12	13 3 2	12 7 8	17 7	13 7	16 11	15 12	21 18
LYON.									
Lyon.	Bichet.	5	6 6	4 18	5 7	22 17	28 16	22 12	24 9
Montbrison.	Idem.	2 19	3 15	2 7	3	23	29 3	18 6	23 8
Rouanne.	Mesure.	3 5	3 10	3	3 10	24 7	26 5	22 10	26 15
Saint Etienne.	Bichet.	4 8	5 8	3 14	4 7	26 8	32 8	22 4	26 2
Villefranche.	Idem.	4	5 6	4	4 10	21 6	28 5	21 6	24
METZ.									
Metz.	Quarte.	5	7 8	7 4	9	12	17 15	17 5	21 12
Longwy.	Idem.	5 1	6 8	7 10 6	9 8	11 2	14 4	16 10	20 17
Montmedy.	Quartel.	2 15	3 10	4 5	5	12 4	15 11	18 17	22 4
Phalsbourg.	Firtel.	11 14	14 10	12 10	17	15 12	19 6	16 13	22 13
Sarrebourg.	Rezal.	12 10	14	14	20	15	16 16	16 16	24
Sarrelouis.	Quarte.	6	7 15	7 10	10	12	15 10	15	20
Sedan.	Quartel.	2 12	4 1 6	4	5 4	13	20 7	20	26
Thionville.	Maldre.	16	23	23	28	11 12	16 14	16 14	20 7
Toul.	Bichet.	9	11	11	13	14 8	17 11	17 12	20 16
Verdun.	Franchard.	1 18	2 18	2 11	3 12	11 8	17 8	15 6	21 12
Vic.	Quarte.	6 10	7 10	7 10	10 10	14 3	16 7	16 7	21 16
MONTAUBAN.									
Montauban.	Raze.	3 5	4 16 4	3 13 4	3 17 6	16 15	24 17	18 18	20
Cahors.	Quarte.	10	15 7	10 11 6	11 19 10	20	30 14	21 3	23 19
Caussade.	Idem.	8 5	12	9 4	10 10	20 12	30	23	26 5
Figeac.	Quarton.	2 5	3 14	2 10	2 10	18 15	30 16	20 16	20 16
Gourdon.	Idem.	3 7	5 10	3 10	4 8	17 11	28 17	18 7	23 2
Lauxerte.	Quarte.	8 16	12 12	9 16	10 16	18 18	27 8	21 1	23 4
Milhaud.	Idem.	2 10	3 10	2 8	2 17 6	25	35	24	28 10
Moissac.	Quarton.	4 15	5 10	4 15	5	20 19	22 16	20 15	21 17
Mur-de-Barrel.	Idem.	2 8	3 3	1 15	2 10	21 12	28 7	15 15	22 10
Rhodez.	Quarte.	2 5	3	2 13	2 5	22 10	30	20 10	22 10
Saint Afrique.	Idem.	3 5	4	3 7 6	3 10	24 14	30 8	25 13	26 12
Saint Antonin.	½ Quarte.	2 16	4 4	2 16	3 4	19 1	28 10	19	21 15
Villefranche.	Quarton.	2 17 6	4	2 11 9	3 2 6	19 3	26 13	17 5	20 16
MOULINS.									
Moulins.	Boisseau.	1 16	1 19	1 13	1 17	20 1	22 5	18 17	21 2
Aubusson.	Idem.	17	20 5	15	19	18 4	21 13	16 1	20 7

Fragment de tableau (imprimé tête-bêche, en haut de la page) :

13	1 17	20 .	22 5	18 17	21 2
19		18 4	21 13	16 1	20 7

PRINCIPAUX MARCHÉS. *GÉNÉRALITÉS.*	NOMS des Mesures Locales.	MESURE LOC. ANNÉES 1767. Prix bas.	1767. Prix haut.	Prix bas.
Suite de CHAMPAGNE.				
Troyes.	Idem.	2 6	3 7	3 6
Vitry.	Idem.	1 13	2 16	2 4
Vaucouleurs.	½ Bichet.	3	3 5	3
FLANDRE.				
Lille.	Raziere.	8 4 7	12 10 9	12 11
Aire.	Idem.	11 5	17 10	15
Arras.	Idem.	8 18	13 17	13 9
Bailleul	Sac.	18	26 10	26
Bapaume.	Raziere.	8 10	13	13 11
Bergues.	Raziere.	19 8	25 10	22 5
Béthune.	Raziere.	9 5	13 5	12 10
Cassel.	Idem.	20	28 15	27 10
Douay.	Idem.	8 10	13 7 9	13 15
Dunkerque.	Idem.	23	36	28
Gravelines.	Idem.	21 5	30	25
Hesdin.	Septier.	15 4	23 4	23 4
Saint-Omer.	Raziere.	16 15	23 5	22 10
Saint-Pol.	Quartier.	3 16	7 10	7
Saint-Venant.	Raziere.	9 15	15	13 17
FRANCHE-COMTÉ.				
Besançon.	Mesure.	3 10	3 18	3 8
Arbois.	Idem.	3 1	3 6	2 10
Baume.	Idem.	3 12	4 16	3 8
Dole.	Idem.	2 7 10	2 18 8	2 8
Gray.	Idem.	3 7	3 18	3 5
Lons-le-Saunier.	Idem.	2 11	3 5	2 13
Orgelet.	Idem.	2 12	3 8	2 8

ROUSSILLON.								
Perpignan.	Charge.	31	11	8	37	8	4	33
Foix.	Septier.	12	8		20			12
Montlouis.	Charge.	21			24			20
Pamiers.	Septier.	12	10		19	17	6	13
Prades.	Charge.	27	18		35	10		31
SOISSONS.								
Soissons.	Bichet.	2	10		4	5		3
Châteauthierry.	Idem.	2	14		4	12		4
Chauny.	Mancault.	2			3	8	6	3
Clermont.	½Mancault	2	5		3	18	6	3
Coucy.	Jallois.	6			9	12		9
Crespy.	Bichet.	2	10		4	5		4
Fere en Tardenois.	Pichet.	2	7		3	15		3
Guise.	Jallois.	4	18		8	10		8
Lans.	Mancault.	1	16		3			3
Lirson.	Jallois.	5	15		9	10		9
Laon.	Quartel.	1	14		3			2
Lafere.	Mancault.	2	3		3	12		3
Marle.	Quartel.	2	9	3	4	2	4	4
Noyon.	Mancault.	2	16	8	4	10		4
Ribemont.	Jallois.	3	15		6			5
Rosoy.	Mesure.	2	10		4	8		4
Vervins.	Jallois.	4	14		8	10		7
TOURS.								
Tours.	Septier.	16	10		19	16		16
Amboise.	Idem.							15
Angers.	Idem.	21			24			23
Baugé.	Idem.	18	12		23	8		20
Château-du-Loir.	Idem.	18	12		22	4		21
Château-Gontier.	Idem.	30	8		34	8		32
Chinon.	Pochée.	16	10		18	15		18
La Flêche.	Septier.	18	12		25	4		24
Laval.	Charge.	28	16		33			30
Le Mans.	Septier.	24	6		28	10		26
Loches.	Idem.	12			15	4		11
Loudun.	Idem.	12	12		16	5		14
Montreuil-Belley.	Idem.	13	4		16	4		13
Mayenne.	Boisseau.	8	10		9	10		9
Richelieu.	Septier.	16	16		19	4		18
Saumur.	Idem.	14			16			16

PRINCIPAUX MARCHÉS. / GÉNÉRALITÉS.	NOMS des Mesures Locales.	MESURE LOCALE. 1767. Prix bas.	1767. Prix haut.	1768. Prix bas.	1768. Prix haut.	SEPTIER DE PARIS. 1767. Prix bas.	1767. Prix haut.	1768. Prix bas.	1768. Prix haut.
Suite de MOULINS.									
Châteauchinon.	Idem.	4 10	5	4 10	5	20 14	23	20 14	23
Decise.	Idem.	1 11	1 16	1 12	1 15	18 12	21 12	19 4	21
Evaux.	Septier.	16 10	19 10	13 10	17 10	17 13	20 9	14 9	18 15
Gannat.	Idem.	15 10	19	12	16 5	20 3	25 6	16	21 13
Gueret.	Idem.	14	17 10	12 10	14	21	26 5	18 15	21
Montluçon.	Idem.	10 10	12 10	8 5	11	16 16	20	13 4	17 12
Montmarault.	Quarton.	2 8	2 9 6	2 2	2 9 6	18 17	19 9	16 10	19 9
Nevers.	Boisseau.	2 10	3	2 10	2 16	20	24	20	22 8
S. Pierre-le-Moutier.	Idem.	2 2	2 16	2	2 7	18 18	25 4	18	21 3
S. Pourçain.	Idem.	1 15	1 17	1 9	1 15	21	22 4	17 8	21
ORLÉANS.									
Orléans.	Mine.	3 15	5	4 10	6	18	24	21 12	28 16
Beaujency.	Idem.	5 14	7 8	6 15	10	17 2	22 4	20 5	30
Blois.	Idem.	3 8	4 4	3 18	5 6	16 6	20 3	18 14	25 8
Châteaudun.	Minot.	2 8 10	3 4	2 18 7	4 10 6	15 9	20 5	18 10	28 13
Chartres.	Idem.	3 11	4 19	4 17	6 12	17	23 15	23 5	31 13
Clamecy.	Bichet.	5	6	5 5	8 10	18 9	22 3	19 7	24
Dourdan.	Septier.	17 10	24	22 10	29 10	18 5	25	23 9	30 15
Gien.	Quarte.	1 13	1 18	1 16	2 6	16 10	19	18	23
Montargis.	Boisseau.	2 2	8 12	2 11	3 7	16 16	20 16	20 8	26 16
Pithiviers.	Minot.	2 13 4	3 18 4	3 5 10	4 16 8	16	23 10	19 15	29
Romorantin.	Boisseau.	1 3	1 6 6	1 1	1 12	16 17	19 8	15 8	23 9
Vendôme.	Idem.	1 4	1 10	1 5 6	2	15	18 15	15 18	25
PARIS.									
Beauvais.	Mine.	3 7 3	5 10 3	5 1 9	6 11 1	16 2	26 9	24 8	31 9
Bray-sur-Seine.	Boisseau.	1 18	2 18	2 14	3 8	17 2	26 2	24 6	30 12
Brie-Comte-Robert.	Septier.	16	25 10	25	30	15 7	24 9	24	28 16
Compiegne.	Mine.	4 19	7 14 6	7 12 6	10	16 1 9	26 9	26 2	34 5
Corbeil.	Septier.	18	30	26	35 5	17 12	29 7	25 9	34 10
Coulommiers.	Boisseau.	1 14	2 16	2 10	3 5	16 6	26 17	24	31 4
Dreux.	Septier.	20	29	25 16 8	36 16 8	17 2	24 17	22 2	31 11
Étampes.	Sac.	18	25 10	24 10	31	16 17	23 18	22 10	29 1
Fontainebleau.	Boisseau.	1 16	2 16	2 12	3 8	17 5	26 17	24 19	32 12
Gonesse.	Sept.Paris.	16 5	20 6 8			16 5	20 6		
Joigny.	Bichet.	4 2 6	5 10 8	5 9 5	6 13 9	14 2	18 19	18 15	22 18
La Ferté-sur-Jouare.									
Lagny.	Septier.	14 10	24	22	27	17 8	28 16	26 8	32 8
Mantes.	Idem.	21 10	31	27 10	37 15	18 8	26 11	23 11	32 7
Meaux.	Minot.	3 10	6	5 8 9	6 10	16 16	28 16	26	31 4
Melun.	Septier.	15 5	25 5	24	28 11 8	18 6	30 6	28 16	34 6
Montfort.	Idem.		26	28	39		24 9	26 7	36 14
Montlhéry.	Idem.	18 5	27	24	31 15	18 5	27	24	31 15
Montereau.	Bichet.	2 11 6	3 17 6	3 13 6	4 15 6	15 9	23 5	22 1	28 13
Nemours.	Septier.	10	14	13 10	18	16 13	23 6	22 10	30
Nogent.	Boisseau.	2 6	3 14	3 7 3	4 14	13 16	22 4	20 3	28 4
Pontoise.	Septier.	18	29	27	33	17 8	28 1	26 2	31 18
Provins.	Boisseau.	1 9	3 5	2 8	3 12 6	14 10	32 10	24	36 5
Rosoy.	Septier.	13 1 6	23 6 8	20 2 6	27 15	13 12	24 6	21	28 19
Saint-Florentin.	Bichet.	4 12	7 6	6 5	7 15	13 16	21 18	18 15	23 5
Saint-Germain.	Septier.			24	34			24	34
Senlis.	Idem.	19	31 10	29 10	36 10	17	29 1	27 4	33 13
Sens.	Bichet.	2 6	4	3 4	4 8	16 2	28	22 8	30 16
Tonnerre.	Idem.	4 15	6 18	5 18	7 4	14 12	21 4	18 3	22 3
Vezelay.	Idem.	6 10	7	6 10	7 15	19 10	21	19 10	23 5
POITIERS.									
Poitiers.	Boisseau.	1 9	1 18	1 9	1 17	16 11	21 14	16 11	21 2
Châtellerault.	Idem.	1 18	2 7	2 1	2 9	15 4	18 16	16 8	19 12
Châtillon.	Idem.	1 3	1 10	1 4	1 14	12 7	16 2	12 18	18 5
Confolans.	Idem.	2 10	3 3	2 2	2 11	15	18 18	12 12	15 6
Fontenay.	Idem.	3 10	4 2	3 18	4 10	17 10	20 10	19 10	22 10
Les Sables.	Idem.	4 10	5 10	5	6 15	15 15	19 5	17 10	23 12
Niort.	Idem.	3	4	3 12	4	13 10	18	16 4	18
Saint-Maixent.	Idem.	3 8	4 6	3 9	4 5	17	21 10	17 5	21 5
Thouars.	Idem.	1 3 6	1 8	1 4	1 11	14 17	17 14	15 4	19 12
PROVENCE.									
Aix.	Charge.	37	40	36	38	37	40	36	38
Arles.	Idem.	33	39	37	39	29 6	34 13	32 17	34 13
Digne.	Idem.	29	39	29	32 4	26 7	35 9	26 7	29 5
Draguignan.	Idem.	36	42	33 10	36	36	42	33 10	36

PRINCIPAUX MARCHÉS. GÉNÉRALITÉS.	NOMS des Mesures Locales.	MESURE LOCALE. ANNÉES. 1767. Prix bas.	Prix haut.	1768. Prix bas.	Prix haut.	SEPTIER DE PARIS. ANNÉES. 1767. Prix bas.	Prix haut.	1768. Prix bas.	Prix haut.
Suite de PROVENCE.									
Grasse.	Paval.	3 5	3 18	3 5	3 12	29 5	35 13	29 5	32 18
Marseille.	Charge.	38	42	40	41	36 9	40 6	38 8	39 7
Pertuis.	Idem.	34	36	35	37 10	32 12	34 11	33 12	36
Sisteron.	Idem.	30	44	30	33	26 1	38 5	26 1	28 16
R I O M.									
Riom.	Septier.	17 10	22	12 16 8	18 2	21	26 8	15 8	21 14
Aurillac.	Idem.	7 10	10 10	6	8	23 1	32 6	18 9	24 12
Brioude.	Idem.	25 12	29 4	18 8	26 8	24 3	27 11	17 7	14 18
Clermont.	Idem.	18 8	22 16 10	13 10	18 18 9	21 1	17 8	16 4	22 14
Issoire.	Idem.	21 13	25 1	14 15 4	23 2	23 12	27 6	16 2	25 4
Mauriac.	Idem.	5	8	5	6	20	32	20	24
Saint Flour.	Idem.	25	28	18 10	26	25	28	18 10	26
R O U E N.									
Rouen.	Mine.	13	18	17	20 15	21 13	30	28 6	37 18
Andely.	Boisseau.	3 6	15	4 16	6 4	17 12	26 13	25 12	33 1
Caudebec.	Idem.	5 5	6 15	6 5	7 10	22 18	29 9	27 5	32 14
Dieppe.	Idem.	3 15	4 18	4 18	5 10	22 10	29 8	29 8	33
Eu.	Idem.	2 6	3 8	3 3	4	19 14	32	27	34 5
Evreux.	Idem.	3 6 8	5	4 13 4	6 13 4	16	24	22 8	32
Gisors.	Idem.	3 2	5 2	4 13	6 1	16 10	27 4	24 16	32 5
Le Havre.	Idem.	6	7 4	6 12 4	8 6 3	24	28 16	29 6	33 5
Lions.	Idem.	3 17	5 14	5 10	7 1 6	18 8	27 7	26 8	33 19
Magny.	Idem.	2 15	3 11 10	3 4 4	3 19 4	17 2	27 10	24 12	30 8
Neufchâtel.	Idem.	2 14	3 16	3 12	4 14	20 5	28 10	27	35 5
Pont de l'arche.	Idem.	4 16	6 16	5 16	8 12	19 4	27 4	23 4	34 8
Ponteaudemer.	Charge.	30	35	33	46 10	24	28	26 8	37 4
Pont l'Evêque.	Boisseau,	6 4	7 4	6 16	9 16	22 10	26 3	24 14	35 12
ROUSSILLON.									
Perpignan.	Charge.	31 11 8	37 8 4	33	36 2 6	27 1	32 1	28 5	30 29
Foix.	Septier.	12 8	20	12 8	15 8	19	31 5	19	24 1
Montlouis.	Charge.	21	24	20	22	21 8	24 10	20 8	22 9
Pamiers.	Septier.	12 10	19 17 6	13 12	17 4	20	31 16	21 15	27 10
Prades.	Charge.	27 18	35 10	31 5	37 10	24 14	30 8	26 15	32 2
SOISSONS.									
Soissons.	Bichet.	2 10	4 5	3 17 6	4 16 6	15	25 10	23 5	28 19
Châteauthierry.	Idem.	2 14	4 12	4 2	5 14	15 8	26 5	23 8	32 11
Chauny.	Mancault.	2	3 8 6	3 6	4 13 4	14	23 19	23 2	32 13
Clermont.	½ Mancault	2 5	3 18 6	3 10	4 10	15 15	27 9	24 10	31 10
Coucy.	Jallois.	6	9 12	9 5	12	14 2	22 11	21 15	28 4
Crespy.	Bichet.	2 10	4 5	4 1 8	5 3 4	15 7	26 3	25 2	31 15
Fere en Tardenois.	Pichet.	2 7	3 15	3 12	5 5	14 2	22 10	21 12	31 10
Guise.	Jallois.	4 18	8 10	8 8	10 10	14 14	25 10	25 4	31 10
Lans.	Mancault.	1 16	3	3	3 19	14 8	24	24	31 12
Lirson.	Jallois.	5 15	9 10	9	12 15	15 6	25 6	24	34
Laon.	Quartel.	1 14	3	2 18	4 2	12 12	22 10	21 15	30 15
Lafere.	Mancault.	2 3	3 12	3 9	5 6	12 18	21 12	20 14	31 16
Marle.	Quartel.	2 9 3	4 2 4	4 3	6 2 6	12 17	21 9	21 13	31 19
Noyon.	Mancault.	2 16 8	4 10	4 10	5 10	14 15	23 10	23 10	28 14
Ribemont.	Jallois.	3 15	6	5 15	8 10	15	24	23	34
Rosoy.	Mesure.	2 10	4 8	4	6	13 6	23 9	21 6	32
Vervins.	Jallois.	4 14	8 10	7 18	11	14 2	25 10	23 14	33
T O U R S.									
Tours.	Septier.	16 10	19 16	16 15	22 4	18 6	22	18 12	24 13
Amboise.	Idem.			15	22 4			16 2	25 7
Angers.	Idem.	21	24	23 8	30	15	17	16 5	21 8
Baugé.	Idem.	18 12	23 8	20 8	28 16	14 17	18 14	16 6	23
Château-du-Loir.	Idem.	18 12	22 4	21	28 16	13 16	17 10	16 3	22 3
Château-Gontier.	Idem.	30 8	34 8	32	44 16	15 9	17 14	16 5	22 15
Chinon.	Pochée.	16 10	18 15	18	21	16 10	18 15	18	21
La Flèche.	Septier.	18 12	25 4	24 12	31 16	12 8	16 16	16 8	21 4
Laval.	Charge.	28 16	33	30	44 8	18	20 12	18 15	27 18
Le Mans.	Septier.	24 6	28 10	16 8	35 8	15 13	18 7	17	22 16
Loches.	Idem.	12	15 4	11 4	17 12	16	20 5	14 18	23 9
Loudun.	Idem.	12 12	16 5	14 17	16 16	15 5	18 10	18	20 7
Montreuil-Belley.	Idem.	13 4	16 4	13 4	16 16	15 10	19 1	15 10	19 15
Mayenne.	Boisseau.	8 10	9 10	9	11	19 8	21 14	20 11	25 2
Richelieu.	Septier.	16 16	19 4	18	21 12	15 5	17 9	16 7	19 12
Saumur.	Idem.	14	16	16	18	16 16	19 4	19 4	21 12

		36	2	6	27	1	32	1	28	5	30	29
8		15	8		19		31	5	19		24	1
		22			21	8	24	10	20	8	22	9
12		17	4		20		31	16	21	15	27	10
5		37	10		24	14	30	8	26	15	32	2
17	6	4	16	6	15		25	10	23	5	28	19
2		5	14		15	8	26	5	23	8	32	11
6		4	13	4	14		23	19	23	2	32	13
10		4	10		15	15	27	9	24	10	31	10
5		12			14	2	22	11	21	15	28	4
1	8	5	3	4	15	7	26	3	25	2	31	15
12		5	5		14	2	22	10	21	12	31	10
8		10	10		14	14	25	10	25	4	31	10
		3	19		14	8	24		24		31	12
		12	15		15	6	25	6	24		34	
18		4	2		12	12	22	10	21	15	30	15
9		5	6		12	18	21	12	20	14	31	16
3		6	2	6	12	17	21	9	21	13	31	19
10		5	10		14	15	23	10	23	10	28	14
15		8	10		15		24		23		34	
		6			13	6	23	9	21	6	32	
18		11			14	2	25	10	23	14	33	
15		22	4		18	6	22		18	12	24	13
		22	4						16	2	25	7
8		30			15		17		16	5	21	8
8		28	16		14	17	18	14	16	6	23	
		28	16		13	16	17	10	16	3	22	3
		44	16		15	9	17	14	16	5	22	15
		21			16	10	18	15	18		21	
12		31	16		12	8	16	16	16	8	21	4
		44	8		18		20	12	18	15	27	18
8		35	8		15	13	18	7	17		22	16
4		17	12		16		20	5	14	18	23	9
17		16	16		15	5	18	10	18		20	7
4		16	16		15	10	19	1	15	10	19	15
		11			19	8	21	14	20	11	25	2
		21	12		15	5	17	9	16	7	19	12
		18			16	16	19	4	19	4	21	12

RÉSULTAT DES PRIX DU FROMENT PAR GÉNÉRALITÉS

du plus bas au plus haut , à raison du septier de Paris , depuis le premier Janvier 1767 jusqu'au dernier Août 1768.

		liv.	sols.	liv.	sols.	ART. PARTICULIERS. (liv. f. d.)	DIFFÉRENCES. (liv. sols.)
ALENÇON	9 Marchés.	17	2	à 36		. . . .	18 18
ALSACE	7	16		à 24	15	Landau. . 13 4	8 15
AMIENS	9	14	14	à 36	9	. . . .	21 15
AUCH	8 *	16		à 28	2	. . . .	12 2
BAYONNE	10 *	15	16	à 25	16	Bayonne.. 27 2	10
BORDEAUX	17 *	16	3	à 28	10	. . . .	12 7
BOURGES	10 *	15		à 25		Sancerre. 28 10	10
BOURGOGNE	2 *	15		à 30		{ Belley 43 13 / Gex 36 5 / Nuis 32 11 }	15
BRETAGNE	15	15	12	à 30		. . . . . .	14 8
CAEN	9	16		à 32	17	. . . . . .	16 17
CHAMPAGNE	15	11	4	à 28	11	. . . .	17 7
FLANDRES	15	15	4	à 42		. . . .	26 16
FRANCHE-COMTÉ	14 *	19	2	à 30	2	. . . .	11
GRENOBLE	10 *	22	16	à 39		. . . .	16 4
HAYNAUT	12	14	5	à 34	13	. . . .	20 8
LANGUEDOC	12 *	20	11	à 35	15	Lavaur. . 18 13	15 4
LA ROCHELLE	6 *	17	10	à 26	14	. . . .	9 4
LIMOGES	5 *	14	5	à 29	2	. . . .	14 17
LORRAINE	17	12	13	à 24	9	{ Etain. 10 18 / Charmes 28 11 }	11 16
LYON	5 *	21	6	à 32	8	. . . .	11 2
METZ	11	11	2	à 22	13	{ Sarreb. 24 / Sedan. 26 }	11 11
MONTAUBAN	13 *	16	15	à 30	16	Millau. 35	14 1
MOULINS	12 *	16	16	à 26	5	. . . .	9 9
ORLÉANS	12	15		à 31	13	. . . .	16 13
PARIS	30	13	12	à 36	14	. . . .	23 2
POITIERS	9	12	7	à 23	12	. . . .	11 5
PROVENCE	8 *	26	7	à 40	6	. . . .	13 19
RIOM	7 *	21		à 32	6	. . . .	11 6
ROUEN	14	16		à 37	18	. . . .	21 18
ROUSSILLON	5 *	19		à 32	2	. . . .	13 2
SOISSONS	17	12	15	à 34		. . . .	21 5
TOURS	16	13	16	à 25	7	{ La Fleche. 12 8 / Laval. 27 18 }	11 11

TOTAL . . 380 Marchés.

——{*Grains.* BLEDS ET FARINES.

EXPORTATIONS DE MARSEILLE A L'ÉTRANGER.

RÉCAPITULATION par quartiers & par années du premier Octobre 1764, *jusqu'au premier Octobre* 1767.

ANNÉES.	QUARTIERS.	NATURES DES GRAINS ET QUANTITÉS, par Quintaux, poids de marc.			
		FROMENS.	MÉTEILS.	SEIGLES.	FARINES.
		Qx *l.*	Qx *l.*	Qx *l.*	Qx *l.*
1764.	Quartier d'Octobre.	108277	. .	. .	14260
	Idem. de Janvier.	116435	. .	. .	72134
1765.	Idem. d'Avril.	121302 50	. .	. .	75
	Idem. de Juillet.	109201	. .	. .	1633
	Total de la premiere année.	455215 50	. .	. .	98102
1765.	Quartier d'Octobre.	136222	. .	. .	7444 60
	Idem. de Janvier.	117882 50	. .	. .	1598 60
1766.	Idem. d'Avril.	40672	. .	. .	5954 50
	Idem. de Juillet.	70640	. .	. .	5123
	Total de la seconde année.	365416 50	. .	. .	20120 70
1766.	Quartier d'Octobre.	64127	. .	. .	5969 42
	Idem. de Janvier.	47440	. .	. .	6524 19
1767.	Idem. d'Avril.	48250	. .	. .	3593 45
	Idem. de Juillet.	50352 50	. .	. .	940 14
	Total de la troisieme année.	210169 50	. .	. .	17027 20
Récapitulation générale des trois années.	Premiere année.	455215 50	. .	. .	98102
	Seconde année.	365416 50	. .	. .	20120 70
	Troisieme année.	210169 50	. .	. .	17027 20
	Total général.	1030801 50	. .	. .	135249 90

Réduction des 1030801 Quintaux 50 livres ci-contre en septiers de Paris de 240 livres, 429500 septiers ¼.

IMPORTATIONS DE L'ÉTRANGER A MARSEILLE.

RÉCAPITULATION par quartiers & par années du premier Octobre 1764, *au premier Octobre* 1767.

ANNÉES.	QUARTIERS.	FROMENS. Qx / l.	MÉTEILS. Qx / l.	SEIGLES. Qx / l.	FARINES. Qx / l.
1764.	Quartier d'Octobre.	46257			
1765.	Idem. de Janvier	61321 75			1759 50
1765.	Idem. d'Avril.	75913			
	Idem. de Juillet.	83378			
	Total de la premiere année.	266869 75			1759 50
1765.	Quartier d'Octobre.	184191 50			5000
	Idem. de Janvier.	126735			297
1766.	Idem. d'Avril.	93899 50			1550
	Idem. de Juillet.	20717 50			
	Total de la seconde année.	425543 50			6847
1766.	Quartier d'Octobre.	89579			4457 87
	Idem. de Janvier.	144392 50			174
1767.	Idem. d'Avril.	97533 50			1234 35
	Idem. de Juillet.	8603			1023 65
	Total de la troisieme année.	340108			6889 87
Récapitulation générale des trois années.	Premiere année	266869 75			1759 50
	Seconde	425543 50			6847
	Troisieme	340108			6889 87
	Total général	1032521 25			15496 37

Réduction des 1032521 Quintaux 25 livres, ci-contre en septiers de Paris de 240 livres, 430217 septiers $\frac{3}{16}$

H h ij

H h iv

ERRATA.

Lisez par-tout régime , récolte , révolution, onéreux , désintéressé , révoquer , &c. avec un accent aigu sur le premier é.

P. 10 , *l. derniere* , *& p.* 11 , *l.* 1 , or les prix du marché d'Amsterdam & du marché général de l'Europe, *lif.* or les prix du marché d'Amsterdam & des autres marchés qui constituent le marché général libre de l'Europe.

P. 19 , *l.* 4 , & un commerce , *lif.* & envahi un commerce.

P. 23 , *l.* 6 , 1764 , *lif.* 1767.

P. 27 , *l.* 16 , pour le salut , *lif.* sur le salut ; *l.* 19 , leur sort , *lif.* le sort de leurs concitoyens.

P. 29 , *l.* 18 , car , *lif.* car alors.

P. 33 , *l.* 1 , navires , *lif.* bateaux.

P. 36 , *l.* 26 , effacez *mer.*

P. 37 , *l.* 21 *& fuiv.* ecarter le monopole produit par les Reglemens favorables au petit nombre des marchands , *lif.* ecarter le monopole produit par les Reglemens anciens qui ne toléroient qu'un petit nombre de marchands.

P. 38 , *l.* 5 , afin de les garantir, *lif.* afin qu'elles se garantissent.

P. 47 , *l. antépénult.* rétablir l'exportation , *lif.* rétablir la liberté de l'exportation.

P. 60 , *l.* 11 , vendé , *lif.* vendra.

P. 61 , *l.* 10 & 11 , pour être ainsi sacrifié aux intérêts de cette classe , *lif.* pour lui être ainsi sacrifié.

P. 72 , *l.* 8 , le plus etendus , *lif.* les plus etendus.

P. 74 , *l.* 1 , ou , *lif.* ou autre à.

P. 79 , *l.* 2 & 3 , qu'un commerce devroit être d'autant plus foible & plus borné, *lif.* qu'il faudroit affoiblir & borner un commerce, précisément en raison de ce.

ERRATA.

Ibid. Indic. margin. 1764 , *lif.* 1765.

P. 82 , *l.* 10 , au niveau du taux , *lif.* au niveau du prix le plus général. . . *l.* 11 , leur , *lif.* lui.

P. 84 , *l.* 14 *& fuiv.* qui feroit aujourd'hui fouffrir le laboureur des défaftres du vigneron , pourroit & devroit , *lif.* qui fe laifferoit entraîner à faire aujourd'hui fouffrir le laboureur des défaftres du vigneron , pourroit & croiroit aifément devoir.

P. 88 , *aux deux dern. lig.* une œuvre profcrite , *lif.* profcrites.

P. 91 , *avant-der. lig. effac.* y.

P. 101 , *l.* 19 , *Après* cette communauté , *ajout.* de marchands privilégiés

P. 102 , *l.* 2 , Après le mot *pain* , *ajout.* fe réduire à la mouture à la groffe ou.

P. 104 , *l.* 6 , *effac.* du Confeil.

P. 105 , *l.* 8 , commandez , *lif.* faites regner la loi.

P. 106 , après la *l.* 5 , *lif.* qu'on lui auroit offerts.

P. 112 , à la fin de la note , *ajout.* feroit-ce pour s'affurer de la vérité ?

P. 114 , *l.* 11 & 12 , *effac.* même limitée aux termes de la loi.

P. 118 , *commencez la note par ces mots :* expreffions tirées de l'ecrit intitulé.

P. 124 , *l.* 14 , y , *lif.* n'y.

P. 131 , *l.* 9 , un bienfaiteur , *lif.* un bon citoyen.

P. 135 , *l.* 9 , croyons-en , *lif.* les adverfaires de la liberté en croiront fans doute.

P. 138 , quatre , *lif.* quelques.

P. 144 , *Indic. margin.* Accufations etrangeres , *lif.* Accufations etranges.

P. 166 , *l. dern. & p.* 167 , *l.* 1 , en fuppofant l'abus poffible dans tous les cas de l'opulence & de l'autorité , *lif.* en fuppofant l'abus de l'opulence & de l'autorité , poffible dans tous les cas.

P. 167 . *l.* 22 , c'eft elle , *lif.* c'eft la police.

P. 168 , *l.* 9 & 10 , fi l'on avoit laiffé combattre le monopole par la concurrence , *lif.* fi l'on avoit

ERRATA.

excité contre le monopole la concurrence.

P. 169, *l.* 15 & 16, dans quelque genre de commerce aussi simple & aussi etendu que ce puisse être, *lis.* dans quelque genre de commerce, assez simple & assez etendu, que ce puisse être.

P. 173, *l.* 1, manqueroient, *lis.* manqueront.

P. 186, *l.* 26, suivent al, *lis.* suivant le.

P. 195, *l.* 21, qu'il flétrit, *lis.* qu'il pêtrit.

P. 208, *l.* 19 & 20, *effac.* par l'affluence.

P. 226, *à la fin de la premiere phrase,* ajout. & il pensera, sans doute, plutôt que celui d'Angleterre, que les Privileges exclusifs qu'on pourroit leur accorder, Privileges destructeurs des causes mêmes du commerce, sont un mauvais moyen de multiplier ces vaisseaux.

Ibid. Indic. marg. 1745, *lis.* 1764.

P. 251, *l.* 15 & 21 ; & 252, *l.* 1, *ajout. le mot* car, *avant ces mots,* des grains chargés de droits. . . . Plus le bled seroit cher. . . la concurrence.

P. 317, *l.* 15, & de, *lis.* & à.

P. 318, *l.* 15 & 16, firent, *lis.* font.

P. 323, *l.* 22, o Reglemens. *lis.* O Reglemens !

P. 324, *l.* 4 *de la note,* qu'ils le vendoient, *lis.* qu'ils se vendoient.

P. 325, *l.* 1 *de la note,* on dit, *lis.* on lit.

P. 327, *l.* 6, violés, *lis.* vains,

P. 328, *l.* 1 *de la note,* 1768, *lis.* 1698.

P. 350, *à la fin de la l.* 6, *ajout.* l'ascendant de ce peuple des villes est aujourd'hui si redoutable !

P. 356, *l.* 22, *après le mot* fructe, *ajout.* légalement; & *l.* 23, *après le mot* attente, *ajout.* illégalement.

P. 368, *l.* 2 & 3, bannit & soulage, *lis.* soulage & bannit.

P. 382, *l.* 25, dar, *lis.* par.

P. 405, *l.* 7 & 8, irrévocables, *lis.* perpétuelles.

P. 411, *l.* 2, c'est par vous, *lis.* c'est sur-tout par les Magistrats.

P. 448, *l. pénult. après le mot,* quintal, *ajout.* &c.